Coach 領導學
全新增訂版

帶人才超越「現在職位」的企業教練

諮商心理學博士 陳恆霖 —— 著

增訂版作者序

　　《Coach領導學》於2012年出版，轉眼已屆滿10個年頭。台灣推動企業教練相較於歐美慢了許多，時至今日大眾對企業教練的概念似已脫離啟蒙階段，逐漸進入專業發展階段，然而距離專業成熟階段，還有一段漫長的路要走，更需要對教練專業有熱忱的推動者，一起竭盡心力共同提升。

　　過去10年接觸過許多讀者，他們給了我一些正面回饋和寶貴意見，我如獲至寶心中滿懷感激。承蒙大寫出版社總編鄭俊平先生邀約，提出增訂版之撰寫計畫。重新審視國內外的發展狀況，擬定增訂版內容。

　　初版「教練發展的沿革」有大幅度的改寫，內容詳細的說明並配合圖解，讓讀者更了解教練發展的脈絡。企業的變革受到大環境政治和經濟的影響，帶動了企業教練的發展，發展過程中結合不同專業領域、社會運動等，尤其是將心理諮商專業領域融合，提升企業教練專業化與精緻化，進而衍伸進入不同的應用領域。我提供一些書籍、文獻、機構資料藉供參考。

　　初版第五章我對「諮商與教練的區別」一節做了小幅度的改寫。加入了教練與諮商在企業內部不同層面上應用，如高管教練領導力（組織變革、人才發展、團隊激勵），到中階主管的企業諮商

（增進績效、解決問題、改善決策、突破盲點），到基層部屬的員工協助方案（改善行為、員工成長、身心健康），說明了上至領導者下至員工都可以施展的做法。

初版第九章刪除「GROW模式應用案例」逐字稿解析。原因是2022年我的著作《晤談的力量》一書中呈現九個案例的逐字稿，讀者可以一窺教練、諮商與治療在晤談中處理議題的深淺程度與差異。案例中有理論的解說和技術的解析，及各種問題解決模式的應用。

初版第九章介紹各種教練模式之後，增加「整合模式在實務中的應用」。這是我在實務應用中融合ERR模式（情緒—現實—責任）、GROW模式（目標設定—現狀檢核—選擇途徑—方法行動）、及現實治療的WDEP模式（渴望設定—決定行動—評估選擇—訂定計畫）。發現整合模式能有效地應用於晤談中，既能處理當事人的情感層面，又能快速回到理性層面，達成當事人的目標。

初版第十一章「5K傾聽法」只用一段話簡略說明，對此更有興趣的讀者可以參閱本人另本著作《晤談的力量》中詳盡的解說，讀者可進一步了解5K傾聽法應用在不同身分或角色的相關內容及議題。對助人者而言，可以透過5K傾聽法，迅速聚焦晤談的議題並形成脈絡，達成晤談的目標。

初版第十一章介紹晤談的各種技術之後，增加企業的外部教練和內部高管教練領導力應用的六個實例，目的是讓讀者們可以按圖索驥，了解技術的應用和時機，以達成晤談效果。同時反思倍增企

業績效和營收的關鍵在人才，人才不只是成本支出，更是未來競爭力的投資。以下是新增案例的說明：

首先，是我對一位傳統產業公司的總經理，在面對疫情衝擊後，進行一對一「突破企業經營管理障礙」的外部教練案例，協助他進行公司部門之間人力調整與工作權責劃分。經由教練後一個月左右，初步展現組織變革的成果。

第二，是在傳統產業內部的高管教練「提升資深工程師的領導職能」的案例，教練在過程中完全不帶責備的語氣，以正面的態度與技術，簡短時間的晤談，展現溝通的效果，足以作為組織內部教練的參考。

第三，是在服務業內部的高管教練，與剛升任主管的部屬晤談「化解當平行關係轉變為上下關係的矛盾衝突」。高管應用我自創的「5K傾聽法」，加上「同理心技術」、「3I提問」及幽默等方式進行晤談。透過5K傾聽法來分辨及「聽懂」當事人真正的需求，專注在當事人身上並同理，協助當事人聚焦議題，很快就能拉近教練與當事人的距離。

第四，是在科技業內部的高管教練，進行「解決部屬工作績效與家庭照顧兩難的議題」的案例。這位是參加教練領導力培訓後的高階主管，實際應用在與部門員工的內部教練晤談。以逐字稿呈現晤談歷程中的對話，並解析高管在技術上的應用與成果。

第五，是「內部高管教練一對一績效面談」的技術統合應用說明。此案例是一間企業要進行員工績效面談（Performance

Interview），擬調整職務和可能裁員。我應公司之請，為這群中高階主管擬定了績效面談的技術整合應用的範例，讓他們將教練領導力應用在職場上。

第六，集團公司的副總和高管將教練領導力應用在公司治理，疫情期間業務大受影響，營收快速遞減，不得不裁員的情況下，如何應用「態度柔和，原則堅定」讓部屬有尊嚴的離職面談。出乎意料的有好的圓滿結局。

優質教練的基本專業素養是重要的基礎，加上跨領域的廣度學習，教練之路的發展空間不可限量，因此評估目前個人的狀況至為重要。本書最後增加附錄：教練評估工具（「教練觀念自我檢測」、「教練技能和素養自我評估」、及「教練技術能力評估」），協處你釐清教練的基本觀念、技能和素養的瞭解程度，及評估你具備教練的基礎能力達到何種水準。評估檢測後自我反思目前的專業能力狀況及未來的生涯發展。

偶然的機遇我踏上企業教練之路，內心燃燒著能協助個人和組織成長的熱情。這條道路對我來說不僅僅是一份工作和服務機會，更是一種使命，可以將我的專業知識、技能和經驗，積極轉化為實務上的傳承與應用。我全身心地投入跨領域的學習，不斷探索新的方法和工具，以提供最好的專業服務品質。

當我創造一個啟發、支持、尊重和共鳴的晤談情境，就親眼目睹每位當事人是自己的專家，能開啟無限的潛力。不是我去改變當事人，改變來自於他們內在的力量，驅使其能夠超越自己的極限並

實現卓越。每個人都有自己的故事和挑戰，我的使命是幫助當事人在他們的故事中，找到前進的方向和力量。

　　我的熱情和承諾將永不熄滅，因為我深信，通過專業助人服務過程，我們可以共同創造更美好的未來。僅將本書獻給那些充滿熱情洋溢，始終專注在專業道路上發揮影響力的人，堅持夢想讓助人專業工作者成為鹽、成為光。

一門很深的學問：將人的問題處理好

大聯大控股永續長、中華經營智慧分享協會（MISA）理事長
曾國棟（KD Tseng）

　　恆霖博士是教練領導業界的先驅與專家，也是專門訓練教練的督導級教練。MISA智享會很榮幸擁有這一位專家院士，更高興看到他的暢銷書《Coach領導學》出版了十年超過12刷還能再版。最近幾年他又有很多新的體悟，為了將這些新的心得分享給讀者，花了很多心力及時間進行整理，重新架構並補充新資料，使其更加完整。這種對讀者負責的態度，真的非常令人欽佩，也是讀者的福音。

　　書中對於「領導」與「管理」差異的解釋非常淺顯易懂，領導注重的是「人」，管理注重的是「事」。人在企業中非常重要，沒有好的人才，企業發展就受限，甚至面臨停（歇）業的困境。但偏偏人是很複雜，無法去管理他，只能去領導他。本書重點就在解析如何將人的問題處理好，其實人的問題有很多是心理層面的問題，陳博士正好是心理諮商與治療的專家，他從心理層面剖析人在組織中的心理與需要確有獨到之處。

　　非常贊同書中所談領導者至少需具備8大要素：1.要有正確的價值信念、2.要有大的胸襟格局與氣度、3.要有謙沖為懷的特質、

4.要以身作則、5.要懂得領導人及管理事、6.要能知人善任、7.善於溝通及協調整合、8.要具備教練式領導的能力。這8大要素表面看起來都很容易理解，但要做得好卻是很不簡單，必需要想通很多道理，更要身體力行，書中列舉很多的執行要點，很值得參考。

書中提到知人善任很重要，要將人擺在對的位置，讓他做喜歡且擅長的事，讓員工在工作上有成就感。道理很簡單，但要達到這個目標，領導者必需花很多時間在人的身上，這才是執行重點。我個人深知人才的重要性，一直將人的問題當作「二八法則」中的重要事件，花時間才能了解人才特性／擅長，才能擺對位置，所以從應徵面談、心談、培訓、組織、陪跑、激勵……都是跟人相關的大事，要非常慎重和積極。此外，跟人的Feeling（感覺）等相關小事，包括婚喪禮慶或座位安排，也都當成大事來處理，這樣才能將人的問題處理得比較完善。

一般人對教練的認知，可能是在體育領域比較多，其實教練在很多領域都很需要，歐美國家很多企業的高階主管，甚至於CEO都需要教練的輔導，幫助他們釐清盲點、建立信心、找到最佳的解方。過去我對教練的操作沒接觸過，最近幾年在MISA智享會輔導一些企業，接觸到一些教練，看到他們輔導學員的方法，確實可以幫助學員找回信心及動力。

教練是一門很深的學問，不只要懂很多理論及執行步驟，更要懂得心理學／邏輯歸納及引導，及如何激勵，建立教練學習者的信心，讓他們發現、探索、及找到自己，釋放出潛能產生績效。教練

真是一門藝術學問，而陳博士正是教練行內的專家和資深督導，堪稱是教練的教練。

　　無論你現在已經是教練，或想要成為教練，或已經是領導者，或中高階主管，都非常適合閱讀本書，對領導統御會有莫大的助益。鄭重向讀者推薦本書！

不斷創新求變，與時俱進，
追求卓越，超越顛峰

科懋生物科技股份有限公司董事長兼總經理、台北市松智扶輪社創社社長
陳澤民

　　本書作者陳恆霖博士是我在台北市松智扶輪社的創社社友，他不僅是一位在大學任教的學者，更是將心理諮商專業轉化為企業教練的實務工作者，藉由親自進入企業開設教練領導力課程，協助高階主管解決組織面臨的挑戰和議題，也協助制訂人才策略與發展高潛力人才。又開設專業教練認證班培訓專業教練人才，累積了三十多年的實戰經驗，春風化雨，作育英才無數。

　　我畢業後在外商擔任業務經理和創辦科懋生物科技股份有限公司，主要的工作是負責「領導」和「管理」，作者告訴我們「領導」不等同於「管理」的工作，有效能的領導是對組織的願景、文化和經營理念的宣揚、和對社會的影響力。用對的人，做對的事，鼓舞所領導的人達成組織的目標和服務社會的宗旨。

　　台北市松智扶輪社的創社宗旨和經營理念是「優質美學」、「家庭樂趣」、「連結世界」、「職業交流」和「行善服務」。扶輪社重視「職業服務和交流」，並以「結合各行各業事業主和社會菁

英，從事職業參訪、專業交流和職業論壇，精進專業技能、產業創新與培植年輕社友」為己任。我們很榮幸邀請陳恆霖教授在 2023 年 2 月 8 日，蒞臨松智社進行職業服務和專題演講，主講：「人對了，組織就會對 ── 教練領導力在企業內的實踐」，並在月例會中模擬各種實境，示範「教練領導力」與「教練晤談溝通」的實務演練，獲得全體社友與來賓的滿堂彩，讚嘆領導大師的教練晤談魅力。

有遠見的領導者，會花時間隨時找機會培養人才；短視的領導者，卻只看重眼前績效的表現，績效不彰，就換人做，是成不了大事的。他引用杜拉克名言：「管理效能是一種習慣，是一系列的作法，而做法是可以學習的。經過不斷的練習，才能真正養成高效能的領導人。高效能的管理者還要能知人善任，善用人才之專長，做最擅長的事情，而非只著眼於別人辦不到的事情。」我深感認同。

卓越領導人為了組織的「永續發展」，還要能高瞻遠矚、洞燭機先，預見組織未來的危機和風險，隨時改變和調整組織的核心專長與資源，順應萬變且化危機為轉機，再造組織的高峰。作者引用麻省理工學院前校長萊斯特・梭羅的話：「領導人的重任，是在危機來臨之前，能預見未來危機的轉折點，預先預防或因應，並說服部屬預做改變；做得到的才是高瞻遠矚有效能的領導人。」在我企業經營的生涯中，對此有深刻的體驗。

陳博士以「不斷創新求變，與時俱進，追求卓越，超越顛峰」的精神增修《Coach 領導學》，這很符合國際扶輪的宗旨和積極目標。我很榮幸獲得他的邀請，為增訂版撰寫推薦序，樂意推薦本書

是作者傾全心全力將跨領域的學習，不斷投入探索創新的理論和方法，並開發實務操作的工具，將他的專業知識、技能和經驗，積極轉化為實務上的傳承與應用，以協助個人和組織不斷的創新求變，追求自我的成長和組織的永續發展。我鄭重推薦大家閱讀本書，並應用在企業高階人才的養成。

一本全面解決人才問題的經典書

台灣永光化工集團榮譽董事長
陳定川

　　本書是陳恆霖教授最新的著作，2007年我在「國際基督徒工商人員協會」（CBMC）的聚會上認識了陳教授，之後我也聽過他多次的演講，每次都讓我受益匪淺；我相信他這本談論教練主題的專書，也會讓讀者擁有嶄新的視野。

　　本書點出一般經營企業常遇到的人力資源問題；面對當前速度愈來愈快、問題更多也更複雜的經營環境，就如同本書所強調的：現在這個時代，「投資『人』是最好的投資！」，其實，企業最需要克服的就是人才的問題！

　　在書中，陳教授由學理與實務兩方面著手，探討教練或教練式領導力能如何幫助組織及企業，創造更多更好的領導者，並且讓經營的品質因此提高；也由於陳教授有心理諮商的專業背景，他在書中點出的問題與解決方式，也頗為符合我們在企業與職場中面臨的真實情境。

　　我經營企業一向專注於員工的專業能力、人際能力及理念能力之培育，並推動品格教育，追求道德與能力均衡發展，鼓勵團隊合

作，曾邀請陳教授到大陸蘇州永光公司演講。這本書《Coach領導學》，不同於坊間很多講求「速效」或「捷徑」的管理「秘訣書」；而是來自一位我所敬重、並擁有組織管理與心理專業背景的學者，用心設計與多年經驗淬鍊後才得以面世的新領導技術。

這本書告訴我們如何「看待人」、「評估人」、「帶有潛力的人到下一個更棒的舞台」；如果有更多的企業主與領導者能看見陳教授這本書，相信也會讓更多的人才能幫助企業更上層樓！

從教練兼球員談起……

財團法人台南企業文化藝術基金會董事長
吳道昌

　　當陳恆霖教授要我為這本書寫序時，我收到書稿後，在幾天之中就愛不釋手地一口氣看完，幾乎忘了要寫序言，還讓出版商催稿催了好幾次。因為這本書除了內容吸引我以外，陳教授用淺顯易懂、非專業用語來寫作，有很多他多年來在教練領域的實例和有趣的故事，很自然地就一直看下去。我知道陳教授平常就非常忙碌，居然能寫出這麼專業又易讀的實用書，真是了不起！

　　華人世界很多人對「教練」（Cocah）的認知，只停留在體育運動項目的教練，例如我們所熟悉的，讓王建民發跡的投手教練蓋瑞拉維爾，以及因靠「林來瘋」翻身的教練麥克德安東尼。但是其他領域方面，我們就比較不用「教練」一詞。我在企業界多年，很多人對「教練」如何運用在企業中所知不多，公司的職稱中也很少有教練這個職別。或許企業界較習慣用「顧問」，如法律顧問、技術顧問等；企業界較習慣針對事務性的問題，直接請顧問協助解決。但企業教練不會直接跳下去處理問題，所以老闆們總覺得教練只是隔靴搔癢，搔不到癢處。沒錯，教練不是球員，但他們會先協

助人，再由「受教練者」（Coachee）自己去解決問題。其實一件事情被解決只是一件事，然而一個人被「教練」後再去解決事情，以後他就更可以再去解決其他諸多事情，這是具有長久性且廣泛性的加乘效應。這書中的觀念對我來說非常新穎，難怪讓我看了愛不釋手！

　　在西方世界教練就常常在各領域幫助人。2007年台灣冠冕真道理財協會引進美國〈CROWN FINANCIAL MINISTRIES〉的教材，這個協會的願景是「看見全世界的基督跟隨者，在生活的每個層面，都信實地遵行神的財務原則。」也就是教導人用聖經原則理財。其中一種教材是訓練「財務教練」，這些被訓練出來當教練的，他們的輔導方式是一對一的教導被教練者，目的就是幫助財務陷入困境的人，透過教練的陪伴與教導，最終讓對方得到財務自由。

　　「企業教練」（也就是本書中較常稱的「組織教練」），更是被廣泛的運用在西方的企業裡，好像書中所提，美國波音公司早在1999年就聘請12名全職教練和45名兼職教練，對波音公司的兩千名高級經理進行領導力的開發。

　　反觀台灣企業，多數中小企業老闆身兼管理者，自己帶頭處理一切事務。我看到很多身為總經理者，天天還忙著業務上的事，處理事務性的事務，難怪台灣的公司都是半大不大。看完這本書猛然發覺問題所在，就是台灣的老闆或總經理們都是「校長兼敲鐘」（台諺語），教練兼球員，事實上卻阻礙了公司的發展。台灣的企業界或是相關的政府部門，應該更多關注在培育企業教練！所以陳教授要

讀者誠實問自己兩個問題：

1. 身為領導者的你，花多少時間在栽培人才？
2. 貴公司年度預算中，有多少比例，花費在栽培領導者身上？

　　我想本書的作者陳恆霖教授，就是看到華人世界在這方面的認知差距，花了幾年的工夫，將「教練」這個角色的觀念及運用介紹給我們了解。又因為陳教授是雙重認證之諮商心理師及組織教練，特別將這幾種不同的角色，如：教育訓練、諮詢顧問、導師與教練、諮商與治療，說明得非常清楚。也將台灣這幾年來，有關「組織教練」的發展腳蹤做了歷史的陳述，更對企業界提出非常建設性的建言，可謂用心良苦。

　　相信這本書會對華人世界帶來很大的影響，特別對台灣企業西進大陸，面對廣大市場的需求，很多公司由小變大，如何培養教練的團隊，來解決日漸擴大的人才荒。期待這本書所帶來的更新觀念與實務教導，將成為根本解決之道。

專業教練者的必讀修練

現代加州管理顧問有限公司 資深組織教練暨顧問
紀淑漪 博士

　　1990年代當我在美國接觸到「教練式領導」時就非常認同，並在2000年將這樣的概念訓練方式引進台灣，而開始推廣教練式領導的課程，2008年陳恆霖博士加入加州管理學院（CMI）組織教練研習課程，透過課程理論跟架構的完整性再加上具有諮商博士學位，並從事高階主管教練的實務工作背景，預期本書中的教練的理論與技術應用，來自諮商理論與技術，可以提升有意從事教練工作者的專業水準，及組織領導者學習教練式領導，以培養中高階主管領導力，大幅提升領導效能與企業競爭力。

　　有關教練的書籍在2010年之前多是外文書，中文書籍不多。目前國內及大陸出版的書籍，偏向實務經驗分享居多，專業深度不足，作者陳恆霖諮商博士出版的《Coach領導學》，一書融合理論架構、教練技術，與實務經驗，具有專業深度與廣度。編寫重點有理論的闡述、實際案例說明，教練的技巧、教練的工具、問題的思考等。希望以深入淺出的方式讓讀者從中學習。這也是一本學理與實務兼顧的專書，適合閱讀的對象除了專業教練跟即將成為教練者，

還包括：企業的執行長、中高階主管、人力資源主管、政府部門的高階政務官或事務官、學校校長及行政主管、其他組織的中高階主管、心理師或社工師等專業人員。

　　本書大綱架構分為四大部：〈領導≠管理，你知道嗎？〉、〈教練ABC從頭說起〉、〈Coach領導學〉、〈Coach的實務與技術〉。針對知識經濟時代領導者與管理者的省思與定位。並說明教練的發展歷史與演變，及目前受到重視的趨勢。再提供教練理論的架構、觀點、與假設。運用教練的技術、使用的工具等。帶給領導者省思及認清組織中你看重的是什麼價值，而去發掘部屬的興趣與能力,教練對組織的正面影響又是如何？接受教練對個人、組織及企業界有何益處？教練做些什麼？為什麼要接受教練服務？哪些人需要接受教練服務？在本書中教練目標、教練的角色、教練的功能及運用趨勢跟影響力加以應用均一一詳述，包括了：

　　教練的基本核心價值是什麼？對人的假設與改變的機制在潛意識中開啟潛能，在自我獨特中創造命運，在變動存有中超越自我，在學習歷程建立新行為，在非理性信念找出改變動能，在理性中建立行動思維，在選擇中建立成功認同，在內外在和諧中實現自我，在自我覺察中展現決定能力，在積極思考中實現願景，教練的發展過程，運用正向心理學的趨勢跟影響力加以應用，無非是希望建立關係與信任感，共同設定目標，發展改變計畫，達成組織預期目標。

　　特別是本書強調「教練的態度」更甚於「教練的技術」，我非常認同。因為教練歷程是以生命影響另一生命。有志成為專業教

練者，應當將之視為志業而非職業，教練的角色看似利他其實是利己，成為教練者必須經歷時時自覺及安頓心靈過程，培養專注、探究和察覺力，並擁有一顆靈活而開闊的心胸，達到心靈禪動來調息、讓身心靈處於正面能量，則必能修練成一位優質的專業教練。

目錄

增訂版作者序 3

增訂版推薦序

一門很深的學問：將人的問題處理好／曾國棟 8

不斷創新求變，與時俱進，追求卓越，超越顛峰／陳澤民 11

推薦序

一本全面解決人才問題的經典書／陳定川 14

從教練兼球員談起……／吳道昌 16

專業教練者的必讀修練／紀淑漪 19

前言 24

Part I	領導 ≠ 管理，你知道嗎？

第 1 章　未來領導者該想哪些事？ 38

第 2 章　什麼事對你的組織最有價值？ 78

第 3 章　讓天賦自由：發掘部屬的興趣與能力 88

第 4 章　教練如何改變組織？影響力比權威更關鍵 104

Part II	教練 ABC 從頭說起

第 5 章　領導者就該是教練 118

第 6 章　對著人投資：教練的定位 202

Part Ⅲ	Coach 領導學

第 7 章　人如何改變？各種心理學與教練的應用......................234

第 8 章　如何幫助人改變？各種教練觀點......................276

第 9 章　如何引導人改變？各種教練模式......................294

Part Ⅳ	Coach 的實務與技術

第 10 章　好教練必知的內在地圖與測量工具......................354

第 11 章　問與聽的功夫：好教練的最佳本領......................406

結語與叮嚀......................512

後記......................520

附錄：教練評估工具......................522

前言

多年前我有一位接受中高階主管教練方案的資深優秀工程師，因表現優異而升任經理，以下是他的真實經歷。他在升任中階主管半年後，由公司安排接受教練服務。首次教練晤談時，他對我抱怨升任經理後所做的一切努力，非但沒有得到部屬的認同，反而遭到連串的抱怨而感到不解。

他告訴我：「當我擔任工程師時，我與其他同事們，都看到公司內部管理與制度上的問題，如果這些問題能夠改善的話，將能激勵這群工程師，並大幅提升效率與績效。幸運的是我蒙公司的拔擢，升任為部門的主管，我上台後的首要任務，就是改善部門內當初所遭遇的種種問題。我以為當我改善了這些問題，會獲得昔日同儕們熱烈的回饋與感激。沒想到事與願違，我努力做了一切我認為應該為他們考慮的事情，沒想到他們竟然對我抱怨連連，實在出乎我的預料？！我做錯了嗎？為什麼這些問題改善了，卻沒有獲得正面的回應？」

當主管容易嗎？這不只是他個人所面臨的問題與困境，多數的管理者或領導者，也會碰到類似的問題。你想扮演好管理者，卻又身處危機；你想當一位備受敬重的領導者，卻發現不是那麼簡單？

除此之外，有些問題還涉及角色扮演，例如：「你想扮演先知

卓見的領導者，還是短視近利的管理者？」、「你能恰如其份地扮演好領導者或管理者的角色？」、「你在上台之初是否做好下台的準備？」。有些則涉及領導管理理念的問題，例如：「你想當威信領導者或威權管理者？」、「你想採行效率管理或人性管理？」、「你寧願花大錢購買設備，還是投資在發掘潛在的優秀人才？」。

　　自 2008 年 9 月 15 日「雷曼兄弟銀行」倒閉，引發全球經濟崩盤以來，到 2011 的希臘歐債所引發的金融危機，迄今似乎方歇卻又未止，短短三、四年，全球局勢不明，處處充滿不確定感，在在挑戰各行各業，企業的經營更是戰戰兢兢，如臨深淵、如履薄冰，稍一不慎即可能出現經營危機。看來舊有的經營手法，似乎被環境逼得不得不做彈性的調整；2020 年全球受到 COVID-19 疫情的影響，企業受到遠距上班或裁員的衝擊，昔日的領導風格與管理方式，面臨重新思考或改革。因此，新一代的領導者，必須要有新思維。

這個時代，領導必須不同

　　古希臘哲學家蘇格拉底曾說：「沒有經過反省的生活，是不值得活的。」我們所做的一切都需經過反思。傑克‧威爾許（Jack Welch）曾被《財星》（*Fortune*）雜誌讚譽為「20 世紀最佳經理人」，《產業週刊》（*Industry Week*）也稱他為「最令人尊敬的執行長」。他曾說：「如果領導者本身不願意去改變，那什麼都不用說了。改變不是從下而上（bottom-up）的，改變是從上而下（change occurs top-down）的。」[01]

　　致力於野生動植物研究的國際保育學者珍古德（Jane Goodall）說：「我們變得自私，其實不是故意自私，而是不思考（unthinking）。」[02] 處於知識經濟時代的企業領導者，需要花心思，「從心」並「重新」思考領導者的角色與定位。

　　華人首富李嘉誠國小畢業，白手起家，目前的事業版圖橫跨全球55個國家，他是怎麼做到的？他是典型運用知識改變命運的人，他接受媒體訪問時特別強調 [03]，領袖必須善用知識：「經濟的競爭，是以知識為基礎的戰爭；知識的創造與應用，是企業成敗的關鍵」。

　　新時代的領導人與管理者，需要學習新的領導方式，以因應新的趨勢與環境，「教練領導力」（Coaching Leadership）正是此一趨勢下，可以借力使力的領導新法，我稱這種新的領導趨勢為「後彼得・杜拉克時代新領導觀 —— 教練領導力」。

教練的眼光

　　本書一版出版前夕，有個最夯的話題剛出現，就是：「林來瘋」

01　李吉仁、王文靜、孫秀惠、鄭呈皇（2008）。九封信給下一個領導者 —— 李嘉誠成功學首部曲：用知識改變命運。接班人系列NO.4，頁21。商業週刊。

02　賀桂芬（2008）。九封信給下一個領導者 —— 與珍古德面對面：找回用心吃的傳統。接班人系列NO.4，頁180。商業週刊。

03　劉佩修（2008）。九封信給下一個領導者 —— 李嘉誠成功學：用知識改變命運。接班人系列NO.4，頁75。商業週刊。

（Linsanity，意為迅速成為時尚、潮流的人）[04]。林書豪（Jeremy Lin台裔美籍球員）在2010年在選秀會上，沒能獲得各隊青睞，但2012年2月4日起，從板凳球員一夕成名，掀起美國職業籃壇（NBA）一陣超級風。在此之前他不曾獲得NBA球隊所有教練的青睞，甚至不屑多看他一眼（可能因種族身分及哈佛書呆子的刻板印象），當初與他簽約又很快釋出的金州勇士隊和休士頓火箭隊的教練，也看走了眼，後悔莫及，連尼克隊也差點造成遺珠之憾。

是誰發現了林書豪？是誰有遠見看出他的潛力？既不是球探，更非NBA專業教練。而是一位送貨員，一位播報體育新聞的球評，及他的經紀人。

當時51歲的「聯邦快遞」集團送貨員魏蘭德（Ed Weiland），早在林書豪受到關注前兩年就獨具慧眼，預測他將成為NBA明星控衛。《華爾街日報》中文網報導，魏蘭德說，自己分析「林書豪的水平足以在NBA打比賽並有可能成為明星球員」，「當時有種感覺或許林書豪已經開始爆發」。[05]

另一位美國有線電視體育專業頻道ESPN球評阿諾特，也曾說過：「林書豪就像是富人版的傑佛森，或是窮人版的哈理斯，絕對值得各隊投資。」這句話如今看來，不但印證勇士隊與火箭隊的失

---

04 Linsanity已獲「全球語言觀察」（Global Language Monitor，GLM）組織認定為英文字。

05 楊慈郁（2012）。美送貨員2年前預測林來瘋。2月21日，旺報。

策，更凸顯尼克隊撿到瑰寶。[06]

　　小牌的經紀人蒙哥馬利（Roger Montgomery）在認識「林書豪」這名字是在2009年1月初，當時林書豪率領哈佛大學籃球隊擊敗波士頓學院，登上全美雅虎運動網新聞頭條。2010年這位經紀人，決定在林書豪大四時到現場看比賽，他說：「我喜歡他打球的方式，充滿韌性，還有傳球天賦與判斷比賽的能力，這小子可以在NBA獲得一席之地，這是我對林書豪的第一印象。」[07]

　　他們三位都非專業教練，卻有獨到的眼光看出林書豪的潛力，他們也非憑空臆測林書豪未來的發展，而是實際觀察林書豪打球的情況，分析一些統計資料，而得出預測的結論。反觀這些NBA的專業教練，不知帶領球隊經過多少戰役，累積無數的實戰經驗，看過不少的明星球員，也有球探協助球團尋覓優秀的潛在球員，為什麼這群有專業眼光的人，竟然看走了眼？是否他們只憑外在條件來評斷他，卻忽略了他潛在的心理素質與爆發力。

　　企業組織的領導者，是否也會犯了NBA教練的偏失與錯誤呢？是否也陷入了經驗與專業的盲點，錯失了潛在人才而失之交臂呢？林來瘋能帶給我們什麼反思與啟示呢？媒體報導：「林書豪創造了一個公式：B咖人才＋B咖組織＝A+表現。這個公式的關鍵在人。即使外在條件輸給別人，即使加入一個成績不好的球隊，新人還是

06　黃邱倫（2012）。球評預測林書豪值得投資。2月10日，聯合報A7版。
07　楊育欣（2012）。伯樂尋馬：一眼就看中林書豪。3月1日，聯合報。

具有扭轉乾坤的潛力。這個公式的另一個關鍵，在組織。用對一個新人，可以讓組織產生不可思議的成效。……對企業來說，如何找出板凳上的林書豪，給他磨練的機會，讓他發光，是當前最迫切的工作。」[08]

誰站在好人才的背後？

領導者好比教練，而教練就像伯樂，但千里馬多，伯樂難尋。自古文人就有此嘆！唐朝大文豪韓愈的《馬說》就已點出覓才困境之關鍵：「世有伯樂，然後有千里馬；千里馬常有，而伯樂不常有。故雖有名馬，只辱於奴隸人之手，駢死於槽櫪之間，不以千里稱也。馬之千里者，一食或盡粟一石。食馬者不知其能千里而食也。是馬也，雖有千里之能，食不飽，力不足，才美不外見，且欲與常馬等，不可得，安求其能千里也？策之不以其道，食之不能盡其材，鳴之而不能通其意，執策而臨之曰：『天下無馬。』嗚呼！其真無馬邪？其實不知馬也。」

高階主管的成長，特別是教練能力的培養，對企業永續經營極為重要。例如，美國波音公司早在1999年聘請了12名全職教練和45名兼職教練，對波音公司的2,000名高階經理進行領導力的開

08　蕭富元（2012）。大老闆當教練 ── 找出企業裡的林書豪。商業周刊，491期，頁113。

發，經理人被要求必須通過「國際教練聯盟」（International Coach Federation，ICF）的證書課程。到 2002 年，有鑑於教練在協助主管提升工作業績上，取得了非凡成果，現在波音領導層培訓中心，每一個課程都要規劃一項關於教練的培訓。

2001 年，Google 創始人拉瑞・佩吉（Larry Page）和賽吉・布林（Sergey Brin）從 Novell 公司聘請艾瑞克・施密特（Eric Schmidt）博士擔任首席執行長。施密特在 2009 年，接受美國有線電視新聞網論壇（CNN Money.com）採訪時就表示：「每個人都需要一位教練。」

他說：「當我第一次被告知，我應該有一個教練。我本能地抗拒回應：『為什麼我需要一個教練？我做錯了什麼事嗎？』然後，創辦人告訴我：『沒有，只是我們都需要一個教練。』從那時起，我有一位教練，他一直幫助我在谷歌執行業務。有一件明確的事是，我們是不是客觀地看到自己的優點。有一個教練，為我們提供了一個全新的視野，你可以從其他人的觀點看到自己，接受教練是非常非常有用的。」

你知道蘋果（Apple Inc.）創辦人之一賈伯斯（Steve Jobs），在馬克・祖克柏（Mark Zuckerberg）大學時代創辦臉書（facebook）時，曾經是他的教練，在背後激勵他嗎？祖克柏問了賈伯斯許多有關技術上的問題，讓祖克柏從一個大男孩轉變成為大企業的執行長。賈伯斯對於激勵年輕人這件事顯得非常有興趣，提供他自身的經驗給年輕的創業者，他所關注的不止是蘋果，而是整體的革命性

技術。無疑的賈伯斯扮演了一個關鍵性的教練角色。[09]

　　被譽為「高階教練之父」（A Father of Executive Coaching）的蓋瑞‧蘭柯博士（Dr. Gary Ranker），曾於2011年底，到台灣參加第三屆華人教練年會。他曾被《富比世》雜誌（Forbe）評選為全球五大知名最佳高階教練，也曾被英國《金融時報》選為50位全球思想領袖之一。他於1989年擔任奇異公司（General Electric）第八任執行長傑克‧威爾許的教練，協助威爾許經營治理奇異公司。他也是著名搜索引擎Google公司執行長施密特的教練，他們兩個月面談一次，每週30分鐘透過視訊會談方式來進行教練。

　　這些國際知名的執行長都接受教練服務，教練好比伯樂在尋找千里馬。身為領導者，你應該扮演伯樂，在組織中尋找高潛力的千里馬。當你還沒當上高階主管之前，是否也曾渴望有了解你潛力的伯樂來提拔你？你對人才的定義是什麼？你具備識人的眼光嗎？你如何挑選具潛力的部屬呢？你要培養一位青出於藍的部屬，還是寧願找一位乖乖牌，凡事聽命於你的部屬？

教練應用的時代

　　本書撰寫的目的即著墨於此，是為企業內部（或政府部門，或

09　Facebook CEO Mark Zuckerberg Was Coached By Apple Co-Founder Steve Jobs. 資料來源：http://www.geekloudy.com/facebook-ceo-mark-zuckerberg-was-coached-by-apple-co-founder-steve-jobs/

非營利組織）擔任領導者或管理者，或潛在優秀人才在未來有機會升任中高階主管者而寫的。如果你不是擔任主管，但是對教練有興趣的人，本書仍然深具可讀性；如果你是一位專業教練，你可以用來檢核自己的專業水準，核對過去的實務作法與經驗，或者解答實務過程中曾出現的疑惑。由於教練的應用範圍非常廣泛，可以進一步延伸至不同的議題，例如組織議題、生涯議題、心靈議題、生命議題、親子議題等，都可以由本書延伸出去。

　　我一直構思要撰寫一本理論與實務、廣度與深度兼顧的書，同時將我個人在企業提供員工心理諮商、及對中高階主管培訓教練領導力的經驗融入書中，內容具有故事性，而且淺顯易懂，更具有專業的深度，有教練技術的說明、案例的討論，更有教練晤談逐字稿的解說，讓你輕鬆閱讀，自行演練後應用於你的職場中。你可以依本書的架構順序逐一閱讀，也可以按著你的需要彈性調整閱讀順序。本書架構說明如下：

Part 1. 領導≠管理，你知道嗎？

　　對領導者與管理者的角色、任務、能力、條件及思維重新省思，回到領導與管理的根本源頭，試圖釐清及重建新的領導思維。

Part 2. 教練ABC從頭說起：

　　讓你了解教練的發展歷史？教練的意義和定義？教練與坊間常

聽見的教育訓練、諮詢顧問、導師、心理諮商與治療之間有何差異呢？教練提供什麼樣的服務？教練目標有哪些？教練有哪些角色與功能？哪些人適合接受教練服務與培訓？本篇將為你一一說明。

Part 3. Coach 領導學：

　　領導與管理永遠都要回歸到人性的探討與了解，尤其是對人的假設及人是如何改變？改變的關鍵與機制何在？我簡略敘述十種不同的改變機制觀點（從最早的精神分析觀點、新精神分析學派觀點、行為學派觀點、人本學派觀點、到晚近備受矚目的後現代學派觀點）。教練的理論基礎與概念又是什麼？我為你介紹組織教練的理論（績效教練、領航－高階教練、整合教練），還有我將鷹架理論的概念應用到教練領域，及正向心理學在教練中的應用。同時我也介紹了十二種不同的教練模式，以及我融合三種不同模式的整合模式應用，都能讓你大開眼界，從中學習輕鬆掌握教練的實作要領。

Part 4. Coach 的實務與技術：

　　本篇為你介紹組織內部導入教練時要注意的事項，例如：教練的發展歷程有哪些？如何建立信任的教練關係？如何有效並妥善地處理雙重關係（同時身兼管理者與教練者的角色）？如何共同設定教練目標？教練要介入的層次有多深？何時是教練介入的適當時機？如何發展改變計畫？教練的績效如何評估？有哪些評估的方法？同時我也介紹了七個基本的教練技術（專注、傾聽、同理心、

問問題、重述、摘要、及回饋等技術），並輔以實際案例或對話例句，來說明這些技術的運用。

結語與叮嚀：

我對本書的綜合說明，撰寫本書的動機與心路歷程，及個人在實務經驗中的一些小叮嚀與祝福，期盼激勵中高階主管、對教練有興趣者，或專業教練們，共同提升華人地區的專業教練能力與水準。

附錄部分：

全新增訂版提供了三種檢測工具，幫助了解自我的教練觀念及技術的水準，成為教練專業發展的起點基準線。

著名的電影《深夜加油站遇見蘇格拉底》（*Peaceful Warrior*）[10] 中有一段經典對白：

在尚未將知識轉化成為智慧，在開始學習之前，你得先清空你的油箱。並沒有所謂的意外，每一件事情都是一項功課。要通過一連串的訓練，你必須付出更多的努力。……你要先淨化你的身體，把你腦中多餘的垃圾丟掉，敞開心

10　史考特‧麥柯洛維茲（Scott Mechlowicz）和尼克‧諾特（Nick Nolto）主演。原著／丹‧米爾曼（Dan Millman）。導演／維克多‧沙爾瓦（Victor Salva）。出品／2007 年。

胸接納你心中真正的聲音和感覺。……我只知道一件事，
那就是什麼都不知道。

　　我引用這段話的用意，是提醒你進入本書之前，先將自己放空，帶著學習的心，及內在的渴望，你我一同穿越專業知識和實務經驗的探索與體驗之路，視之為一趟知性與感性的學習之旅。古諺云：「坐而言，不如起而行」，現在就帶著期待與行動出發吧，相信你會在黃金屋中尋得領導與管理的聖杯！

Part 1

領導 ≠ 管理，
你知道嗎？

人是被領導的，事是被管理的。

人是活的，有向上發展動機與潛力，

有認知思考、有情感（情緒）表現、

及行為反應與互動模式的。

人不是事務，更非是機器或設備，人不是用管的。

事情本身是被動的，才需管理、分類或處理及解決。

第 1 章

未來領導者
該想哪些事？

如果問題早已有解決方案，
那麼，領導是一件安穩的工作。

2010 年 8 月 5 日，智利發生了震驚全球的礦坑癱塌事件。

33 名礦工被埋在地底 625 公尺深，度過受困地底 69 天後，終於在 10 月 14 日上午全數被救出。原本可能全部罹難的礦工，除了救援隊伍的搶救與努力（共花了 33 天鑽井）之外，重要的是 54 歲的領班鄂蘇亞（Luis Urzua）臨危不亂，整合這群受困礦工並指揮調度，使他們終獲安全救出。

當時媒體[01]以「天生領袖」、「無私——所以沒人挑戰他」，來形容這位來自天主教單親家庭的長子工頭。有篇報導上說：「鄂蘇亞除了利用專業和知識，繪製礦坑地形圖給救援人員，還展現了特殊的領袖魅力，凝聚礦工求生意志，重要的是他沒有私心。……能脫困還仰賴這群受困礦工各有專長，組成一支齊心堅強的多功能團隊，共同度過難關。」

在遇難之前，他們無從預料何時會發生礦坑癱塌，甚至也許也不期待會獲救重見天日。鄂蘇亞是如何帶領一群面對生死存亡的礦工脫離險境呢？是什麼讓一群沒有組織的礦工，願意團結起來，每人被安排做自己擅長的事，每日安排一些活動，彼此配合，有條不紊，直到獲救為止。這都是因為有一位臨危不亂的領袖鄂蘇亞。他不只有專業能力和組織能力，更因為他的無私態度，才讓一群礦工願意跟隨他，聽他的指揮與調度。

01　莊蕙嘉編譯（2010），天生領袖、無私所以沒人挑戰他，聯合報，10 月 15 日頭版、A3 版。

想一想，企業不也經常面臨無法預期的環境、經濟、政治及組織變動，這些變動有時來得太快，超乎管理者的預期，在這種景況下，領導者如何避免陷入混亂與不安？如何鎮定自處，用更大的視野與格局面對變局？如何讓軍心散渙的組織凝聚起來，穿越變動的危機？這是何等的挑戰與艱難的局面！

鄂蘇亞的例子帶給你什麼省思或啟發？如果你是他，你會如何做呢？如果場景換成你的公司，你又會怎麼做？

在知識經濟時代裡，企業組織的領頭羊（CEO，Executive）如何恰如其分的扮演「領導者」或「管理者」的角色。或許你會問這兩者有何差別？你心中可能也隱然有些察覺這兩者的不同。在本書，我的觀點並非將兩種角色截然不同劃分，這兩種角色也非對立的，各有優點，也有其缺點。有時你必須扮演領導者角色，有時是扮演管理者角色。其中的差異在於兩種角色的實質內涵與層次不同。這一章期盼你重新思考自己的角色，再釐清一些觀點，重新再出發。

(一)你想當領導者還是管理者？

什麼是領導者？

在英語中，「Leader」（領導者）一字來自於拉丁文的「lithan」，意思是「一起去」。「這個字彙來自印歐語系，由兩個字組成，前半的『lea』意思是道路，後半的『de』意思是發現者。

所以領導人就是開拓路途的人。……領導找到路，由他們來看路標追足跡，他們看得清楚，然後指示方向。」[02]

領導者簡單來說，就是「一個人能夠帶領別人向著目標邁進，他有能力影響別人，完成並達到所預期的目標。在達成目標的過程中，展現其影響力，領導是一個特質、態度、行為或行動，周圍的人會看得見，能感受得到，並且願意跟隨他，達到目的。」

因此，領導並不是一個條件或地位；而是藉著態度，行為和言語，及其背後的信念、價值、或世界觀，來影響別人，最後達成目標。

什麼是管理者？

《牛津英文字典》（OED，1971）上，提到管理的相關字詞包括 manage、management 以及 manager 等。它們都是在 16 世紀出現於英國語言。管理文字的起源，來自拉丁文「manus」，有訓練馬匹之意，其後的意義擴展到一般技術性的處理，例如武器、樂器的訓練。海爾特・霍夫斯泰德（Geert Hofstede，2000）認為，現今的觀點將「管理人」（managers）看成是社會上的某一階級，這個階級的人具有兩個特徵：一是不擁有企業，但販賣技術，代表所有權人作為。二是不自己從事生產，而是透過激勵，使他人生產。

---

02 Kevin Hall 著，趙丕慧譯（2011）。改變的力量 —— 決定你一生的11個關鍵字。頁45。平安叢書。

　　不管你身兼何職，扮演何種角色，是否也常被時間追趕，被瑣事纏身，被人的問題給困住呢？管理大師彼得・杜拉克（1993）[03]就認為，「管理者面臨四種無法掌控的現實困境：一、時間掌握在別人手上。二、除非積極採取行動，改變現況，否則會被迫不停地『處理事情』。三、唯有組織中的人利用管理者的貢獻時，才算真的有成效。四、管理者置身於組織內部，除非設法掌握外界現實，否則會愈來愈向內看。」

　　我曾多次在不同的場合（企業、機構或其他組織）對高階主管們（負責人或單位主管等）上有關組織教練的課程時，詢問在場的人是否遇上了如杜拉克上述所言的四種情形，結果幾乎有超過99％的主管，的確面臨了這類狀況。這個結果怎麼不令人感到驚訝——卻又好像不意外呢？試著想想看，如果高階主管們面對的確實是如此，幾年後這個組織會呈現什麼樣的景況呢？

　　別人如此，我也曾經有過類似的經驗，讓我分享一段自己過去擔任行政主管的經驗。三十多年前，我自研究所畢業後，就到大專院校服務，隨即接了一個單位的主管職務。當時年輕氣盛，滿懷抱負與理想，一心想要發揮所長，建立專業的制度與提供高品質的服務，這個職務一當就是七年之久。那段日子我覺得很有成就感，因為專業的成果不斷顯現出來，我也很享受那一段成長過程。

03　彼得・杜拉克著，齊若蘭譯（2009）。杜拉克談高效能的5個習慣，頁69。遠流出版社。

現在回想那段日子，再想想杜拉克的話，顯然我也正如他所說的一樣。當時每週有開不完的會議，有一群個案等著接受諮商，又要辦理許多專案與活動，忙得不可開交，常常將做不完的公務帶回家做；雖然做得興致勃勃，卻也讓自己陷入不斷「處理事情」中，時間在各類會議、不同單位的協調中，不知不覺給分割了。

現在自己常常在想，如果有機會讓我再當一次主管，我想我不會再像當初一樣，如同一隻鴕鳥埋頭苦幹，忘了抬起頭來看看別處。當時沒有想太多，只想「做事」，想必我的同事們也跟著像陀螺般打轉，而需要調整與改變的是我自己。時代在改變，領導的思維也須跟著扭轉，尤其是處於知識經濟時代的我們。

「領導」與「管理」的有何區別？

讓我引用管理學人約翰‧科特（John P. Kotter）對領導與管理區別的觀點[04]，來說明兩者間的差異。科特從「排定工作目標與時程」（creating an agenda）、「發展人際網絡以符合預期目標」（developing a human network for achieving the agenda）、「執行計畫」（executing plans）及「執行成果」（outcomes）等四個層面來區分「管理」與「領導」之間的差別（見表 1.1）。

---

04 Arthur Shriberg, David L. Shriberg, and Richa Kumari 著，吳秉恩編審（2006）。領導學原理與實踐。頁203，智勝文化事業有限公司。In John P. Kotter（1996）. *A Force for Change: Hoe Leadership Differs from Management.* By John P. Kotter, Inc.

表 1.1：領導與管理的區別

活　動	領　導	管　理
排定 工作目標 與時程	建立方針： · 發展未來的（通常是長期的）願景； · 為必要的改變發展策略，以達成願景。	規劃與編列預算： · 建立詳細步驟及時間以達到必要的結果；分配所需的資源來達成所要的目標。
發展 人際網絡 以符合 預期目標	調節與統整人力： · 以言語和行動，讓團隊成員瞭解願景和策略，溝通組織方針。 · 在組成工作團隊時，讓所有人能合作。	設計組織及選任人才： · 建立組織結構以達成計畫的要求； · 該結構配置人力； · 分配職責及職權以完成計畫； · 提供政策與作業程序做為指導依據； · 建立方法與系統以監督執行過程。
執行計畫	激勵和鼓舞： · 藉由滿足非常基本，但是通常未被滿足的基本需求； · 鼓勵人員面對改變時，克服所生產有關政治、官僚以及資源分配的障礙。	控制與解決問題： · 仔細地監督執行結果和原先計畫；辨認其中的差異； · 計畫和組織如何解決這些問題。
執行成果	創造改變： · 通常是重大而徹底的改變，並有潛力創造非常有用的改變（譬如客戶想要的新產品；勞工關係的新方案使公司更具競爭力）。	增加可預測性及秩序： · 有潛力持續地創造不同利害關係人預期的重要結果（譬如對顧客而言，永遠提供即時服務；對股東而言，達到盈餘目標）。

也有些著名的企業執行長，對「領導者」與「管理者」有不同的先知卓見，學者亞瑟‧塞柏格（Arthur Shriberg），大衛‧塞柏格（David L. Shriberg），和理查‧庫瑪麗（Richa Kumari）[05] 則認為，領導者和管理者在四個人格構面上有所不同（見表 1.2）。

表 1.2：領導者和管理者的差別

人格構面 personality dimension	領導者 Leader	管理者 Manager
追求目標的態度 attitudes toward goals	擁有個人化及積極的態度；相信目標是來自於慾望及想像。	具有非屬個人化、被動的、及功能的態度；相信目標是因為需求及現實產生的結果。
工作觀念 conceptions of work	對既有問題尋找新的解決方式；尋求較高的風險，尤其是具有高報酬的風險。	將工作視為一個整合人員、想法和事件以完成目標的過程；透過合作和平衡，尋求適當的風險。

05 亞瑟‧塞柏格，大衛‧塞柏格，和理查‧庫瑪麗著，吳秉恩編審（2006）。領導學原理與實踐。頁204，智勝文化事業有限公司。

與他人的關係 relationship with others	對獨自工作感到自在；鼓勵親密或緊張的工作關係；並非衝突驅避者。	避免獨自工作，較喜歡與他人一起工作；避免親密式或緊張的關係；避免衝突。
自我意識 sense of self	反覆產生的；專心努力的調整生活方式；質疑原本的生活模式。	一次產生的；做簡單的生活調整；接受原本的生活模式。

　　華倫・班尼斯（Warren Bennis）認為，領導者是問「做什麼」和「為什麼」（What and Why）、關注全局、挑戰現狀；管理者是問「怎麼做」和「何時做」（How and When）、關注損益、滿足現狀。 彼得・杜拉克的觀點是，領導者「做對的事情，即效能」（do the right things，effectiveness）；管理者是「把事情做對，即效率」（do things right，efficiency）。套用一句大陸對「領導」的順口溜，領導就是要「性感」：「性」就是：必要性、重要性、長期性、艱巨性、複雜性。「感」就是：使命感、責任感、危機感、緊迫感、榮譽感。

　　也許你有自己的觀點，至於我個人的觀點如下（見表 1.3）。

表 1.3：領導者與管理者之間的差異

面　向	領　導　者	管　理　者
視　野	強調願景與使命	注重目標與任務
焦　點	關注未來與發展	著眼目前與處境
人　才	發掘與激勵卓越人才	培訓與使用優秀人員
產　出	重視效能與創意	重視產能與績效
制　度	整合組織與面對變革	執行計畫與調整策略

　　吳百祿[06]（2006）認為，在知識經濟的新時代中，我們有必要對領導的意義重新做檢視，以下是傳統與新的詮釋對照（見表 1.4）說明。

表 1.4：領導意義的傳統詮釋與新詮釋對照表

項　目	傳　統　詮　釋	新　詮　釋
領導目的	成就個人的理念與使命	團體目標的達成
領導型塑	超級領導：一個人管理眾人之事的領導	是一個人能領導其他人去領導所有的組織成員

06 吳百祿（2006）。知識經濟時代的領導理論。學校行政雙月刊，第 43 卷。

領導者	侷限於正式任命的領導者	領導存在於組織的每一個成員之中
領導概念	製造業模式： 1. 組織成員以工人為主 2. 安定保守中求進步 3. 重視成功的領導與管理	服務業模式： 1. 組織成員之素質亟待提昇 2. 追求變革與創意 3. 重視知識管理

(二)新領導者必須要有新思維

　　從上述領導理論的新詮釋觀點中，可看出因應時代的改變，領導者已從「個人重心」轉化成「團體重心」，組織成員都可以是領導者。如同管理學大師杜拉克認為 [07]：「只專注於個人魅力，將使領導者走上誤導的不歸路。領導的關鍵不在於領袖魅力，而是使命。因此領導者首先要為所屬的組織制訂使命。」

　　吳百祿進一步指出 [08]，知識經濟時代領導者應有的新思維包含下列兩點：

1. 視領導是一種歷程（process）。

2. 重視團隊領導：

---

07 彼得‧杜拉克著，余佩珊譯（2004）。使命與領導 —— 向非營利組織學習管理之道，頁1。遠流出版社。

08 同註6。

（1）領導的焦點在全部的團隊，而非特定的一個人，

（2）重視自我領導，

（3）成功領導之角色與功能的轉換，

（4）領導者需具備多元領導技能。

領導不是片斷的時間，領導指的是在一段時間與一群人共事，在團隊中完成共同的願景。團隊中不只有領導者，更有一群「打拚的夥伴」。領導者是要抬起頭來環顧四周的人，關注他們的能力及優勢、組織架構、社會變動、產業趨勢、世界的改變。領導者不只要求別人，更要自我要求，還需要以身作則，才能帶領團隊。

(三)領導者應具備何種特質與能力？

張光正、呂鴻德 [09] 指出：知識經濟時代領導者應具備下列特質：

1. 願景建構（vision-setting），

2. 文化塑造（culture-shaping），

3. 人性關懷（human-caring），

4. 團隊建立（team-building）。

---

09 張光正、呂鴻德（2000）。知識經濟時代的領袖特質。載於高希均、李誠主編，知識經濟之路，頁90-113。台北：天下文化。

　　催化領導包含行為、策略和態度，是一種不用支配，而能達到領導目的之領導方式，它重視組織成員的決策參與，組織願景的管理，以及重視組織的變革與改善，它對組織再造、組織本位決策以及組織成員授權有極重要的意義。

　　領導者不單要有專業知識，更需要有領袖的睿智。美國哲學家薩諾夫（David Sarnoff）就說：「知識和智慧是有分別的，學到知識並不見得學到智慧。有些人雖無知識卻多有智慧，有些人雖有大學問卻無智慧。」西方諺語也說：「智慧是知識的善於運用，知道並不就是智慧。只有知道怎樣去運用知識才是有智慧。」

　　香港首富李嘉誠對成功領導者的看法則是 [10]：「做一個成功的管理者，態度與能力一樣重要。領袖領導眾人，促動別人自覺甘心賣力，老闆只懂得支配眾人，讓別人感到渺小。」

　　這世上沒有一位完美的領導者。再有才華的人或能力很強的人，仍然有其侷限性。每個人的時間有限，能力有限，體力有限，生命的歲數也有限。也許你會說理論上所提出來的領導者條件多如牛毛，難道每個條件都要具備嗎？當然不可能。

---

10 王文靜、劉佩修（2008）。九封信給下一個領導者 —— 與李嘉誠面對面：90%時間先想失敗。接班人系列NO.4，頁70。商業週刊。

　　依個人之淺見，領導者至少要具備幾項特質或才能：

1. 正確的價值信念或信仰，

2. 要有大的胸襟、格局與氣度，

3. 謙沖為懷的特質，

4. 要以身作則，

5. 懂得「領導」人，「管理」事，

6. 能知人善任，

7. 善於溝通，協調整合，

8. 具備「教練式領導」能力。

領導者必備的特質 ①：正確的價值信念或信仰

　　價值信念是一種隱藏的內在思考，有時它不易覺察，但卻深深影響一個人的外在行為與行事風格；有時它又是非常明確地，顯現在一個人日常思維與言行之中。價值信念好比我們一生的羅盤，它永遠指向一個方向，在你迷思或徬徨時，成為依循的重要依歸。

　　價值是一種選擇，也是反映內在深層的信念。一位領導者若沒有清楚的價值信念，是不易成為一位有影響力的領導者。更重要的是，一位領導者，若沒有正確的價值信念，危害的不僅是個人，嚴重的話將影響整個組織，乃至於整個社會或國家。

　　美國的著名管理學人詹姆斯・柯林斯和傑理・波拉斯（James C.

Collins & Jerry I. Porras）和在其文章〈建立你的公司願景〉（Building Your Companys' s Vision）[11] 中，對這種核心價值的概念有明確的說法：

> 任何願景若要發揮功效，都必須具體呈現組織的核心理念。核心理念由兩個不同部分組成：一是核心價值，這是指一套導引原則與信念的體系；另一是核心目的，指的是組織存在的最根本理由。核心價值是一個組織最基本、最恆久的信念，是一套永遠的指導原則，無需外在理由支持；對組織內部人士而言，核心價值具備內在固有的價值與重要性。……想要尋找自己公司的核心價值，必須以極為誠實的態度，界定哪些價值是真正的核心。

這篇文章也列舉出五間不同公司的核心價值——公司的基本信念，我將它整理出來（見表 1.5），讓你了解不同公司的核心價值有何特色。

11　James C. Collins & Jerry I. Porras（1996）. Building Your Company's Vision. HBR, September-October. 周旭華譯（2008）。視野‧領導》永續經營的變與不變：建立公司願景。哈佛商業評論，新版 21 期，頁 87~101。

表 1.5：核心價值——公司的基本信念

公司名稱	核心價值——公司的基本信念
默克藥廠 Merck	1. 公司社會責任，2. 公司各層面確實卓越，3. 以科學為本的創新，誠實與正直，4. 利潤，但利潤需來自對人類有益的工作。
諾斯壯百貨 Nordstrom	1. 對顧客的服務重於一切，2. 勤奮工作，重視個人生產力，3. 永不滿意，4. 聲譽卓著，成為某特殊事物的一部分。
菲利普莫里斯 國際公司 PMI	1. 自由選擇的權利，2. 求勝：漂亮擊敗其他公司，3. 鼓勵個人主動開創，4. 憑本事爭取機會，任何人都沒有特權，5. 勤奮工作，持續自我改進。
索尼 Sony	1. 提升日本文化及國家地位，2. 當先鋒，不跟隨別人；做不可能的事，3. 鼓勵個人能力與創意。
迪士尼 Disney	1. 絕不冷嘲熱諷，2. 培養並傳達「健康的美國價值」，3. 創意、夢想、想像力，4. 極度重視一致性與細節，5. 保有並掌控迪士尼的魅力。

　　如同全球趨勢大師派翠西亞・奧伯汀（Patricia Aburdene）所說：「資本主義必須是正義價值的象徵，一切才行得通」[12]。另一

---

12 Patricia Aburdene "Megatrends 2010：the rise of conscious capitalism". 派翠西亞・奧伯汀著，徐愛婷譯（2005）。2010大趨勢——自覺資本主義的興起。智庫文化。

位美國趨勢學者費思‧帕伯康（Faith Popcorn，1997）曾預言，具未來倫理形象之企業或個人，將成為所謂成功或領袖典範中之必然條件。

　　國內企業領袖之一，台積電董事長張忠謀則認為，世界級企業需要具備九個條件，第一個最重要的是[13]：「世界級企業的條件，第一是要『符合主流價值觀』，而主流價值觀就是說真話；不輕易承諾，一旦答應就要赴湯蹈火履行；守法；不貪污、不賄賂；擔負社會責任，注重環保、節能與公益等；不靠政商關係；良好的公司治理。」

　　張忠謀在 2007 年接受《商業週刊》之邀請，與前奇異的知名 CEO 傑克‧威爾許兩人，透過衛星越洋連線方式舉行「大能力論壇」[14]時表示，未來領導人的年輕世代「第一重要的是確認你的價值觀，我認為未來領導人的價值觀非常重要，例如誠信很明顯的就是價值觀之一。」

　　另一位有「印度矽谷之父」稱譽的 Infosys 董事長穆爾蒂（N. R. Narayana Murthy）認為[15]：「公司的治理就是要建立一個有價值系統的團隊。」你看他治理公司的五大原則，就可以清晰地了解他治理

13　張忠謀（2007）。邁向世界級企業。東方企業家第五屆全球華人企業領袖峰會。上海浦東香格里拉大酒店。

14　王文靜（2008）。九封信給下一個領導者 —— 威爾許、張忠謀世紀對談。接班人系列NO.4，頁32。商業週刊。

15　王文靜、吳修辰（2008）。九封信給下一個領導者 —— 與穆爾蒂面對面：印度矽谷之父的慈悲資本主義。接班人系列NO.4，頁44。商業週刊。

公司的重要價值信念是什麼。他提出五項重要的價值信念：

1. 問心無愧。
2. 有疑問的事，就揭露。
3. 勿假公濟私。
4. 捨短利，取長利。
5. 分享愈多，成長愈快。

看看以上幾位所說的內容，就可以看出「正義、公平」是社會所依循的重要價值；而「承諾、守法、社會責任」則是企業應奉為圭臬的價值。

我們一起來回顧一下 2008 年，有百年歷史的雷曼兄弟控股公司宣布倒閉的哪天起（我常戲笑說那是「全世界被雷打到的那一天」），引爆了全球的經濟大風暴，不僅投資人蒙受重大的投資損失，更使冰島等國家陷入財政危機，就連人均國內生產總值（GDP）超過六萬美元（排名全球第四）、人口約三十萬人的富國冰島也宣布破產。

當時的《商業週刊》報導[16]揭露，有些外商投資銀行前高階主管出面揭發了「連動債」（當時被外界普遍認為不良投資產品及造成金融動盪的元凶之一）不為人知的黑幕：「他（交易員）的工作

---

16 吳修辰、溫建勳、王茜穎（2008）。誰讓連動債殺人。商業週刊，1091 期。2008 年 10 月 20 日。

是賺錢，而且是不管別人死活的賺錢」。摩根大通前交易部門副總裁何佩玲指出，設計連動債的都是銀行裡天才中的天才，只要客戶有一個帳戶，「就可以一直玩他，玩到他沒有東西可以玩為止。」

這些人都是受過高等教育的知識份子，具備高度的專業能力，然而他們心懷不軌、自私自利、貪戀錢財的態度與扭曲的價值觀，造成了嚴重的負面結果。

反之，對照起三個不同的領導者例子：TOMS shoes 公司人道關懷的創新模式、日本「經團連會長」御手洗富士夫的「慈悲心領導」、股神巴菲特（Warren Edward Buffett）的「贈與誓言」（the Giving Pledge）。這些領袖們都懷有正確的價值信念，並且在面對惡劣的外在環境之中，仍然堅信，並信守這些重要的價值信念，進而影響整個國家、社會或企業。

TOMS shoes 人道關懷的創新模式

在資本主義社會下，企業所追求的是績效與營利，在此前提下會想盡辦法降低成本到極小化，讓利潤極大化，這是一貫的模式。我們來看以資本主義的形式，做的是人道關懷的創新模式：TOMS shoes 這家公司的真實案例。「TOMS」在此是指 "Shoes for Tomorrow"，該公司創辦人布雷克・麥卡思基（Blake Mycoskie）是位三十出頭的年輕人，他以「你買一雙 TOMS 鞋，我送一雙 TOMS 鞋（Buy one send one）給需要的小孩子。」做為企業經營的理念，

從創辦之初第一年，他送出約 1 萬雙鞋子，2014 年迄今已送出約 1300 萬雙的鞋子給貧窮地區的孩子們。

　　這個商業模式成立之初不被看好，但後來卻證明它是可行的模式。如果你了解創辦人理念，你就會明白他這麼做的背後，實際上是傳達「給予」（giving）的核心價值與信念。以資本主義的經營模式，做的是公益事業。他相信「改變世界從一小步做起。」

御手洗富士夫的「慈悲心領導」

　　被喻為「和魂洋才」[17]（指日本出身，擁有國際經驗的企業領導人）的日本經團連會長御手洗富士夫，他主張企業經營要回歸五力：「仁、義、禮、智、信」。第一力：「仁」，擁有一顆慈悲的心；第二力：「義」，路遙知馬力，日久見人心，時間是最好的證明；第三力：「禮」，親自拜訪，直接溝通得人心；第四力：「智」，堅持主張，以堅強的信念出擊；第五力：「信」，善用數字說故事。他又說：「自由主義經濟中，倫理觀至為重要，自由經濟如果欠缺倫理觀，勢必會走向破滅；因此，我們必須重新檢討企業倫理觀。」

股神巴菲特的「贈與誓言」

　　石油大王安德魯・卡內基（Andrew Carnegie，1835-1919）曾

17　張漢宜（2006）。領導企業要有顆慈悲的心。天下，343 期。

說：「帶著鉅額財富而死，是一種恥辱。」全球知名的投資大師巴菲特也是全世界第三大富豪，身價有 470 億美元，他在 2010 年 6 月公開發起「贈與誓言」[18] 倡議勸募計劃，邀請美國 40 位，身價超過 10 億美元的大富豪們，承諾至少把一半財產捐給慈善機構。他的好友比爾‧蓋茲（Bill Gates）隨後也加入此行列。

　　他們預計目標是募集600億美元的慈善基金。起而響應的富豪包括社群網站臉書創辦人之一，時年26歲的美國青年祖克柏、甲骨文（Oracle Corp）執行長艾利森（Larry Ellison）、紐約市長彭博（Mike Bloomberg）、避險基金公司（Farallon Capital）管理人湯姆‧史蒂爾（Tom Steyer），以及網路集團（IAC/Interactive）執行長巴里‧迪勒（Barry Diller），房地產大亨艾里‧布羅德（Eli Broad）、矽谷創投教父約翰‧杜爾（John Doerr）、媒體大亨蓋里‧藍菲斯特（Gerry Lenfest）、思科前董事長約翰‧摩格里奇（John Morgridge）等。隨後巴菲特與比爾‧蓋茲連袂訪問中國，邀請中國的富豪一起響應這項慈善行動。當時中國第一位起來響應的富豪說：「在鉅富中死亡是可恥的。」

　　從他們經營企業的善行中，我相信你一定看得出來，他們對財富的看法是什麼。捐贈不過是一項慈善舉動，但背後所持的價值信念，才是深深影響他們所做所為，也因著他們的善行，而回報社會

---

18 吳怡靜（2010）。股神慈善家巴菲特：擁有太多反而讓我吃不消。天下，452 期。

的無私大我，他們所影響的是全世界。如同巴菲特所言：「擁有太多，反而讓我吃不消」。

以上所舉的例子都出自國家或企業的領袖，也許你會認為，只有這群有高度專業能力與知識者，才需要建立明確的價值與信念，來領導國家或組織。但事實絕非如此，我舉一個非常平凡的賣麵婦女為例，她可是帶著使命與價值經營小吃館的。

我住家附近的一條街上，有間不甚起眼的小店，一對夫婦經營小吃生意。我有幾年時間，經常經過這間小店面，卻從未光顧過他們的美食，主要是因為它沒有什麼大招牌及特別之處，因此未曾吸引我的目光注意。直到有一天，我才注意到這間不醒目的店門口常常擠滿了人，我不禁好奇地前去品嘗。他們的麵食確實口感不錯，價格也非常低廉。

光顧半年後，我注意到老闆娘的面容，無論客人怎麼要求，再怎麼忙，她始終笑臉迎人，並且能說得出來每位客人的喜好與口感。她與顧客間的互動親切的像一家人，從不會出現晚娘面孔。就算在夏天忙得揮汗如雨，她也依然如此！這讓我感到好奇，她是怎麼做到的？

有次我到這間店用餐，當時她有空閒可以喘口氣，坐下來休息及用餐。我就把平時所觀察到她們夫婦的態度，給了一個正面回饋。她帶著羞澀及靦腆的笑容，不好意思的說：「我就是喜歡做美食，讓大家享用。看到顧客的滿足感時，我會覺得很高興。雖然開麵攤很辛苦，但是我覺得很值得，也很快樂。」

　　她不過是一位平凡小吃店的老闆娘，但從她的回應中，你是否看到她不只是開一間店而已，她是依著她的內在的「分享、快樂」的價值在經營麵店。是這種內在的價值，讓她可以快樂工作，享受工作，卻不覺得辛苦。你聽不到她的抱怨、看不到她哀怨的面貌。2008 年金融風暴時，她的麵店不受影響，客人反而更多。她說「不敢漲價」，擔心客人增加負擔。如今她的店面空間擴增約兩倍，生意依然火旺，而她的態度依舊。

　　綜合前述的古今人物，你是否也意識到他們的內在價值與信念的重要性，及對人外在行為的影響。有句話說：「因為心裡所充滿的，口裡就說出來。」一個人的心思意念是什麼，自然就從口裡說出來，並且反應在他的行為上。身為領導者難道不需花費一些時間，反思自己的內在價值或信念嗎？難道不需要隨時檢視自己所秉持的價值，是否走偏了呢？如果領導者偏離了自己的價值，或遠離了正義、公平等信念，領導者只有兩條路，一是堅持錯誤的價值，二是立即調整走回原路。

　　自我省思對領導者而言是重要的，從省思中看到自己的不足，看到自己的有限，看到自己有需要調整的部分，經由省思才能發現進步與成長的空間。《火線領導》（*Leadership on the Line*）[19] 一書作者隆納・海菲茲和馬惕・林斯基（R. A. Heifetz & M. Linsky）就認

---

19 隆納・海菲茲，馬惕・林斯基著，江美滿，黃維譯（2003）。火線領導，頁 148。天下雜誌。

為：「人都必須透過挑戰，才能學習或轉型。從人類文化學來看，調適就是和外在環境磨合。堅持自己的價值觀，往往是出於防衛心理，認為會受到局外人的威脅。」

領導者必備的特質 ②：要有大的胸襟、格局與氣度

我曾經觀賞過一部根據真人真事故事拍成的電影，片名是《衝鋒陷陣》（*Remember the Titans*），劇情描述美國一所高中美式足球隊來了一位黑人教練布（Boone，由丹佐‧華盛頓飾演）來擔任總教練，引起原來擔任教練的白人總教頭不滿，更引發白人球員與黑人球員間的衝突，隨後更引起整各社區的種族對立問題。

然而，這位黑人教練不為所動，仍秉持公正無私的態度，毫不偏袒地訓練球員，反之，白人教練及球員卻不願意配合，甚至以消極的態度應付黑人教練。在集訓期間，雙方幾經多次的衝突，卻也發現更了解彼此，所謂英雄不打不相識。在重視團隊紀律與合作精神的美式足球，若無法同心協力，完成達陣任務，即會敗下陣來。

再看 Infosys 董事長穆爾蒂接受專訪時 [20]，被問到「希望日後人們如何記得他」時，他說希望人們記得他是四種人：「一個『待人公平』（Fair Person）的人；一個用資料分析，得到結論的人；一個心胸開放，樂意接納別人意見的人；一個接受犯錯空間的人。」

20　王文靜（2008）。九封信給下一個領導者──近看穆爾蒂：另一種革命家。接班人系列NO.4，頁51。商業週刊。

領導者必備的特質 ③：謙沖為懷的特質

　　美國傑出的管理顧問吉姆‧柯林斯在其大作《從 A 到 A ＋》[21]（*Good to Great*），一書中指出，能推動企業邁向卓越的領導人員，應該要具備那些特質。他認為這種「第五級」的領導者，要具備兩個條件：一是專業知識與意志力，二是謙沖為懷的特質。專業的意志力展現在面對困難重重的環境下，仍然堅強意志力，去做必須做的事，以達到最好與最長遠的果效。謙沖為懷展現在寧靜的心，在平和的決定下行動，主要的驅動力是靠機制，而非個人魅力。

　　前者所指，即是專業能力。要有強而有力的專業能力，事實上需要有足夠的專業知識，而專業知識的培養，則需要靠長時間的學習來取得，不管是來自正式的學習管道（學校教育），亦或是非正式的學習管道（在職訓練、業餘進修、自我終身學習等），這種專業知識的學習大多是來自認知層面的。

　　後者所言，即為領導態度。要培養正確的人格特質，需要透過日常生活的養成和實踐而來，這種特質會顯現在與人的互動上，具備謙虛特質的領袖，不會高高在上，自以為是或瞧不起別人。

　　不知你想成為哪一種領導者呢？我將領導者依前述概念，劃分為四種類型（見圖 1.1）：1. 可敬，可親。2. 可敬，不可親。3. 不可敬，可親。4. 不可敬，不可親。

---

21 吉姆‧柯林斯著，齊若蘭譯（2002）。從 A 到 A ＋。遠流。

圖 1.1：四種領導者類型

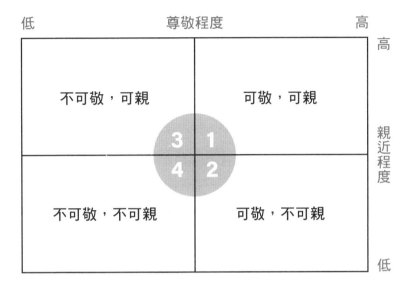

上圖橫軸部分，表示一位領導者，在專業能力表現上，能否贏得同仁及部屬的尊敬，而尊敬的程度，由左邊的低度尊敬到右邊高度尊敬。縱軸部分，表示一位領導者在待人態度表現上，能否讓同仁及部屬感受到願意與他親近，而親近的程度，由上方的高度親近往下至低度親近。不論是誰，看了上圖一定馬上知道哪一種領導者最讓人佩服與願意親近。

第一類型領導者是最受歡迎的。領導者既能在專業上與其他人彼此切磋，在態度上又能與人親密及互動。這種就是具備「從優秀到卓越」特質的領導者。

第二類型領導者，可以讓部屬或同仁，從他身上學到專業知識，並提升能力，但卻不敢靠近他，也不想有進一步的互動，彼此

間看似每天有互動，卻存在很大的心理距離。也有一種是「望之儼然，即之也溫」的領導者，就是表面上看起來很嚴肅，讓人不敢靠近，但只要相處得夠久，慢慢地彼此了解，也能讓人感受到他熱情與溫暖的一面。

第三類型領導者，雖然很和氣，能與大家打成一片，私底下同仁或部屬，卻隱藏著不屑或瞧不起的態度，因為他的專業能力與水準，無法讓同仁或部屬心服口服。

第四類型領導者，想必大家都會敬而遠之，遇到專業問題，既不願意請教，領導者也無能力在專業上提供協助，眾人更不願意靠近他，因為他也與人相處不來。

每個領導者都該問問自己，「想當哪一類型的領導者？」假想有一天，不管是什麼理由，你要離開這個位高權重的位置時，夥伴們是依依不捨，懷念不已，還是表面歌功頌德，卻心中暗自竊喜，「早該走人了」。請問你離開組織時，最想留下什麼？答案應該很清楚了，不是嗎？

領導者必備的特質 ④：要以身作則

古諺說：「上樑不正，下樑歪。」[22] 本句是比喻在上位的人或長輩行為不正，在下位的人或晚輩受其影響，也跟著行為不正。具

---

22 出自金瓶梅‧第二十六回：「正是上梁不正下梁歪！你既要幹這營生，誓做了泥鰍怕汙了眼睛，不如一狠二狠，把奴才結果了！」

有影響力的領導者，通常是以身作則，他本身就是行為的典範，透過平日的互動與相處，你一定會感受到這種領導者，不需運用權力，來掌握組織裡的人，他是以身教來教導，進而影響他人。

史蒂芬‧柯維（Stephen R. Covey）曾被美國《時代》雜誌（*Time*）譽為「人類潛能的導師」，並入選全美 25 位最有影響力的人物之一。他指出 [23]：「以身作則是靈魂層面的進步，是提高領導藝術的中心。以身作則的前提，是發現內在的聲音，發展自身的四個才能，在願景、自律、熱情和良知四個方面，充分表達自己的心聲。」

Infosys 董事長穆爾蒂接受《商業週刊》專訪 [24]，在論「領導作風」時則表示：「當公司碰到問題時，我一定是先由資深人員做出犧牲，而不是拿資淺人員開刀。……在我的觀念裡，『以身作則』（leadership by example）才是最好的領導方式。要向員工溝通你的領導方式與觀念，最好的方式就是以自己的行為做榜樣，讓員工有實例來遵循與學習。」

1979 年獲頒諾貝爾和平獎德蕾莎修女（Mother Teresa），憑藉著上帝的呼召，將其一生奉獻給印度貧窮階級。我知道她，但對她並不太了解，直到有次觀賞《加爾各答的天使——德蕾莎修女》

23 Stephen R. Covey 著，殷文譯（2005）。第八個習慣 —— 從成功到卓越，頁 118。天下文化。

24 王文靜、吳修辰（2008）。九封信給下一個領導者 —— 與穆爾蒂面對面：印度矽谷之父的慈悲資本主義。接班人系列 N0.4，頁 42。商業週刊。

（*Mother Teresa of Calcutta*）這部紀錄片，我對她才有更深的認識。

綜觀她的一生，她沒有被賦予實質的權力，她僅僅是親身力行，感召一批人，與她投入貧窮人的服務工作，終身不悔。看完影片後，我對她下了四點結論：

1. 做對的事情，並把事情做對（do the right things and do things right），
2. 影響力來自以身作則，
3. 她的信心來自對上帝的信心，
4. 愛是最大的力量。

領導者必備的特質 ⑤：懂得「領導」人，「管理」事

讓我邀請你與你的工作團隊成員，一起來討論，並思考下列問題：

- 管理人與製造產品有何不同？
- 發展人（價值投資）與購買設備（維修成本）有何不同？
- 目前你在人員的管理上，出現哪些困難？人為何不容易管理？
- 身為領導者的你，花多少時間在栽培人才？
- 貴公司年度預算中，有多少比例，花費在栽培領導者？
- 領導者發揮影響力，管理者靠制度運作。這兩者有何不同與影響？

　　我在企業界上課或進行教練的許多場合裡，高階主管經常會問我一個問題：「請問領導者與管理者有什麼不同呢？」我的回答通常是：「『領導』人，『管理』事。」換言之，一位企業的執行長或高階主管所扮演的是領導者角色，去「領導」人，藉由人（所屬同仁或部屬）去「管理」事（處理事務或解決問題等）。換言之，人是被領導的，事是被管理的。人是活的，有向上發展動機與潛力，有認知思考、有情感（情緒）表現、及行為反應與互動模式的。人不是事務；更非是機器或設備，人不是用管的。事情本身是被動的，才需管理、分類或處理及解決。史蒂芬‧柯維認為：「人類的本質就是能決定自己的生活方向」。

　　我先說一段我曾聽過的故事。

　　有一位著名的生化科學家，到世界各地去演講。有一次他到某地去演講，演講內容中提到，如果把人體用科學方式加以分析，人事實上是由各種不同的物質所構成，例如人體取決於四個主要元素的形式和功能：氫（H），氧（O），碳（C）和氮（N）。所以人是沒有生命的。演講完畢後，他留了一段時間與現場聽眾互動。

　　忽然有一位聽眾，從座位上起來，走到他面前，拿起旁邊的一張椅子，用力地將椅子砸壞。現場的聽眾看到這一幕，都被突如其來的舉動嚇了一跳，這位演講者也不例外。這時，這位聽眾走到演講者面前，突如其來的打了他一巴掌，演講者被這位聽眾的舉止給激怒了，生氣地責備這位聽眾的不是。

　　這位聽眾向演講者及所有在場的聽眾道歉。隨後他說：「這張

被我摔壞的椅子，可以確定它是物質，是沒有生命的，椅子壞了，但椅子不會生氣。然而，當我賞你一巴掌時，為什麼你會生氣呢？人不只是化學物質而已，人是有靈魂的，還有生命的」。

這是一則有趣的故事，它隱含著什麼意義呢？你所接觸的人，不管是在公司、在家庭、或其他場合，你面對的都是活生生的人，是一位有靈性、有認知能力、有情感及情緒、有不同行為層面表現，及有著奧秘身體結構的人。

人不是被「管」的，人是需要被「開發、引導、教育、訓練的」。人有天賦，有價值，有能力，會思考，會表達，能反映，能改變的。

過去數年當中，我有機會到國內一些大企業，進行專題演講、企業員工輔導、主管或人資部門教育訓練。曾有人資部門的主管向我提議，可否協助他們公司建立一套「標準作業處理程序」：只要員工同仁發生任何問題，就像產品一樣，把出問題的人往處理程序一丟，所有的問題都解決了——你認為可能嗎？

我回應他們，這是不可能，也做不到的。因為人是活的，人也是變動的，人無法像製造產品一樣，透過生產程序或標準作業流程，一個個的量產出來，問題就解決了。唯一可做的，是建立一個「處理人的程序」，例如：如何評估人的問題、危機同仁如何判斷、結合資源轉介處理（心理諮商、醫療處置等）。同樣的問題，在不同人的身上，有不同的意義，也有不同的處理方式。

曾獲得諾貝爾獎的宗教家達賴喇嘛，在談企業家責任時曾

說 [25]：「要讓公司成為一個快樂的大家庭，不僅關心員工身心健康，同時兼顧員工心靈健康。……現代科學家已經了解到，人性、心理因素、情緒是非常重要的，一個人有愛心，你自己的身體、生活，你的家都會更好。」

我們再看看建構新知識時代，影響人們每天生活學習的「維基百科」創辦人吉米・威爾斯（Jimmy Wales）[26]，他談到開放文化的成功要件：「維基的基本假設是，人們的行為是好的，會提供有價值的資訊，我們知道不是每個人都是如此，但就是互相尊重，把這個概念用在公司裡，影響同樣很大。」

從以上的說明，我們可以知道：人是活的、具有變動性，人需要被尊重，人也是有潛力的。人是被帶領與被領導的，如果把人當成機器來對待的話，不去了解人的心思意念、尊重人性的價值、開發人的種種能力，終究只會壓抑或抹煞人。如此，對組織或個人，肯定是會帶來負面的影響。身為領導者，需懂得順勢而為，藉力使力，使人的能力充分被開展，進而有能力去處理組織或領導者所交付的任務。難怪松下幸之助先生說：「製造好產品之前要先製造好人才」，你同意嗎？

---

25 孫秀惠、賀桂芬（2008）。九封信給下一個領導者 —— 與達賴面對面：競爭與野心。接班人系列 NO.4，頁 42。商業週刊。

26 孫秀惠、林宏達（2008）。九封信給下一個領導者 —— 與威爾斯面對面：零成本、量身訂做的學習，指日可待。接班人系列 NO.4，頁 171。商業週刊。

領導者必備的特質⑥：能知人善任

　　簡單來說，領導者要能「知人善任」。「知人」要做到下列幾件事：

　　（1）懂得察納雅言，

　　（2）了解每個人的優勢（strength），

　　（3）發展員工的潛能（potential），

　　（4）激勵熱誠與動機。

　　古諺說：「宰相肚裡能撐船」是用來形容人的寬宏大量。寬宏大量是一種王者風範，也是領導者需要具備的特質。多數時候，領導者大多在發號施令，少有傾聽員工的意見或心聲。你是否有雅量，可以接納不同的意見，甚至是反對的聲音？員工的優勢與才華，你是否明白？你清楚掌握員工有多少潛能尚待開發？

　　我們來看看太空梭是如何發射升空的。發射升空前要先倒數讀秒，時間一到，發電機就會點火，產生推力將太空梭往上推升，直到它進入太空軌道後，推進器就會脫離太空梭，讓太空梭自行飛行。

　　領導者就像太空梭升空時的推進器，一開始領導者需要花點時間與力氣，激勵員工的熱誠與潛能（好比是點火），帶領組織裡的人步上軌道，有時還得面對員工的舊習（好比抗拒地心引力），一旦員工可以自行處理事務或自行負責時（太空梭能自行在太空中飛行），領導者就要讓員工自行運作（就像推進器脫離太空梭）。

而「善任」要做到下列幾件事：

（1）要有使命與願景，

（2）將人擺對位置，

（3）讓他做喜歡且擅長的事，

（4）使員工在工作上有成就感。

　　身為領導者，需要有清楚的願景與使命，讓組織裡的人有明確的方向，知道要往哪裡走。領導者還要知道，將人擺在正確的位置上，好像拼圖一樣，擺錯位置怎麼看都不對，位置擺對了，一個接一個，拼圖就能完成。讓員工可以享受在自己喜歡且擅長的事物上，自然不需領導者在一旁督促，員工會賣力的完成自己分內的事，因為他們也希望獲得上司的欣賞與肯定。最終他們也能對自己的工作感到有成就。這會產生領導的良性循環。

　　身為一位領導者，你需要發展並激勵你的部屬，以超凡的眼光來看待自己的工作和身分。你需要將部屬或員工，循序漸進的將他們從「工作者」的角色提升到「謀生者」的角色，最後晉升到創造者的角色（見圖 1.2），這就是領導者的責任。

圖 1.2：工作者、謀生者、與創造者

工作者
（賣命）　➜　謀生者
（認命）　➜　創造者
（使命）

　　「工作者」就是部屬每天到公司後，將自己當作勞工或黑手（技術人員），每天所做的盡是例行性的工作，重複同樣的工作，好像一部機器般。部屬視自己為工作者的角色，只有在標準作業流程中拚命的賣命，有多少力氣，就做多少事，他的眼界只停留在工作技能上，很快地就會感受到體力與精力耗盡，在組織內就像行屍走肉一般。

　　「謀生者」就是將自己的工作，視為養家活口的謀生技能。為了有一口飯吃，上面的人要我做什麼就做什麼，只有聽令行事，被動消極配合，他不積極，但也不犯錯，在工作中欠缺熱情、缺乏創意，他可以有好的表現，卻無法展現卓越的績效，然而工作個幾年後，便出現職業倦態的狀況。

　　「創造者」不認為自己的職務只是一個工作或謀生工具而已，已經提高到更高的使命層次，眼界及看法都會不一樣，有使命的人會帶著熱忱往前衝，能開創組織的格局，不受限於組織的限制或障礙。他不需要有人在旁邊鞭策與監督，領導者還未注意到的，他已經看到了，也進一步規畫好了。

　　劉貴生（曾任中國人民銀行西安分行行長）在《論知人善任》[27]一文中，對知人善任有其一番見解，茲引用如下：

27　劉貴生（2006）。論知人善任。黨建研究。http://big5.xinhuanet.com/gate/big5/news.xinhuanet.com/theory/2006-12/25/content_5527994.htm

知人善任，包括知人與善任兩個相互聯繫的層面。知人就是要了解人，善任就是要用好人；知人是善任的前提，善任是知人的目的；通過知人以達到善任，又在善任中進一步知人識人。能否真正做到知人善任，既是對一個單位領導者品行修養與領導能力的檢驗，也直接關係到一個單位事業的興衰成敗。

知人要做到「五不」：一是不以好惡而取才。二是不以妒謗而毀才。三是不以卑微而輕才。四是不以恭順而選才。五是不以小過捨才。

善任要做到「五堅持」：一是堅持德才兼備。二是堅持重用人才。三是堅持用人所長。四是堅持注重實績。五是堅持明責授權。

不管是領導者或同仁和員工，每天都得面對新的情況、新的改變。領導者時刻都得面對組織內外多變的挑戰，有時許多情況甚至是混沌不明。我想每天的生活，大概是如臨深淵、如履薄冰般的心情，實屬不易。

麻省理工學院前校長萊斯特‧梭羅（Lester Thurow）認為領導人的重任，是在危機來臨之前，能預見危機，預見改變，說服部屬改變；做得到的就是領導人，要不然就是官僚。海菲茲和林斯基

（Ronald A. Heifetz & Marty Linsky）[28] 認為，領導其實是一項危險的工作，引述一段他們的見解：

> 如果問題早已有解決方案，那麼，領導是一件安穩的工作。事實上，我們每天都會碰到問題，因為任何事情都有一定的技術和程序，我們稱這些為技術性的問題。然而，多數問題並非權威專家，或是標準操作程序所能應付的。這些問題也不是位高權重的人，給個答案就能解決的，我們稱這些問題為適應性的問題。因為它們需要從組織的許多地方實驗、發現及調整。不用些新方法，例如，改變態度、價值觀和行為，大家就無法在面對新環境時，做出適應性改變，而那是成功的必備條件。更重要的是，承受改變能力必須依賴問題者將改變內化。

領導者必備的特質⑦：善於溝通，協調整合

身為領導者，我認為要具備下列兩個重要的條件：一是「主動的聆聽」（active listening），二是協調整合的能力。

行政院人事行政局在 2002 年舉辦「提升國家競爭力——大師講座」，邀請台積電董事長張忠謀先生，以「新世紀的新人才」為

---

28 隆納‧海菲茲和馬惕‧林斯基著，江美滿，黃維譯（2003）。火線領導，頁29。天下雜誌。

題發表演講。張忠謀在演講內容中，提到新世紀人才應具備四項價值、七項能力。其中的第五個能力即為溝通的能力，他說：

> 溝通能力是兩面的，別人與你溝通時，你也要有能力回應。聽、說、讀、寫都很重要，通常聽是最不受重視，但也許是最重要的，有成就的人與別人最大的不同，就在於他聽的通常比別人來得多。
>
> 通常我和同事談話，就能了解他是否真的聽懂，因為我講話速度比較慢，常常有人會自以為已了解我要說什麼而打斷我談話，但後來發現 90% 是錯的，這就是不夠虛心，所以聽是非常值得培養的能力。
>
> 在讀方面，很少有人讀的快、懂的也快，有人學了速讀，讀是很快，但不見得全懂。我讀的並不快，但對讀過的東西相當懂；至於說、寫的能力也是必須的，有人長於說、不長於寫，反之也有人長於寫、不長於說，這都是溝通能力欠缺一半。這些能力在新世紀更形重要。

張忠謀也提到，在遴選高階主管時，除專業能力外，溝通能力是必要的條件之一。溝通能力不是展現在多會說，而是多會聽。可見聽得懂，才是溝通的關鍵。有關「主動聆聽」的技巧，會在稍後的教練技術中詳談。

　　協調整合能力好比在拼圖（puzzle）一樣。每一片圖片，都可視為一個個體或單位部門，拼圖者需要找出每一個圖片，都能與周圍相吻合的型狀、顏色、及圖形的圖片，才能把它拼構完成。

　　這一章我們談論了領導者的一些基本條件，而更多的修練與新時代領導議題，我們要接下去深究，並且逐步揭開這本書「Coach領導學」的主軸。

第 2 章

什麼事對你的組織最有價值？

我認識的一些中高階主管，曾自豪的告訴我，
他們公司人才濟濟，從不缺人。
我問他們是怎麼做的，他們一派輕鬆的說：
「表現不好，立刻換人。」、
「無法達到要求，就立刻走人。」

我常聽到企業界在公開的場合，表達組織對人才的重視，信誓旦旦地說：「人才是公司的資本」。事實是如此嗎？

我常有機會到不同的企業、組織或單位，進行「高階主管人力發展方案」或「員工協助方案」（Employee Assistant Program, EAP），實際上我見到的情形更常是：景氣好轉時，公司忙著賺錢，推說現在員工都忙著出貨，沒有時間進行人員訓練；然而景氣反轉時，第一個被削減經費的，卻是人員訓練的經費；此時企業忙著裁員，自顧不暇，哪還有餘力去訓練人才。你是否覺得這樣的說辭是自相矛盾呢？我的確有這樣的感受。

前面曾提到，2008 年雷曼兄弟控股公司宣布破產倒閉後，引發一連串的全球經濟衰退風暴，連冰島都宣布國家破產。當時大家都很難想像，這種情況有多糟？這種經濟衰退會持續多久？甚至有人將此次金融風暴將之比喻為 1930 年代的「大蕭條」再現，經濟學家們宣稱，要走出這波風暴，沒有一年半載是不行的。

當時很多企業的訓練業務主管或人力資源部門負責人，紛紛打電話給我，說要取消已經安排好的課程。他們向我說：「很抱歉，因為經費都被縮減或取消，等景氣好轉時再繼續課程。」足足有一年半的時間，所有的課程都被取消了。

當你聽到這樣的回應時，心中會有何感受呢？我心中浮現的感受與疑惑會是什麼呢？也許你與我一樣，會感受到企業界有時說的是一套，做的是一套。這不是很弔詭的事情嗎？忙的時候沒時間訓練人員，有空的時候卻進行裁員！這無形中，不就反映出公司真正

所看重的是什麼、在意的是什麼？是業績或績效，還是人才的價值呢？

　　在此，我的意思不在指責裁員的不當，畢竟企業要在競爭激烈的市場中存活，非得要與時間及績效賽跑不可。但是，要讓公司永續經營下去，是否要把人才培訓看為優先的工作呢？企業組織是否能更有遠見，在此種關鍵時刻，利用空檔來培訓人，以等待景氣回春或經濟好轉時，人才立刻可以上手。

　　畢竟，裁員是不得已的手段，但是裁員的同時，公司也把許多可以傳承的實務經驗一併給裁掉了。

　　面對這一波又一波的金融海嘯或經濟不確定，大多數企業，可能都以無薪假甚或裁員方式來樽節成本，以度過危機。然而，德國聖本篤修道院經濟管理人安瑟倫・古倫（Anselm Grün）卻有不同的看法，他認為 [01]：「今天許多領導者或企業，都把裁員視為唯一的一種企業重整方法，但這只會造成惡性循環，帶給社會毀滅性的後果。負責任的企業應該是朝向如何更有意義地利用在地資源，喚醒每個工作者的內在能力，並且採取新的途徑善加利用企業的潛力，以提高獲力能力。」

　　古倫一語道出用人的重要關鍵：「**喚醒每個工作者內在能力**」。這就是教練的目標與精神。每個人都有其與眾不同的能力，主事者

01　Anselm Grün（2003）. *Menschen Führen-Leben wecken.* 安瑟倫・古倫吳著，信如譯（2007）。領導就是喚醒生命 —— 靈性化的生命領導力。頁80。南與北文化。

能否看見同仁或部屬內在的能力。也許你會說「看績效」就知道了，但別忘了績效表現是「過去到現在反映出來的成果」，但你面對的是一位能「發展未來」的人。

　　彼得·杜拉克（1993）曾說：「任何組織都需要直接的成果，建立共同的價值觀及培育未來的人才。人是對組織貢獻的主角，透過貢獻能達成：一、有效溝通，二、團隊合作，三、自我發展，四、培育他人。」有遠見的有領導者，會花時間、並且找機會培養人才；短視的領導者，卻只看重眼前的績效，績效不彰，大不了換人。杜拉克又說：「效能是一種習慣，是一系列的作法，而做法是可以學習的。經過不斷練習，才能真正養成高效能的習慣。高效能管理者善用人之長才，而非著眼於別人辦不到的事情。」

（一）卓越的領導者怎麼做？

　　聯強國際集團總裁杜書伍說 [02]：「領導人就是求才先鋒。」他有三分之一的時間花在人才培育上。重要的是，在工作中多給部屬教練（coaching）。

　　賴利·包熙迪（Larry Bossidy，中文版《執行力》一書合著者）[03]

02　鄧嘉玲、羅玳珊（2010）。專訪聯強國際集團總裁杜書伍。哈佛商業評論9月號，新版第49期，頁90，94。

03　"The job No CEO Should Delegate" HBR, March2001. 許瑞宋譯（2010）。打造領導人才庫 ── 執行長不能委派之責。哈佛商業評論9月號，新版第49期，頁84~88。

就談及，他在 1991 年任職聯合訊號公司（Allied Signal）執行長，而後使公司反敗為勝的關鍵是：「為公司尋找並培養傑出領導人。」上任頭兩年，他花 30％到 40％的時間在招聘與培養主管上。

培養主管應該成為企業核心能力

傑克・威爾許接受《商業週刊》訪問時被問到 [04]：「根據你過去的經驗，你認為一個執行長要如何分配時間？例如，你花多少時間在訓練屬下呢？」他回答：「發掘、考核、培養人才時間加總起來，至少是我所有時間的 60％到 70％。要想有好的人才品質，至少要花這樣的時間，這是贏的關鍵。」

看看這幾位傑出的領導者，是如何運用他們的工作時間？他們平時的工作，至少有超過三分之一，或高至三分之二以上的時間，不斷在發掘人才，培育人才。杜書伍總裁以「求才先鋒」來比喻領導者的角色，並且透過教練來發展有潛力的人才。包熙迪更是認為能改變公司命運的關鍵核心在人才的培育上。威爾許則認為培育人才是企業盈餘的關鍵。我想他們幾位彼此大概不認識，但是他們卻有共同的看法，對人才的發展具有遠見，也是所謂「英雄所見略同」吧。

請你安靜下來，花幾分鐘時間，想想下列兩個問題，並誠實地

---

04 李吉仁、王文靜、孫秀惠、鄭呈皇（2008）。九封信給下一個領導者 —— 與威爾許面對面：人對了，事就對了。接班人系列 N0.4，頁 17。商業週刊。

問問自己：

1. 身為領導者的你，花多少時間在栽培人才？
2. 貴公司年度預算中，有多少比例，花費在栽培領導者身上？

　　如果你的回答讓你難以啟口，或令人感到汗顏，甚至於發現自己大多數的時間，都汲汲營營在處理事，而忽略人才的培育時，不需要感到驚訝或難堪，因為不少的管理者都是如此的。再想想貴公司目前的經營狀況、發展前景、工作氣氛、團隊默契上，是否在哪個環節上出了問題。從人才培育的經費預算比例，就可以明確看出，公司是否用心，並真心的將人才培育當作一回事，或將人才視為珍貴的資產。

　　我認識的一些中高階主管，曾自豪的告訴我，他們公司人才濟濟，從不缺人。我問他們是怎麼做的，他們一派輕鬆的說：「表現不好，立刻換人。」、「無法達到要求，就立刻走人。」看起來非常有「效率」，卻是沒有「效能」的管理。再試問自己下列問題：

你想當一位短視近利的管理者，還是有先知卓見的領導者？
你是重視短期績效，還是著眼長期發展？
你是想扮演人才的抹煞者，還是潛在人才的發掘者？

(二)一流的人才是如何攀登高峰？！

　　高中時，我曾經是學校足球校隊隊員，我的位置是右前鋒，職責是負責進攻並進球得分。前鋒的條件必須是球技一流、速度夠快、反應敏捷、體力要好、鬥志要強，否則無法勝任激烈的比賽。當時我的夢想是進入大學的體育系，有一天成為國家代表隊的球員。

　　當時我們會參加地區性或全國性的各種比賽，南征北討，差一點就獲得保送大學的機會，如今只能讓夢想停留在我的記憶裡。這也是為什麼每四年一次的世界盃足球賽，總是會吸引我的注目與關心，一如球場上熱情觀戰的球迷們。

　　那是一段美好的日子，為了鍛鍊體力，我每天騎腳踏車往返家裡和學校，距離約有 25 公里。有時寒暑假會集訓操練體力、磨練球技、學習戰術、培養默契等。印象最深刻的是，有時我們去比賽，贏了球卻被教練教訓一番，原因是我們沒有發揮球技，戰術沒有表現出來，教練說贏球是僥倖。有時參加比賽輸了球，教練卻對我們鼓勵一番，安慰大家表現得非常好，因為球隊整體的表現，能發揮平時訓練的實力，輸球是技不如人，只有繼續努力。

　　在那當下我實在不明白教練的用意。時至今日我總算明白了，教練不只看重技術，更看重我們的態度與表現。我很感念這位教練，從他身上我也學習到如何扮演好一位教練的角色。從師生到亦師亦友，彌足珍貴。我的恩師已仙逝了，如今我能做的是傳承老教練的理念與精神。

世界級頂尖好手是如何攀登高峰？

眾所周知的車神舒馬克（Michael Schumacher），在他的賽車生涯中，曾經獲得六屆世界冠軍，被尊稱為「跑道王者」、「馳騁大師」、「雨中之王」。

高爾夫球界一流的高桿老虎伍茲（Tiger Woods），兩度獲選為「PGA 最佳巡迴賽球手」及「美聯社最佳運動員」。

台灣之光王建民，從紐約洋基隊轉戰國民隊，在手術後的復原階段，總共等待 773 天重返大聯盟。

他們這些好手都有一個共同點，那就是背後有位好的教練。

王建民——一位台灣球員竟能榮登大聯盟投手丘，絕非偶然，除了王建民本身的條件、資質、與努力外，還有一位協助他的幕後教練。王建民接受記者訪問時曾說：「謝謝托瑞總教練，沒有你給我機會，就沒有今天的我。」

讓我邀請你一起來想想下列的問題：

· 他們都已經是世界級的頂尖好手，為什麼他們仍然需要一位好教練？

· 教練未必比球員的表現更出色，教練做些什麼來訓練一位潛在優秀的運動員？

· 你認為一位好教練，需要具備什麼條件與特質？

　　當教練的人，自己未必會打球，球技甚至比不上自己教導的球員。會打球的人，也未必能當一位好教練。好比美食鑑賞家，很會品味並評論美食，但他未必是精通廚藝的廚師。又如藝術評鑑家，他能評論各類畫派的風格與技巧，但未必能成為一位藝術家。影評人能評論導演、編劇、演員的能力與演技，自己卻未必能拍出一部電影或成為影星。音樂評論家，懂得欣賞好音樂，能抓住樂曲的表現風格，但未必能站在舞台上指揮交響樂團。

　　不論是教練、美食鑑賞家、藝術評鑑家、影評人、音樂評論家，他們自己未必會打球、當廚師、會畫畫、拍電影、或首席樂手，怎能教出一群在不同領域，能展現才華的人呢？他們不懂技巧，但懂得原理。他們從原理中去研究，之後應用到這種專業領域中。當然如果有人既會打球，又能當教練是最好的，畢竟這樣的人是少數，王建民的教練托瑞可能是其中一位佼佼者。

　　想想看現在的你，已是企業的執行長或高階主管，為什麼要接受教練服務？也許你在專業上，表現得相當傑出，才能位居要津；也或許因著你的創意表現，而被拔擢出來；也可能你在某方面，展露出一些潛力，所以管理高層將你列為刻意栽培的人才。

　　但不論什麼原因，你仍然有自己的限制、有一些盲點是不了解的、或者有些潛力是自己沒有發現的。

　　透過教練從旁協助，你可以擴大能力的範圍與限制；經由教練的計畫，發展出你的潛力表現；藉著教練過程的學習，增進溝通的能力。凡此總總都在說明，你需要不斷的成長與進步，當你位居要

津時，自滿會讓你不自覺地自以為是，自滿就會讓你停滯不前——或者，我們可以下個註腳：優秀的人才，會更需要教練！

第 3 章

讓天賦自由：
發掘部屬的興趣與能力

「自覺歹命」的人，
大多數主管可能已沒有太多耐心，
去等待他們的改變與成長。
除非他們先放棄自己，
身為領導者的你是否願意給他們機會去嘗試改變，
也讓他們有時間可以來調整？

　　肯·羅賓森（Ken Robinson）是以倡導人類潛能開發的美譽，而在國際上享有盛名。他在與盧·亞若尼卡（Lou Aronica）合著的暢銷書《讓天賦自由》（*The Element：How Finding Your Passion Changes Everything*）[01]中明確指出：我們必須活出天命。

　　「天命」指的是：喜歡做的事與擅長做的事。學者凱文·霍爾（Kevin Hall）指出[02]，「天性」（nature）來自拉丁文「natura」，意思是出生或生產。天性就是你與生俱來的才能，是你的天才，「我們內在的天份」。而這個天份會給你每一個值得努力的願望和夢想。這個觀點與我在大學教授的「生涯發展與規劃」課程內容不謀而合。

　　請問，你認為「興趣」是什麼？「性向」又是指什麼？兩者之間有何不同？我在不同場合的演講中，問過許多的聽眾這些問題，能回答出來者幾希。大多數人對興趣與性向這兩個概念模糊不清，也不知如何區分。以下我會詳述這兩個概念，使你可以清楚而簡單的了解，並且加以應用。

　　「**興趣**」指的是喜歡或不喜歡某種事物的偏好程度。例如，有人偏好靜態的活動（閱讀、聽音樂）；有人喜歡動態的活動（爬山、打球）。喜歡的事物，不一定代表他在這方面的能力也一定很好。比方說，有人喜歡唱歌，偏偏是五音不全。有人喜歡打球，卻不一定成為職業選手。

01　肯·羅賓森，盧·亞若尼卡著，謝凱蒂譯（2009）。讓天賦自由。天下文化。
02　凱文·霍爾著，趙丕慧譯（2011）。改變的力量 ── 定你一生的11個關鍵字。頁78。平安叢書。

「**性向**」指的是能（會）做或不能（會）做某種事物的表現程度，即表現的能力水準。例如：羽球選手戴資穎為女單世界排名第一紀錄保持人，及國際比賽奪冠次數最多的選手。桌球選手林昀儒2023 年在 WTT 法蘭克福奪冠後，世界排名上升到第六名。他們在球場上，就是在展現他們的技術能力。

易言之，性向指的就是能力。性向（能力）分為兩種：

（1）學習來的能力：

指隨時間累積來的能力。例如大學的數理能力，是從小學開始學習數學，逐年逐級加深深度及範圍，一步一步學習來的。早期的基礎紮得好，後面的學習就能在其領域上勝任有餘；基礎若沒打好，日後的學習與表現，就會有困難及障礙。

（2）潛在的能力：

指在適當條件或環境下可以充分發揮出來的能力。有些人很早就發現自己的天賦，有機會開發出來就成為某一領域的天才；有些人則是中年以後，才發現自己擁有某方面的能力，轉而將此能力發展出來。

進一步將興趣與能力加以組合，以象限的四個區塊來區分，將得到一個矩陣圖（見圖 3.1）。矩陣圖的四個象限分別顯示：

1. 興趣高、能力高（右上角），
2. 興趣高、能力低（右下角），
3. 興趣低、能力高（左上角），
4. 興趣低、能力高（左下角）。

圖 3.1：興趣與能力組合矩陣圖

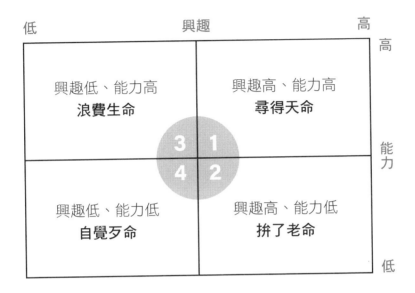

在矩陣圖 3.1 的上方，由左至右，表示興趣的偏好程度，愈往左邊，表示對某事物愈沒有興趣；反之，愈往右邊，表示對某事物的興趣愈濃厚。矩陣圖右邊，由上至下，表示能力的水準，愈往上方，表示對某事物展現的能力水準愈強；反之，愈往下方，表示對某事物的表現能力愈弱。以下將我將對這四個象限的內容逐一來說明。

1. 興趣高、能力高：尋得天命

在這個區塊裡的人，能從事自己有興趣的事情，同時對該項事物能展現出績效來。這類的人也就是肯‧羅賓森與盧‧亞若尼卡所

說的「尋得天命」的人。他們能專注在目前的工作上，且能勝任愉快，並能享受自己的工作，能面對環境的變化，勇於接受挑戰，不斷地努力嘗試各種方法，並傾全力完成自己的任務與使命，同時能不斷地成長，精益求精。

2. 興趣高、能力低：拚了老命

在此區塊裡的人，對目前的工作或任務有高度的興趣，卻表現不出其應有的能力水準。他們非常努力，但通常績效不彰，我稱他為「拚了老命」的人。這類人的障礙出在能力上，或許是專業能力不足或基礎能力不佳，通常需要在能力方面，加以訓練補足，一旦能力水準提升後，就能往上進入 1. 興趣高、能力高的區塊。

3. 興趣低、能力高：浪費生命

在此區塊裡的人，對目前所從事的工作或任務，缺乏濃厚的興趣，可能你常會聽到他說，這個不喜歡，那個沒興趣，奇怪的是，他的工作總是能夠按時完成，績效也還不錯，他的表現常令旁人感到意外。他們的障礙，在於對眼前的事務不感興趣，在沒有其他的選擇時，只好先將就應付，我稱這類的人是「浪費生命」的人，他們通常也是沒有擺對位置的人。這類人的解決之道，在於不要畫地自限，試著培養對眼前事物興趣，放手嘗試看看，也許興趣會慢慢地被培養起來。果能如此，他們也能由右進入（1）興趣高、能力高的區塊。

4. 興趣低、能力低：自覺歹命

這類區塊的人，我稱他為「自覺歹命」的人。你可能常常聽到他在抱怨目前的工作景況，卻又拿不出實質績效來，怪自己命不好，沒有遇到伯樂。若不努力長進，通常最先被裁員的是他們。在此區塊裡的人，或許尚未尋得天命，也不用太悲觀，但要加倍的努力，雙管齊下，一方面培養自己的興趣，一方面補足自己能力不足之處，假以時日，仍然可以由左下角進入右上角（1）興趣高、能力高的區塊。

美國著名黑人出版家約翰・強森（John Johnson）曾云：「每一種劣勢之中都存有一項優勢，每一道難題裡都藏著一項才能。」不論組織的哪個層級，都需要有「尋得天命」的人。領導者不必太耗費力氣去驅策他們，他們會自己設定目標，戮力達成組織所託付的任務。這類不可多得的人才，若能經由教練的方式來發展他們，他們將會是能讓組織由「從優秀到卓越」的一群優秀人才。

驅動員工才能的兩種人

「拚了老命」、及「浪費生命」的人，需要領導者去協助他們，也是可透過教練方式來發展的對象。他們是具有潛在表現與成長條件的人，只是有可能擺錯了位置，只要協助他們突破目前的障礙，來日也能成為組織中表現優秀的人才。領導者需要慧眼識英

雄，有長遠的眼光及計畫來栽培他們。

　　至於「自覺歹命」的人，大多數主管可能已沒有太多耐心，去等待他們的改變與成長。除非他們先放棄自己，身為領導者的你是否願意給他們機會去嘗試改變，也讓他們有時間可以來調整？他們可能需要真正能了解他們的伯樂。當然領導者得先問問自己：是否願意成為他人生命中的伯樂？

　　請先看看下面，這兩種不同角色所採用的方法（見圖 3.2）。我要請問你，你會採用下列哪一種領導方式？這兩種領導方式有何不同？他們對組織的影響為何？

圖 3.2：領導者與管理者管採用的方法

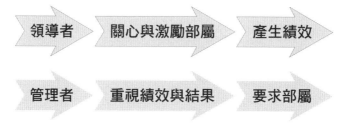

　　請留意圖的左邊，箭頭內容的差異。上方是領導者，領導者不只關心部屬們的工作情形，也關心他們的未來發展、人際關係與溝通、家庭成員情況、情緒與壓力等。在適當的時候激勵他們的工作動機，鼓勵並肯定他們的表現。領導者關心「人」，他們自然願

意努力與付出，也願意跟隨這位領導者。他們備受尊重，需求被看見、不需要領導者的督促，會自動自發的表現於績效上。領導者不需每天緊盯著業績目標、績效表、工作進度。

　　如果你是一位管理者，你可能在意工作流程、績效報表、或埋首於數字管理中，而忘了發展你週邊的人。當你過度重視績效與結果，可能會一昧地要求部屬跟上進度，而忽略了開發他們的能力，找出他們的興趣，將他們擺對位置，表現不好就換人。試想想看這樣做會有何結果呢？可能會出現人員更迭頻繁、組織人心惶惶、大家像無頭蒼蠅一樣，忙亂卻無績效，個人自顧不暇，失去團隊整合力量等現象不是嗎？

　　傑克‧威爾許認為 [03]：「優秀的管理者一要關心人，二要獎勵最好的員工，三要私下當面指正。」他身為領導者，關心員工的各個層面，不僅在工作和績效上，還包括員工的適應、能力與表現、人際互動與溝通、各人的成就、個人生涯與組織發展、工作與生活的平衡，甚至內在的心理需求、情緒調適、壓力管理、家庭的狀況等等。關心之外，公開的獎勵與肯定，可以激勵員工的表現，然而聞過卻是要私下進行，以保留員工的尊嚴。

---

03 李吉仁、王文靜、孫秀惠、鄭呈皇（2008）。九封信給下一個領導者 —— 與威爾許面對面：人對了，事就對了。接班人系列 NO.4，頁 16。商業週刊。

全球最大半導體公司英特爾的第五任執行長保羅·歐德寧（Paul Otellini）談到「跨界領導」這個議題時曾表示 [04]：

「當一位成功的 CEO，你不能將自己孤立在『公司現在的狀況』之外。有個方法是：告訴你的員工，你會傾聽他們的意見和所關心的事，並採取適當的行為去回應處理。」他的做法是：「我有一個內部的部落格，我非常歡迎所有的員工在任何時間寫給我關於任何主題的信，透過這個方式，保持對新觀念的開放態度，就可以領導公司朝向不同的新方向。」

簡單來說，發掘員工潛力的過程就是賦權（empower，或譯增能，或賦能）的過程。組織變革理論大師華納·柏克（W. Warner Burke）很早就主張 [05]，領導者讓員工握有更多的權力，他們會表現得更好，團隊的生產力也會提升，這種分享權力的做法稱為「賦能」。他從賦能的角色來比較領導者與經理人之間的差異（見表 3.1）。

04　曠文琪、賀先蕙（2008）。九封信給下一個領導者 —— 與歐德寧面對面：成功時就要開始改變。接班人系列 N0.4，頁 97。商業週刊。

05　Burke, W. Warner, "*Leadership as Empowering Others.*" Table4, p.73, adapted as submitted. In S. Strivasta & Associates,（1986）.*Executive Power.* By Jossey-Bass, Inc. Publishers. 收錄於 Arthur Shriberg, David L. Shriberg, and Richa Kumari 著，吳秉恩編審（2006）。領導學原理與實踐。頁181，智勝文化事業有限公司。

表 3.1：賦能歷程之角色差異——領導者與經理人之比較

賦能歷程	領導者的做法	經理人的做法
為追隨者／部屬提供方向	藉由理想、願景、較崇高的目標	藉由讓下屬參與決定如何達成目標的方式
激勵追隨者／部屬	提供構想	透過行動及待完成事項
酬賞追隨者／部屬	非正式鼓勵；個人肯定	正式獎勵及獎金制度
追隨者／部屬之成長	藉由鼓舞他們執行完成比自己能力所及還多的成就	提供參與重要決策過程的機會，並且藉由訓練他們來提出可資學習的回饋意見
訴諸追隨者／部屬之需求	訴諸他們對追隨與依賴的需求	訴諸他們對自主與自立的需求

　　就我所知，許多大型或國際型組織，內部都會提供尋找人才的工具，不管是發展出屬於公司專用的工具，或者藉由現成的工具都很好。容我假設，如果你不知道自己同仁或部屬的興趣在何處，可以對他們施測「生涯興趣量表」的心理測驗，從測驗結果找出他們偏好的興趣。

　　這份心理測驗是根據知名生涯學者何倫的「類型論」（John Holland，Typology Theory）[06]編製而成的。何倫認為[07]，個人的職業選

06　Holland, J. L.（1985）. *You and your career. Odessa*, FL：Psychological Assessment Resources.

07　Holland, J. L.（1973）. *Making Vocational Choices: A Theory of Careers.* Englewood Cliffs, N J: Prentice-Hall.

擇，為其人格的反應，而職業興趣展現人格於學業、工作、嗜好、休閒活動上的表現，因此職業興趣量表實即一種人格測驗，從職業興趣量表上，可以反映出個人的自我概念、生活目標、乃至創造力等人格特質。每個人會去從事和自己人格類型相似的職業。他假設人們尋求足以發揮其能力與技術、展現其態度與價值觀，並從事適宜的角色。個人的行為決定於其人格與環境特質之間的交互作用。

　　何倫將職業歸納為六大類型，由於同一職業的工作者具有相似的人格特質，所以相對地，產生了六種不同的人格特質（見表3.2），這六種人格特質與職業組型分別為 [08]：

實用型（Realist type, R）、
研究型（Investigative type, I）、
藝術型（Artistic type, A）、
社會型（Social type, S）、
企業型（Enterprising type, E）、
事務型（Conventional type, C）。

---

08 簡茂發、林一真、陳清平、區雅倫、劉澄桂、舒琮慧（2005）。大學入學考試中心興趣量表修訂版。財團法人大學入學考試中心。

表 3.2：何倫六種人格特質與職業組型

實際型	有運動或機械操作的功能，喜歡機械、工具、植物、或動物。偏好戶外活動。情緒穩定、有耐性、坦誠直率，寧願行動不多講，喜歡講求實際、在需要動手的環境中，從事明確固定的工作，依既定的規則，一步一步地製造完成有實際用途的物品。對機械與工具等事務較有興趣，生活上亦以實用為重，很重視對未來的想像，比較喜歡獨自做事。喜歡從事機械、電子、土木建築、農業等工作。
研究型	喜歡觀察、學習、研究、分析、評估、和解決問題的人。善於觀察、思考、分析與推理；喜歡用頭腦依自己的步調來解決問題，並追根究底。他不喜歡別人給他指引，工作時也不喜歡有很多規矩和時間壓力。做事時，他能提出新的想法和策略，但對實際解決問題的細節較無興趣。他不是很在意別人的看法，喜歡和有相同興趣或專業的人討論，否則還不如自己看書或思考。喜歡從事生物、化學、醫藥、數學、天文等相關工作。
藝術型	有藝術、直覺、創造的能力。喜歡運用他們的想像力和創造力，在自由的環境中工作。直覺敏銳、善於表達和創新。他們希望藉文字、聲音、色彩或形式來表達創造力和美的感受。喜歡獨立作業，但不要被忽略，在無拘無束的環境下工作效率最好。生活的目的就是創造不平凡的事物，不喜歡管人和被人管。和朋友的關係比較隨興。喜歡從事如：音樂、寫作、戲劇、繪畫、設計、舞蹈等工作。
社會型	擅長和人相處。喜歡教導、幫助、啟發、或訓練別人。對人和善，容易相處，關心自己和別人的感受，喜歡傾聽和了解別人，也願意付出時間和精力去解決別人的衝突，喜歡教導別人，並幫助他人成長。他們不愛競爭，喜歡大家一起作事，一起為團體盡力。交友廣闊，關心別人勝於關心工作。喜歡從事教師、輔導、社會工作、醫護、宗教等相關工作。

企業型	喜歡和人群互動。自信、有說服力、領導力。追求政治和經濟上的成就。精力旺盛、生活緊湊、好冒險競爭，做事有計畫並立刻行動。不願花太多時間仔細研究，希望擁有權力去改善不合理的事。他們善用說服力和組織能力，希望自己的表現被他人肯定，並成為團體的焦點人物。他不以現階段的成就為滿足，也要求別人跟他一樣努力。喜歡管理、銷售、司法、從政等工作。
事務型	喜歡從事資料工作的人。有文書或數字的能力，能夠聽從指示，完成細瑣的工作。個性謹慎，做事講求規矩和精確。喜歡在有清楚規範的環境下工作。他們做事按部就班、精打細算，給人的感覺是有效率、精確、仔細、可靠而有信用。他們的生活哲學是穩紮穩打，不喜歡改變或創新，也不喜歡冒險或領導。會選擇和自己志趣相投的人成為好朋友。喜歡從事銀行、金融、會計、秘書、操作事務機器等相關工作。

　　這六種類型和六角形的關係以其字首的英文字母標示，並按照一個固定的順序排成 R-I-A-S-E-C。何倫職業六大類型（見圖 3.3），及何倫人格類型的六角模式（見圖 3.4）。

圖 3.3：何倫職業六大類型圖

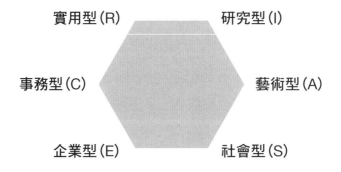

圖 3.4：何倫人格類型的六角模式

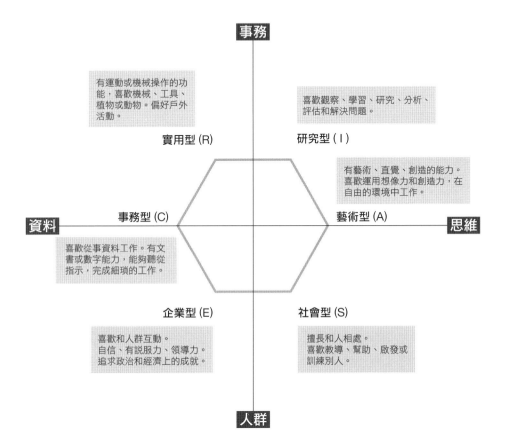

圖 3.4 橫軸向右，是趨向偏好運用思維，橫軸向左，是趨向偏好處理資料，縱軸向上，是朝向理解事務，縱軸向下，是偏向與人互動接觸。你可以與你同等級職位的工作夥伴，或者對培育人才有興趣的同仁，根據上述表及圖的內容，一起討論你團隊中的每一個人，看看他們是否擺對位置。如果他們的位置不恰當，試著與他們

討論並調整其位置，看看你的工作團隊，或組織內部會有什麼改變與影響。請務必記得，身為領導者的你，需要有時間及耐性，等待團隊展開嶄新的局面。

同樣的，這章最後我要請問並挑戰你下列兩個問題：

・ 你願意及如何協助管理者或部屬尋得他們「天命」嗎？
・ 你關心部屬的全人發展或只是在意他們的績效？

第 4 章

教練如何改變組織？
影響力比權威更關鍵

「改變人就能讓公司成長。」
——傑克・威爾許

前面三章我討論了人才與領導者的各種面向與價值，這一章我將為「教練領導」與傳統領導做一點一般性的介紹。

(一)接受教練對個人、組織及企業界有何益處？

根據凱勒柏格（Kilburg）的觀點 [01]，及美國加州管理學院首席執行長、美國加州多明尼肯大學客座教授紀淑漪博士認為，教練帶給受教練者及組織的助益如下：

（1）幫助受教練者，降低焦慮感與提升自信心。

（2）增加受教練者，行為的廣度、深度、彈性及有效的程度。

（3）增加受教練者，心理及社交的能力——包括自我覺察及自我理解能力，進而增加有效的人際關係、學習能力及提升壓力管理的技巧等。

（4）增加受教練者，自我管理與影響他人的能力，來適應無常環境的變化，所產生的危機與衝突等。

（5）協助受教練者，提升職涯管理的能力，邁向職涯的高峰。

（6）協助受教練者，調和個人與組織的互動，以及家庭間彼此不同的需求與衝突。

（7）改善團隊與組織的效能。

---

01 引自紀淑漪（2007）。組織教練證書課程。加州管理學院。

（8）增加受教練者，管理組織的能力：包括組織管理功能，決
　　　策和處理複雜事務的技能等。

（9）增進工作與生活的平衡。

　　另外，威廉・貝格斯特博士（William Bergquist, Ph.D.）認為[02]，
提供教練服務對企業界的助益如下：

　　（1）學習記憶和學習遷移（Retention & Transfer of Learning）：
強化並將教育訓練內容內化，提升個人與團隊的工作績效。透過教
練的協助與引導，有助於學習者將教育訓練內容內化，實際運用在
其工作崗位上，進而產生具體績效表現。釐清環境中複雜的資訊與
問題，建立信心並穩定組織，降低在變革過程中的壓力與焦慮。

　　（2）自我覺察與發展（Self-Awareness & Development）：察覺管
理思維的迷思，破除自我設限與假設，持續自我激勵，自動自發學
習並達到自我覺察與潛能發展。與教練對話的過程中，察覺個人內
心既存假設，並設法突破自我設限的框架，發展自我無限可能性，
與工作績效及組織目標連結。

　　（3）領導力發展（Leadership Development）：培養組織內部高
階領導人與企業接班團隊。藉由一對一的教練夥伴關係，能讓具有
潛力的領導人，在任務轉換與調整上順利接軌，快速地培育接班團

02　William Bergquist, PhD.(2007). *Organizational coaching: An appreciative approach resource book.* pp.90~102。

隊，進而擔當更重大的責任。

（4）**人力資源發展**（Human Resource Development）：協助企業在轉型與變革的過程中人才的發展與留任。透過教練的機制，同儕間能有效地交換知識、經驗，達到知識管理的功效，並在教練過程中增加人際互動，建立信任關係，進而強化對組織的使命與責任感。

(二) 教練式領導是必備的領導能力嗎？

為什麼要培養領導者？傑克・威爾許曾說 [03]：「人才是最優先重要的，人對了，組織就會對。」。他治理公司的信念是 [04]：「改變人就能讓公司成長。」從下面這一段話，你就會了解，他對人才培育的重視程度：

> 你不能只「雇用」人，而不「培育」（built）人才。如果，你是一位經營大公司的人，你所要管理的，絕對不是產品、價格、設計等，不要忘了，你的管理任務是「人」：你要如何讓最好的人才有最好的舞台，在眾多人裡面找到對的人，來管理人，你最重要的任務是建立團隊。

---

03 李吉仁、王文靜、孫秀惠、鄭呈皇（2008）。九封信給下一個領導者 —— 與威爾許面對面：人對了，事就對了。接班人系列 N0.4，頁 16。商業週刊。

04 李吉仁、王文靜、孫秀惠、鄭呈皇（2008）。九封信給下一個領導者 —— 與威爾許面對面：人對了，事就對了。接班人系列 N0.4，頁 17。商業週刊。

美國南加大大學教授華倫・班尼斯 [05] 也曾引用莎士比亞的「人生七個時期」（嬰兒、學童、愛人、戰士、將軍、政治家、哲人），說明領導人如何從不斷的學習與不同階段的鍛鍊中逐漸成長，進而發光發熱，成就一番事業。而領導人最後的任務是「傳承」，也就是培養下一代的領導人。這段話正透露出，領導人的重要任務之一，就是傳承。傳承什麼？傳承專業、經驗、態度、理念、願景、核心價值。沒有傳承，就沒有延續。此正呼應《中庸》[06]「治國平天下」的七個法則之一：「人存政舉，人亡政息。」

(三)「教練式領導」是未來趨勢

傑克・威爾許認為：「最偉大的領導人，一流的是教練。教練是領導者應具備的能力之一。教練能力是催化組織改變的重要條件。教練式領導是組織變革關鍵之一。」

管理學大師及名著《與成功有約》一書的作者史蒂芬・柯維在《第八個習慣》[07]中指出，領導者要發現內在的聲音，找到自身的熱

---

05 Warren G. Bennis "*The Seven Ages of the Leader*," HBR, January 2004. 刊載於李明譯（2010）。從成熟成長到反璞歸真 —— 領導人的七段奇幻旅程。哈佛商業評論，新版48期，頁26~35。

06 哀公問政。子曰：「文武之政，布在方策。其人存，則其政舉；其人亡，則其政息。」

07 Stephen R. Covey 著，殷文譯（2005）。第八個習慣 —— 從成功到卓越。天下文化。

情與價值；個人實踐第八個習慣，即能發揮與生俱來的天賦，領導者實踐第八個習慣，即能帶領組織邁向卓越。知識經濟時代的企業成功之關鍵因素，在於能夠讓每位員工發揮潛能，創造出個人的獨特價值。為達此目標，領導人要開始學習使用「教練式領導」。

　　國際知名的日本趨勢大師暨經濟評論者，被譽為「策略先生」的大前研一，曾舉 IBM 為例指出 [08]：

　　IBM 的 CEO 帕米沙諾（Samuel J. Palmisano）就說過：「如果只聽從組織或經營群的指揮，要讓IBM全體（全球共擁有20萬名員工）的力量發揮到極限是不可能的；唯一的方法是，教導員工用正確的方法做出正確的判斷，同時授權給他們。」近來盛行的「教練式領導」風潮（coaching boom），也證明「授權」是因應時代需求的產物。

　　美商宏智國際顧問公司（DDI）營運總監葉庭君也說 [09]：「教練（Coaching）是主管培育人才的一種管理能力，主管必須懂得如何教導、激發員工潛能，帶動整個團隊的生產力，這才是主管的績

08　大前研一著，呂美女譯（2006）。專業你的唯一生存之道。頁33~34，天下文化。大前研一的全球化觀點被英國學界四位大師 David Held、A. McGrew、D.Goldblatt、J. Perraton 歸類為「超全球化學派」的新自由學派之一。

09　薛雅菁（2006）。Coaching 教練型領導。Career職場情報誌，第367期。

效所在。一個好的高階主管，要能將自己的專業能力發揮在教練團隊上，把工作技能與方法教導給屬下，讓自己變成一個有領導力的將軍，而不是一個空有榮耀的個人英雄。」

教練式領導靠的是引導、鼓勵，找出員工的優點、長處，讓他有信心，主動做出極致的表現。中國生產力中心《能力雜誌》編輯顧問廖志德[10]認為：「傑出的領導人將教導部屬列為核心任務，他們聆聽部屬的意見，和部屬共同分享彼此的知識與見解，在組織中創造出人人學習、個個教導的良性循環，由於主管能毫無保留地培育部屬，激發潛能，使得員工能夠充分發揮他們的創意與活力，進而提升組織整體的戰鬥能力。」

(四)「指導式領導」與「教練式領導」的差異

我不確定各位讀者對指導式（傳統式）領導與教練式領導之間的差異，有多少程度的了解？不過，我很清楚地知道，若是你想具備教練式領導能力的話，是有必要清楚地知道兩者間的差異。

美國喬治華盛頓大學人力資源發展中心麥克・馬奎德（Michael Marquardt）在其著作中，引述比昂可・馬提斯、諾伯斯和羅門

10　廖志德（2006）。教導型組織風起雲湧 ── 企業的教練技巧、步驟與價值。
　　能力雜誌10月號，608期。

表 4.1：傳統型與教練型領導者的行為與造成的影響

傳統型領導者帶領團隊方式	對團隊的影響	教練型領導者帶領團隊方式	對團隊的影響
極力壓抑與控制	發展有限	盡力擴展與協助	團隊不斷重新為生存下定義並成長
帶頭行動	團隊依照指示行動，一個命令、一個動作	向團隊解釋說明行動，並一起做	團隊重視承諾，並信守承諾去表現
在有時間壓力的工作時盡量降低風險	大家都想辦法偷懶、只求速成	協助大家行動，既快又有彈性、鼓勵有創意的解決方法	大家都積極行動，團隊經常冒一定的風險
下命令	團隊不參與、不提問、不提另類建議	與團隊協商問題和解決方法	團隊隨時準備出擊，知道領導者會放手讓他們做且隨時支援，學會如何獨立找尋解決方案
與團隊建立上司－屬下的關係	員工因職位被定義、受限	與團隊建立合作關係	團隊成員人人投入並各司其責
隱藏資訊和知識	大家不願多負責任、互不信任	分享知識與資訊	鼓勵分擔責任、建立信任感
總是要命令或控制改變	團隊成員表現出抗拒、害怕、業績拙劣	嘗試引導和計畫並與大家一起合作	團隊自然看待改變——表現有彈性、適應力強

（2002）[11]，將傳統型領導者領導團隊的方式，與教練型領導者做了區分（見表 4.1），二者的區別就在於前者用告知法，後者用提問法。同時，前國際教練協會台灣總會理事長陳茂雄也以簡單的概念[12]，從八個不同的向度，提出指導式領導與教練式領導的差異（見表 4.2）。

表 4.2：指導式領導與教練式領導的差異

項目	指導式領導	教練式領導
定義	提供答案	引導學習
隱喻	給部屬魚吃	教部屬釣魚
假設	部屬找不到答案	部屬可以學習
方法	說明、講解	聆聽、提問
來源	主管的經驗	部屬的經驗
態度	心有定見	無知好奇
時機	重要而緊急	重要而不緊急
目的	解決問題（短期）	培育人才（長期）

---

11 引自麥克‧馬奎德著，方吉人譯（2006）。你會問問題嗎？問對問題是成功領導的第一步。頁162。臉譜出版。

12 陳茂雄（2010）。教練式領導（Coaching）：知識經濟時代的領導力。中華民國企業經理協進會總會。

(五)組織中培養教練型領導者的效果

短期效果方面：

（1）提升部屬工作績效。

（2）藉由教練過程，激盪對工作不同的想法並增加認同。

（3）更具自信心，承擔更多工作上的挑戰。

長期效果方面：

（1）增強自我覺察能力，經常自省反思與進步。

（2）協助突破自我設限，改變既有的思維模式。

（3）不同階層或同儕間互動，引發更多反思式的對話，激發個人與組織持續成長，轉型為學習型組織。

未來的領導技術是什麼？

亞瑟·塞柏格等人[13]分析服務型、轉換型、和批判模型後指出，未來的領導技能應該是：一、領導是一種關係，而非個人的資產，二、領導經反省和批判後需要改變，三、領導可以由任何人執行，而非只限定某些被指定的領導者。

13　Arthur Shriberg, David L. Shriberg, and Richa Kumari 著，吳秉恩編審（2006）。領導學原理與實踐。頁302~308，智勝文化事業有限公司。

　　領導的後工業時代典範學者約瑟夫‧羅斯特（Joseph Rost）更是大膽提出未來領導的新觀點：「領導是一種存在於領導者和合作者之間的影響關係，他們都希望能有真正改變來回應共同的目的。」因此領導的四個特質為：

（1）關係是立基於影響力，而非職務上的權威，

（2）領導者和合作者一起實踐領導，

（3）合作者和領導者都企求真正的改變，

（4）領導者和合作者所追求的改變，反應他們共同的目的。

　　看了本章許多知名學人與企業家對教練興起的評論與其好處的說法，不知您是否願意成為一位「教練式領導者」嗎？您又願意花多少時間與精力來準備？

　　如果您要成為一位教練式領導者，又預期對您個人或組織會帶來什麼樣的助益、成長與影響呢？

Part 2

教練ABC
從頭說起

對一位具有價值的人，
帶領他由現狀到達目的地。
將一位深具潛力的人，
引領他由現實達成目標。

第 5 章

領導者
就該是教練

當高威開始協助人們打網球，
⋯⋯他的所作所為僅僅是鼓勵球員參與，
鼓勵和輕輕地問一系列簡單關鍵性的問題，
例如：你想要球往哪裡去？
拿著球拍時，你感覺很舒服嗎？
球的路徑與速度有多快？
如果球拍對著你要去的方向，球會往哪裡跑？

　　「教練」已逐漸成為一門學科。教練的工作是幫助個人提升工作表現或影響力，但最大的效果是使團隊或公司，獲得能輔助員工提升績效的主管。

教練的歷史與沿革

　　英國歷史學家愛德華・霍列特・卡爾（Edward H. Carr, 1892-1982）是現代歷史學的重要代表之一。他的著作《何謂歷史》[01] 被視為歷史學的經典之一。卡爾認為歷史是過去與現在永無休止的對話，強調歷史是一種解釋過去的活動，而不僅僅是事實的記錄。「歷史是不斷變化的」概念，認為我們的理解會隨著時間和觀點的改變而變化。這強調了歷史的主觀性和相對性，使我們認知研究過去事件的重要性，以瞭解不同觀點和解釋之間的差異，進一步幫助我們更有脈絡地理解當今世界。

　　瞭解教練的歷史，讓我們從時間的觀點與歷史事件的演進，瞭解重要史觀與不同事件錯綜複雜的交互因素對事件演進的影響。教練並不是一個單一學科或專業，其發展過程不僅受到整個大環境的政治與經濟的影響，且吸納或融合不同專業領域之觀點與技術，經過半個多世紀的匯流與整合，從觀念的啟發與改變轉化到實務上的應用、從模糊的概念到可操作性的過程，逐漸匯聚成教練專業。

01　Edward H. Carr（1961）. *What Is History*？New York：Vintage.

　　維爾榮（JJ Viljoen, 2017）在其博士論文中整理教練發展的歷史沿革。我重新審視整理並增修其內容，詳見「教練發展受到各專業領域匯流之脈絡圖」[02]。圖中可見企業教練發展的兩個主流脈絡，一是社會經濟環境的變動對企業產生重大的影響，觸發學者專家重新思考並研究企業所面臨的發展與變革，進而轉化領導企業所需要的能力。二是受到社會運動思潮及心理諮商學派的影響，吸納並融入相關理論及技術。

　　儘管教練的發展脈絡中，不同年代對企業教練在不同時期的發展有所影響，從脈絡而言率先發展出企業教練，爾後逐漸發展到各領域中或融入心理諮商學派發展出的教練，例如：生命教練、親職教練、生涯教練、財務教練、教牧教練、健康教練、情緒教練、認知教練、神經語言學教練、後現代焦點解決教練等。

　　為使閱讀教練演進的歷史有個邏輯順序，以下依照縱觀年代的發展逐一說明，圖中因各年代發展的影響不同，會有匯流先後順序的不同，請依說明並配合圖解來交互對照，期盼能讓你對企業教練的發展有深入和系統性地瞭解。

　　企業教練發展的歷史大背景，始於 1939 年至 1945 年爆發的二次世界大戰，受二戰的影響在 1950 年到 1980 年期間，幾個重要的

02　JJ V iljoen（2017）. *Life coaching within the context of Pastoral Theology*. p.31. Thesis submitted for the degree Philosophiae Doctor in Pastoral Studies at the Potchefstroom Campus of the North-West University.

圖 5.1：教練發展受到各專業領域匯流之脈絡圖

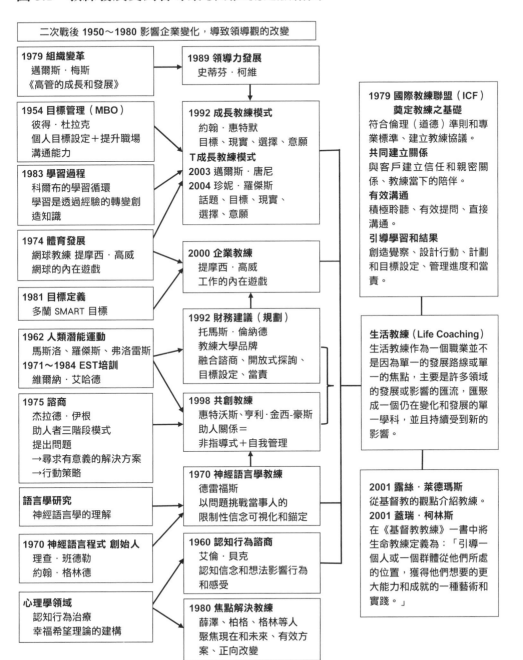

二次戰後 1950～1980 影響企業變化，導致領導觀的改變

1979 組織變革
邁爾斯・梅斯
《高管的成長和發展》

1989 領導力發展
史蒂芬・柯維

1954 目標管理（MBO）
彼得・杜拉克
個人目標設定＋提升職場
溝通能力

1992 成長教練模式
約翰・惠特默
目標、現實、選擇、意願
T成長教練模式
2003 邁爾斯・唐尼
2004 珍妮・羅傑斯
話題、目標、現實、
選擇、意願

1983 學習過程
科爾布的學習循環
學習是透過經驗的轉變創
造知識

1974 體育發展
網球教練 提摩西・高威
網球的內在遊戲

2000 企業教練
提摩西・高威
工作的內在遊戲

1981 目標定義
多蘭 SMART 目標

1992 財務建議（規劃）
托馬斯・倫納德
教練大學品牌
融合諮商、開放式探詢、
目標設定、當責

1962 人類潛能運動
馬斯洛、羅傑斯、弗洛雷斯
1971～1984 EST培訓
維爾納・艾哈德

1975 諮商
杰拉德・伊根
助人者三階段模式
提出問題
→尋求有意義的解決方案
→行動策略

1998 共創教練
惠特沃斯、亨利・金西-豪斯
助人關係＝
非指導式＋自我管理

語言學研究
神經語言學的理解

1970 神經語言學教練
德雷福斯
以問題挑戰當事人的
限制性信念可視化和錨定

1970 神經語言程式 創始人
理查・班德勒
約翰・格林德

1960 認知行為諮商
艾倫・貝克
認知信念和想法影響行為
和感受

心理學領域
認知行為治療
幸福希望理論的建構

1980 焦點解決教練
薛澤、柏格、格林等人
聚焦現在和未來、有效方
案、正向改變

1979 國際教練聯盟（ICF）
奠定教練之基礎
符合倫理（道德）準則和專
業標準、建立教練協議。
共同建立關係
與客戶建立信任和親密關
係、教練當下的陪伴。
有效溝通
積極聆聽、有效提問、直接
溝通。
引導學習和結果
創造覺察、設計行動、計劃
和目標設定、管理進度和當
責。

生活教練（Life Coaching）
生活教練作為一個職業並不
是因為單一的發展路線或單
一的焦點，主要是許多領域
的發展或影響的匯流，匯聚
成一個仍在變化和發展的單
一學科，並且持續受到新的
影響。

2001 露絲・萊德瑪斯
從基督教的觀點介紹教練。
2001 蓋瑞・柯林斯
在《基督教教練》一書中將
生命教練定義為：「引導一
個人或一個群體從他們所處
的位置，獲得他們想要的更
大能力和成就的一種藝術和
實踐。」

關鍵和趨勢，直接影響了歐美企業產生變化和變革：

1.二戰後重建與經濟繁榮：二戰結束後，歐美國家進行了大規模的重建，經濟快速增長。這時期被稱為「戰後經濟奇蹟」，企業紛紛受益於市場擴張和資金流動，需要更有效的領導和管理方式。

2.全球化與多國企業：全球化的蓬勃發展，許多企業擴張到國際市場，成為跨國企業。多國經營模式需要領導者具備跨文化管理和全球策略的能力。

3.冷戰對抗影響管理風格：冷戰對抗影響了政治和企業的關係。企業領導者需要在政治不確定性的環境，根據國際局勢調整經營策略，促使領導者採取更加謹慎和戰略性的管理風格。

4.管理學發展：20 世紀中葉至末期，管理學開始崛起，提出了各種管理理論和方法，如科學管理、人際關係學派、系統理論等。這些理論的興起影響了領導觀和企業管理實踐，使領導者更關注員工和組織效能。

5.女性進入職場：20 世紀後半葉，女性進入職場成為一個重要趨勢。這對領導觀和企業文化產生了影響，企業開始思考如何在領導層面更加包容與平等。

6.社會運動與價值觀變遷：60 年代和 70 年代，社會運動如民權運動、性別平等運動和環保運動等興起，影響了人們的價值觀和社會期望，同時也對企業的社會責任和領導風格提出了新的要求。

上述影響了企業的經營環境和領導觀，領導者需要適應科技變化和組織變革，採取更靈活、謹慎和多元化的領導策略。同時人

力資源管理的觀念和做法改變，需要更強調多元性、平等和員工參與，以確保企業在不斷變化的時代中保持競爭力。這段期間對企業領導觀的影響：

1. **科技進步和工業化**：這段時期見證了許多科技和工業方面的進步，導致了生產方式的轉變。新的生產技術和自動化系統的引入，使企業能夠更有效地生產商品和服務。這要求領導者更加注重工作流程的改進和最佳化，以確保生產效率和質量。

2. **組織架構變化**：企業從傳統的垂直組織結構，轉向更加平面和靈活的結構。這種結構變化要求領導者更加開放和合作，並能夠在跨部門和跨功能的環境中協調溝通和領導。

3. **人力資源管理**：20世紀中葉，企業開始重視員工的福祉、培訓和發展，人力資源管理開始受到關注。領導者需要成為有效的人才管理者，能夠鼓勵、培訓和發揮員工的潛力。

4. **多元化和平等觀念**：企業開始意識到個人的價值是重要的，了解不同員工的背景和觀點，開始尋求建立包容性的工作環境。領導者需肩負更高的社會責任，尊重與促進多元性別平等。

5. **管理學說的變化**：新的管理學說和模式，例如質量管理、情境領導、轉型領導等興起。這些理論的出現影響了領導者的角色和風格觀念，使他們需要更加適應不同的情境和挑戰。

目標管理的概念

1954年管理學家彼得‧杜拉克（Peter Drucker）提出了目標管

理（Management by Objectives, MBO）的概念，對於企業管理和業務發展產生了深遠的影響。以下是 MBO 的重要觀點，以及它對企業教練可能產生的影響：

1. **目標導向性**：教練強調設定明確的目標和指標，並確保每位員工理解他們的工作如何貢獻以達成組織的目標。這有助於提高員工的動機和意識，並確保所有人都朝著共同的目標努力。

2. **參與和合作**：鼓勵管理層和員工之間的參與合作，共同設定目標，有助於建立更好的溝通和信任。教練可以幫助管理層和團隊改進他們的合作和溝通技巧。

3. **績效評估和回饋**：設定可衡量的目標，使得績效評估變得更客觀和有效。教練可以協助管理層和員工建立有效的回饋機制，以瞭解績效並提供個人和職涯發展的建議。

4. **持續改進機制**：教練協助組織建立改進機制，讓成員不斷反思和調整他們的目標和行動計劃，以應對變化的市場和競爭的環境。

5. **個人發展**：關注組織目標和個人發展。每位員工的目標應該與其個人和職涯發展相關聯。教練可以幫助個人設定和實現他們的職涯目標，並提供專業建議和支援。

簡言之，MBO 概念強調目標設定、參與、合作、績效評估和持續改進。這些原則對教練來說具有價值，可以協助組織和個人更有效地實現目標，提高績效，並支持持續的職涯發展，促進個人和組織的成功。

同年杜拉克另一本著作《管理的使命、實務與責任》[03]提出管理的任務與責任，高階經營層的任務、組織與策略，對於現代企業管理的發展有深遠的影響。該書提出一些目標管理的重點，實用的原則和方法，幫助並指導管理者和組織成員，在日常工作中更有效地執行、協調和達成目標。這本書對企業教練可能產生的影響：

1. **明確的目標設定**：企業必須訂定明確的目標和使命，這有助於組織成員瞭解他們的工作與組織的整體目標之間的聯繫。企業教練要以明確的目標，指導組織中的所有活動，確保資源被有效的利用。

2. **管理者的角色**：管理者需要履行計劃、組織、指導和控制的職責，以確保組織的順利運作。對教練來說，意味著需要幫助管理者發展這些不同角色所需的技能和能力。

3. **有效的溝通和協調**：溝通在大型組織中更顯其重要性。管理者需要確保組織內部的資訊流動，並讓不同部門和團隊之間協調合作。教練要提供並教導溝通技巧和協作能力的機會。

4. **效能和結果導向**：管理者要著重於成果和效能，鼓勵組織不僅僅關注活動的數量，更要著眼於實際的績效。對教練而言，意味著需要幫助管理者發展評估和改進效能的方法。

5. **持續學習和創新**：組織要不斷學習和創新，以應對不斷變化

03　Peter Drucker（1954）. *The Practice of Management.* Harper Collins Publishers.

的環境。教練可以著重培養學習和創新的文化，並協助管理者發展
持續學習的能力。

認知行為諮商

　　1960年代，心理學家艾倫‧貝克（Aaron T. Beck）發展出認知
行為療法（Cognitive Behavioral Therapy, CBT）。主要是關注人們的
負向的自動化思考（automatic thoughts）和錯誤的邏輯（logic errors）
以自我抗拒（self deprecation）的方式拒絕客觀的事實。同時讓人們
瞭解認知扭曲（cognitive distortions）導致錯誤的假設和觀念，是如
何影響情緒和行為。他「以問題為核心的」和「以行動為開始的」
理念，提出結構性的方法來幫助人們改變負面的思維模式和行為。
Beck雖以臨床心理學為觀點，但認知行為的原則對企業教練可能產
生一些影響：

　　1. 認知三元組：關於自身、世界及未來的負面想法。教練可以
幫助當事人認知其思維是如何影響他們的情緒和行為，從而在職涯
中更有效地應對挑戰。

　　2. 認知扭曲：當事人以自我抗拒、自我貶低的方式來駁斥客觀
事實，因負向的偏誤和思考導致認知錯誤，產生負面的情緒和行為
反應。教練可以協助當事人洞察、辨識、改變和挑戰，以更積極和
現實的方式看待職涯挑戰。

　　3. 自我觀察和內省反思：教練幫助當事人知覺並建構自身經
驗，透過內省找到內在對話的涵義，及個人在職涯上的意義、需求

和目標，從而更適切地規劃自己的職涯。

4. **解決問題技能**：教練提供解決問題和應對負面情緒的技能，應用於協助當事人解決職涯挑戰，提高解決問題的能力。

5. **目標設定**：教練幫助當事人設定明確的目標和制定可行的計劃，以改變思維和行為並實現其職涯目標。

6. **合作夥伴關係**：教練在關係中為當事人提供替代性認知，找出認知扭曲的內容，摘要晤談歷程中的重點，設計適當的家庭作業，幫助當人發展持續性的改變。

人類潛能運動

1962 年人類潛能運動（ Human Potential Movement ）的概念開始受到關注和研究。當時受到了人本主義、自我實現、心理學、教育和自我探索等多重因素的影響，人們開始意識到每個人都擁有不同的潛能，可以通過適當的培訓和發展來實現。這些觀點促使人們開始思考如何發現和實現個人的潛能，並為後來的人類潛能發展運動鋪展了道路。以下是一些重要的概念：

1. **人本主義和自我實現**：20 世紀中期人本主義心理學家如亞伯拉罕・馬斯洛（Abraham Maslow）和卡爾・羅傑斯（Carl Rogers）開始強調自我實現的概念，即每個人都有追求成長、達到其最高潛能的內在動力。這種思想影響了後來的人類潛能發展觀點。

2. **心理學和教育**：教育家和心理學家開始關注如何發現和培養學生的天賦和潛能，以實現更全面性的發展與成長。

3. **自我探索和個人成長**：人們渴望瞭解自己的潛能，並尋求方法來實現更高層次的自我。

4. **經驗主義和新奇探索**：人們嘗試各種不同的方法和技巧，探索各種可能性以實現個人的潛能。

人類潛能運動對企業教練可能產生的影響：

1. **個人發展和成長觀念**：教練幫助當事人發現和發揮潛力，並實現職涯和個人目標。

2. **自我探索和自我意識**：教練鼓勵當事人自我探索，提高自我意識，深入瞭解自己的價值觀、信念和動機，以更好地應對挑戰和機會。

3. **目標設定和成就導向**：教練協助當事人設定明確的目標，並提供支援和指導，以實現這些目標，追求個人和專業成就。

4. **心理學和教育原則**：教練應用上述原則，幫助當事人提升學習和發展能力。

5. **經驗主義和實踐**：教練鼓勵當事人積極參與學習和成長的實踐活動，通過實際體驗和新奇探索來實現潛能。

神經語言學的研究與影響

1970年代的理查‧班德勒（Richard Bandler）和約翰‧格林德（John Grinder）共同合作，研究一些成功的治療師和溝通專家，開發出了神經語言程式（Neuro Linguistic Programming, NLP）的理論和方法。他們融合了哲學家阿爾弗雷德‧柯日布斯基（Alfred

Korzybski, 1879-1950）的基礎語義學（general semantics）、生理學家伊凡・巴夫洛夫（Ivan Pavlov, 1849-1936）的古典制約（Classical Conditioning）理論、米爾頓・艾瑞克森（Milton Erickson, 1901-1980）的催眠治療（hypnosis）、弗里茲・波爾斯（Fritz Perls, 1893-1970）的完形治療、和維琴尼亞・薩提爾（Virginia Satir, 1916-1988）的家族治療等觀點的方法論和技術，藉以瞭解人類思維、行為和語言之間的關聯，並提供工具和技巧來改善個人成長、溝通和效能。以下是他們提出的一些觀點和重點：

1. **模仿成功模式**：班德勒和格林德觀察和分析了治療師和溝通專家，並試圖找出他們成功的模式和技巧。這些模式可以被學習、模仿和應用於其他領域，以達到更好的溝通、學習和成長。

2. **語言和思維模式**：關注語言的使用方式、語言模式和語言結構，強調語言和思維之間的密切關聯，並將其與思維和行為模式聯繫起來，以理解人們如何思考和表達自己。

3. **感官經驗和表達**：強調感官經驗，即視覺、聽覺和知覺，以及如何通過感官、語言和非語言的方式來溝通以理解世界，透過語言模式來幫助人們更有效地表達和理解。

4. **改變思維模式**：透過調整和改變語言和思維模式，人們可以改變他們的行為和情感反應。

5. **觀察和詮釋**：基於對人們觀察和詮釋方式的理解。他們強調人們如何篩選、處理和詮釋外界資訊，並根據這些詮釋產生行為和反應。

神經語言學對企業教練可能產生的影響：

1. 模式認知：語言和行為的方式是基於「模式認知」。神經語言學教練通過觀察人們的語言、動作和思考模式，幫助人們認識到可能的思維限制和改變的機會。

2. 建構個人資源：神經語言學教練專注於幫助個人發現和運用其內在的資源，以實現目標、解決問題和克服挑戰。這可能涉及改變負面信念、情緒管理、增加自信等。

3. 模仿和建模：神經語言學教練鼓勵人們模仿和學習他人的行為和思維模式及成功策略，並根據自己的需求進行調整，來達到自我成長。

4. 有效溝通技巧：神經語言學教練強調改善溝通，並提供了各種技巧和方法，幫助人們更好地理解他人，以及更清晰和有效地表達自己的想法和需求。

5. 轉換技巧：神經語言學教練提供了各種技巧，如重新框架（reframing）、可視化（visualization）和錨定（anchoring），幫助人們改變對情境和經驗的看法，以促進更積極和健康的行為和情感。

EST 培訓計畫

1971 年由費爾南多・弗洛雷斯（Fernando Flores）和維爾納・艾哈德（Werner Erhard）創立「艾哈德研討會培訓」（Erhard Seminars Training, EST），這是一個成長和個人發展與實現的培訓計劃。該培訓對探索自我、克服心理障礙、提升自我意識，以實現更豐富和有

意義的生活、目標設定和有效溝通方面具有深遠的影響，在當時引起了廣泛的關注。

喬納森‧莫雷諾（Jonathan D. Moreno, 2014）[04] 將 EST 訓練描述為：「參與者可能會驚訝於訓練對身體和情感的挑戰以及訓練的哲學性。培訓的關鍵部分是將自己從過去中解放出來，這是通過『體驗』一個人反復出現的模式和問題並選擇改變它們來實現的。⋯⋯透過蘇格拉底式對話⋯⋯依賴於亞裡士多德觀察到的共用宣洩經驗的力量」的一種形式。

紐約時報（2015）[05] 評論艾哈德：「隨著EST的發展，批評也愈演愈烈。它被貼上了實行精神控制（辱罵、剝奪睡眠）的邪教組織、剝削追隨者的行徑（大量招募人員、無止盡的研討會）」。EST 從 1971~1984 短短 15 年即落幕，後續轉型仍持續有著影響力，甚至推動教練專業化和普及化的兩位重要教練先鋒勞拉‧懷特沃斯（Laura Whitworth）和托馬斯‧倫納德（Thomas Leonard），當時也都受到 EST 的影響。

以下是 EST 的一些重要觀點和做法，以及其對企業教練的可能影響：

04　Jonathan D, Moreno（2014）. *Impromptu Man: J.L. Moreno and the Origins of Psychodrama, Encounter Culture, and the Social Network.* Bellevue Literary Press.

05　Haldeman, Peter（2015）. Werner Erhard, Continued. The Return of Werner Erhard, Father of Self-Help. *The New York Times.* Nov. 29.

　　1. 自我意識和責任：強調個人的自我意識和自我責任。教練鼓勵參與者深入探索自己的信仰、價值觀和行為模式，以理解自己並承擔責任。

　　2. 清除過去束縛：提倡從過去的經歷和情感束縛中解脫，以便在當下自由地生活。教練協助參與者釋放過去的情緒、恩怨和限制，以實現更高的自由度。

　　3. 自我意識和情緒管理：自我探索和情緒解放觀點，可以幫助教練教導人們更深入地理解自己的情感和行為，以及如何管理情緒和處理壓力。

　　4. 溝通技巧和人際關係：開放和誠實的溝通原則可以應用於企業環境中，以建立更深層次和真誠的人際關係。教練幫助人們通過明確表達自己的需求、感受和觀點，提升溝通技能來改善與他人的互動，同時解決衝突並建立更有意義的工作關係。

　　5. 設定目標和實現個人成長：強調自我驅動和努力的重要性，鼓勵人們設定明確的目標，並通過自我探索和努力實現這些目標。教練幫助人們設定職涯和個人目標，並提供支援和引導以實現這些目標。

　　6. 領導力和自我管理：EST 的原則應用在企業教練的培訓中，強調當事人的自我管理、責任和領導能力，使其在工作場所中更有效地管理自己和他人。

內在遊戲──從體育發展到企業教練

1974 年提摩西·高威（Timothy Gallwey）撰寫《網球的內在遊戲》[06]，探討在網球比賽中的心理和技巧方面，強調心理狀態、專注和自我管理的重要性，提倡用「引導」而不是「教導」的方式，拋棄評判之心，對於個人成長、學習和效能提升，在各個領域具有深遠影響。高威將「內心遊戲」的概念帶到企業界，開展出「教練式領導」（coaching leadership）。以下是該書的重要觀點及對企業教練可能產生的影響：

1. **兩個自我**："Inner Game" 是內心的比賽，代表著內在的心理狀態、專注和自我管理，而 "Outer Game" 是外在的比賽，指的是實際的技術和行動。強調內在自我的狀態和調整對於達到外在目標非常重要。

2. **自我干涉**：即過多的意識或干涉可能阻礙了最佳表現。例如，在網球比賽中，過度思考每個擊球動作可能導致失誤。因此提倡專注和自然流暢的表現，這也適用於其他領域。

3. **專注和當下存在**：強調在當下存在的重要性，將注意力集中在當下的內在狀態，可以減少分心和焦慮從而提升效能。教練可以幫助當事人將心理狀態和專注觀點，應用於指導個人和團隊，在職涯中更有效地管理情緒、壓力和專注。同時幫助他們將注意力集中

---

06 Timothy Gallwey（2000）. *The Inner Game of Tennis. Random House The Classic Guidance to the Mental Side of Performance.* Random House . 中譯本《比賽，從心開始》。

在當前的任務和目標上，有助於提高工作效率和效能。培養這種在當下存在的能力，以改進時間管理和工作表現。

4. **自我觀察和反思**：鼓勵個人進行自我觀察和反思，以瞭解自己的心理狀態，並認識到可能的限制或不良習慣。這種自我意識和反思有助於個人的成長和改進。教練協助當事人瞭解自己的優勢、挑戰和成長領域，並制定相應的發展計劃。

2000 年高威的另一本著作《工作的內在遊戲》[07]，延伸了《網球的內在遊戲》的概念，強調自我意識、自我調節和有效學習在工作中的關鍵作用，探討如何在工作場所中實現更高的效能、學習和創造力，將其應用到職涯和工作環境中。以下是本書的一些重點以及對企業教練的影響：

1.**兩個自我**：每個人都擁有兩個自我（Self）：「自我 1」和「自我 2」。「自我 1」代表內心的批判性自我，常常干擾我們的行動，而「自我 2」代表更自由、自然的自我，能夠在無干擾的情況下做事。「自我 1」會下指令；「自我 2」負責執行任務。然後，「自我 1」會對於所執行的任務給予評價。

2.**消除干擾**：「自我 1」和「自我 2」之間的關係，大大決定了人將技巧、知識轉化為行動的能力。因此，高威強調消除「自我 1」的干擾，使「自我 2」更容易發揮。在工作場所中，這意味著減少

07　Timothy Gallwey（2000）. *The Inner Game of Work: Focus, Learning, Pleasure, and Mobility in the Workplace.* Random House.

自我評判、擔憂和負面情緒，以促進更自然的表現和學習。

3. **專注和自我管理**：教練運用專注力和自我管理的框架，幫助人們在工作中保持專注，減少分心以提高生產力。

4. **學習和成長**：強調持續學習和成長的重要性。教練在工作中創建一個環境，鼓勵當事人探索新想法、發展技能並不斷進步。

5. **自我意識和自我管理**：強調自我意識、自我管理和情緒控制的重要性。教練幫助當事人提高意識，管理情緒，以更積極和有效的方式應對工作挑戰。

6. **專注力和效能**：為了幫助員工減少分心，更有效地完成任務，教練協助當事人培養專注力和時間管理技能。

7. **學習和成長文化**：教練協助企業建立一種促進員工學習和發展的文化，從而提高組織的競爭力。

8. **釋放潛力**：強調消除干擾，以實現更自然和自由的表現。教練幫助當事人釋放潛力，達到更高的工作效能。

諮商與助人者三階段模式

1975 年心理學家杰拉德・伊根（Gerard Egan）在他的著作《熟練的助人者》[08] 提出助人三階段的歷程，以幫助個人在助人關係中解決問題、制定目標和實施行動。這三個階段分別是：

---

08 Gerard Egan（1975）. *The Skilled Helper A Problem Management and Opportunity Development Approach to Helping.* Thomson Brooks/Cole.

1. **第一階段：提出問題**（The Presenting Problem）：助人者（或教練、輔導師等）與當事人一起探討目前的問題或挑戰。助人者主動聆聽當事人，瞭解他們所面臨的問題的背景、影響和情境。這有助於確定問題的範疇，以及當事人希望解決的具體議題。

2. **第二階段：尋求有意義的解決方案**（The Preferred Story）：在這個階段，助人者與當事人合作探索可能的解決方案。助人者鼓勵當事人思考他們想要的變化和成果，幫助他們形塑一個「理想故事」，描述他們希望自己的生活和情境擁有的情景。

3. **第三階段：行動策略**（The Possible Strategy）：在這個階段，助人者和當事人共同制定具體的行動計劃，以實現前兩個階段中討論的理想故事。這包括確定可行的步驟、設定小目標，並探討如何克服可能的障礙和挑戰。此階段強調行動和執行，以促使當事人向他們所設定的目標邁進。

伊根的三階段歷程對於企業教練具有重要的影響：

1. **結構性指導**：提供了一個結構性的方法，幫助教練引導當事人通過設定目標、實施行動、解決問題，以達成個人和職涯目標。

2. **客觀觀察**：教練能夠在三階段歷程中，客觀地觀察當事人的情況，幫助他們深入瞭解目前的問題和需要，同時提升他們的自我意識。

3. **目標導向**：三階段歷程幫助當事人確立明確的目標，並制定可行的計劃。教練幫助當事人在職涯中更加專注和有成效。

4. **解決問題和執行能力**：強調「基礎知識的力量」，例如：決

策技能是成功治療的關鍵要素。教練協助當事人培養解決問題和執行計劃的能力，設定目標和實施行動，這在現代工作環境中非常重要。

從組織變革到領導力發展

1979 年邁爾斯‧梅斯（Myles Mace）透過對高階主管的長期跟蹤研究，詳細描述了他們在職涯生涯中的成長和變革，以及他們如何應對不同階段的挑戰，深入洞察領導力發展和組織變革，研究高階管理人的生涯發展和成長過程，出版《高管的成長和發展》[09]。梅斯是組織行為和組織變革領域的知名學者，企業教練可以根據這些觀點，為高階經理人提供個別化的指導和支持，幫助他們在不斷變化的商業環境中取得成功。

以下是該書的一些重點及對企業教練可能產生的影響：

1. **職涯發展階段**：從初階管理職位到高階管理職位的職涯發展階段，不同階段所需的技能和能力各有差異。這有助於教練瞭解高階經理人在職涯中的發展需求，並為他們提供適當的引導和支援。

2. **領導力發展**：強調領導力在組織變革中的重要性。教練可以協助高階經理人提升領導力技能，以應對不斷變化的組織需求。

3. **組織變革**：組織和管理變革是重要的議題。教練可以幫助高

---

09 Myles Mace（1979）. *The Growth and Development of Executives.* Harvard Business Review Press.

階經理人理解變革的挑戰，並協助他們在變革過程中保持穩定性和
領導力。

　　4. **個人成長和學習**：強調個人成長和學習的重要性，尤其是在
高階經理人的角色中。教練可以與高階經理人合作，制定個人的發
展計劃，以促進他們的學習和成長。

　　5. **跨功能合作**：高階經理人通常需要在不同的功能領域之間進
行合作。教練可以協助高階經理人發展跨功能合作的挑戰和機會，
以提升其技能。

　　史蒂芬・柯維（Stephen R. Covey）似乎受到了梅斯的影響，他
在 1989 年出版《與成功有約》[10] 一書，對於領導力發展和個人成長
有深遠的影響，也為企業教練提供了有價值的工具和觀點，以幫助
他們在企業環境中更能引導和培育領導者。

　　柯維的重要觀點和做法如下：

　　首先，強調個人使命宣言的重要性，這是明確認識自己的價
值觀、目標和生命意義的基石，對於成為一位優秀的領導者至關重
要。其次，鼓勵積極主動，要對自己的生活和決策負責，以自己的
選擇塑造生活。第三，強調了首要事項的優先順序，建議集中精力
處理長期影響的重要事務，並提出了四個象限時間管理的做法。他
也主張創造雙贏（win-win）思維，追求互惠互利的解決方案，以

10　Stephen R. Covey, Sean Covey（1989）. *The 7 Habits of Highly Effective People.* Simon and Schuster.

促進合作和協作。同時提倡「先理解，再被理解」是有效溝通的關鍵。鼓勵創造性合作，建立共同目標的關係，通過互補合作實現更大的成功。最後，要不斷自我提升，通過持續學習和成長來保持競爭力。

柯維的重要觀點和做法對企業教練可能產生的影響：

1. **有效領導力培訓**：基於普遍適用的原則來引導行為和決策，而不是基於短期的目標或情境。教練利用上述觀點來設計領導力培訓課程，進而幫助領導者發展有效的領導力和個人成長。

2. **目標設定和規劃**：「以終為始」的觀點對於目標設定和規劃有深遠影響。教練通過明確的願景和目標來引導行動，協助個人和團隊共同制定明確的目標，和相應目標的具體計劃。

3. **提升個人效能與責任**：提倡個人責任的觀念，強調每個人都可以掌握自己的選擇和反應，並在困難環境中保持主動性。教練幫助領導者建立更好的自我管理和時間管理技能，從而提高工作效率。

4. **促進溝通與人際關係品質**：雙贏的合作觀念，追求雙方都能從中受益的解決方案，而不是單方面的競爭，以建立良好的團隊文化。教練可以幫助主管和員工提升溝通技能、聆聽能力以及改善工作關係。

焦點解決教練

1980年代，焦點解決短期治療（Solution Focused Brief Therapy, SFBT）興起，該方法由史蒂夫·薛澤（Steve de Shazer）、茵素·

金・柏格（Insoo Kim Berg）、及伊娃・利普奇克（Eva Lipchik）、約翰・沃特（John Walter）、珍・佩勒（Jane Peller）、米歇爾・韋納－戴維思（Michelle Weiner-Davis）、比爾・奧漢隆（Bill O'Hanlon）等人創建發展而來。焦點解決治療的核心理念是專注於探尋和建立解決問題的方案，而非過多關注在問題本身的來源或原因。這種方法重視現在及未來、認為當事人是專家、強調擺脫分析問題來源的習慣，找到有效的解決方案，並通過微小而實際且快速的積極行動來實現正向改變。

以下是焦點解決治療的觀點及對企業教練產生的影響：

1. **解決方案導向**：強調專注於解決問題的方案，而不是深入探究問題的來源。教練幫助當事人快速找到應對職涯挑戰的方法，並促進正面的變化。

2. **小步快速行動**：鼓勵當事人採取小步快速的行動，這有助於積極改變和改進。教練可以幫助當事人制定具體、可行的階段性行動計劃，並鼓勵他們逐步實施以實現目標。

3. **資源導向**：關注當事人的資源、優勢力量和過去的成功經驗。教練應用資源導向的方法，幫助當事人更有自信地應對挑戰，並提升他們在職涯領域的表現。

4. **尊重個體**：強調尊重個體的能力和選擇。教練秉持此原則，確保教練與當事人合作，而不是指導、評價或批判。

5. **改變的迅速性**：強調快速的改變和進步。教練正視企業環境中的需求和挑戰，協助當事人提出迅速的解決方案。

多蘭 SMART 目標

1954年杜拉克率先提出SMART原則[11]：（Specific具體的、Measurable可衡量的、Achievable可實現的、Relevant相關的、Time-bound時限的）。這是目標管理中的一種方法，其任務是有效地進行成員的組織與目標的制定和控制，以達到更好的工作績效。

但此概念的落實則首見於 1981 年多蘭（Doran）發表於《管理評論》（Management Review）的研究[12]，它代表著目標被設定為明確、具體的狀態，並且可以通過具體的指標來衡量進度和成果。這樣的目標設定方法有助於確保目標能夠實際達到，並提供了一個明確的框架來評估進展。這種方法對於企業教練來說可能具有以下影響：

1. **教練方法論**：SMART 目標設定方法論，可用於幫助企業教練指導當事人或團隊，在實現特定目標時保持明確性和可衡量性。

2. **提升目標設定能力**：企業教練可以將 SMART 目標設定方法納入其引導過程中，以幫助當事人更好地設定和管理目標，確保目標具有可實現性並在一定時間內完成。

3. **評估和回饋**：教練使用 SMART 原則，更容易評估當事人的進展並提供有針對性的回饋。可衡量的進展使教練和當事人更容易

---

11 Peter Drucker（1954）. *The Practice of Management.* HarperCollins e books.

12 Doran, G. T. (1981). There s a S.M.A.R.T. Way to Write Management's Goals and Objectives. *Management Review*, 70, 35-36.

追蹤目標的達成情況。

　　4. 促進專注和效率：通過確定目標的具體性和時限性，教練可以幫助當事人集中精力，更有效地進行工作，並在合理的時間內取得成果。

科爾布的學習循環

　　1983 年社會心理學家大衛・科爾布（David A. Kolb）發表「科爾布的學習循環」（Kolb's Learning Cycle）模式 [13]。此模式旨在解釋人們如何學習，並強調在學習過程中的實際經驗、觀察與反思、抽象概念和實際應用之間的關聯。Kolb 的學習循環模式包括以下四個階段：

　　1. 具體經驗（Concrete Experience）：學習過程的起點是通過實際經驗進行學習。這可以是實際參與、實際行動或真實情境中的體驗。

　　2. 反思觀察（Reflective Observation）：個人觀察和反思他們的經驗，思考在事件中發生了什麼，如何感受到這些事件以及可能的原因和影響。

　　3. 抽象概念化（Abstract Conceptualization）：個人將他們的觀察和反思轉化為抽象的概念和理論，試圖理解事件的背後原理和

13　David A. Kolb（1983）. *Experiential Learning: Experience as the Source of Learning and Development.* Prentice Hall.

模式。

4. **主動實驗**（Active Experimentation）：個人將他們的理論和概念應用於實際情境中，進行行動和實驗並觀察結果。

科爾布的學習循環模式對企業教練可能產生的影響：

1. **個人化學習**：強調每個人的學習方式可能不同，並且學習是個人化的過程。教練可以利用這個理念，針對不同的學習風格和偏好，來設計培訓內容和發展計劃。

2. **全面學習**：強調整合不同階段的學習過程，從實際體驗到抽象概念化，再到實際應用。教練可以幫助當事人在不同階段中建立連結，實現全面性的學習。

3. **實用性和應用**：鼓勵實際應用和主動實驗。教練可以鼓勵當事人在學習過程中積極參與實際項目，從而更有效地將所學知識轉化為實際技能。

4. **反思和成長**：反思是學習循環的一個關鍵階段，有助於個人從經驗中獲得深刻的洞察及成長。教練可以幫助當事人培養反思的習慣，並促使他們在職涯中持續改進。

惠特沃斯與倫納德

維基・布魯克（Vikki Broke, 2009）[14] 在國際教練組織期刊，特別

14　Vikki Broke（2009）. *Coaching Pioneers Laura Whitworth and Thomas Leonard. The international journal of coaching in organizations.* V.1. Professional coaching publications, Inc.

報導了推動教練專業化和普及化的兩位重要教練先鋒勞拉·惠特沃斯（Laura Whitworth）和托馬斯·倫納德（Thomas Leonard），兩人的背景都是財務規劃師和會計師，也都受到了艾哈德EST培訓的影響，同時致力於推動教練專業。他曾與這兩位先鋒有深入的交往，對他們兩位推動教練有深刻的瞭解。

惠特沃斯的成就令人矚目。1990年惠特沃斯與亨利·金西－豪斯（Henry Kimsey-House）聯手創辦「教練培訓學院」（Coaches Training Institute, CTI）、「專業與個人教練協會」（Professional and Personal Coaches Association, PPCA）、「教練培訓組織聯盟」（Alliance of Coach Training Organization, ACTO）和 The Bigger Game Company。她的強項之一是與人溝通的能力，專注於通過合作和聯繫來改變現狀，找到生活的意義。她以其大膽、創造力和人性，幫助並塑造教練行業。

惠特沃斯向CTI和PPCA引進了以當事人為中心的治療創始人卡爾·羅傑斯的觀點，以及國際教練聯盟（International Coach Federation, ICF）的核心能力和認證流程，同時還提出了「尋找答案」和「給出答案」之間的區別。

倫納德則於1992年創建了教練大學（Coach University, Coach U），借鑒了廣泛的思想流派，受到的影響包括[15]：人本心理學（馬斯洛、羅傑斯、伊根等）、本體論（心靈／身體／精神）、神經科學

---

15 資料來源：https://www.coachu.com/WhoWeAre/

和NLP等。Coach U的課程和模式，是由人生規劃學院（College for Life Planning）來進行的。該學院闡明、簡化、商品化並使其可評估效益。Coach U是國際教練聯盟（International Coach Federation, ICF）認證的教練培訓學校，Coach U培訓學員畢業後可以申請成為ICF的認證教練。Coach U是歷史最悠久、規模最大的專業教練培訓機構，ICF則致力於制定和推動教練行業的標準和專業實踐。

倫納德是個人教練發展的主要貢獻者，其成就包括創辦Coach U、國際教練聯合會、科奇維爾和國際協會的教練。倫納德因有廣泛的跨學科學習底子，內向的性格和對技術的迷戀，能合成並生成工具、程式、策略和解決方案。他有強大的整合能力，綜合想法和概念，更憑藉其遠見、吸收和簡化複雜的概念，是把教練商業化和營運銷售，普及化教練技術的人，並幫助提高了市場對高管教練的看法。

CTI和Coach U最初發展過程中的另一個差異在於教練培訓的方式，CTI進行面對面的培訓，Coach U的課程是電話教練模式。在惠特沃斯的紀念館裡，有一句話說：「倫納德發展了教練事業，而惠特沃斯發展了教練的心和靈魂」，這是對兩人的推崇與不同的寫照。

共創教練取向

1998年，亨利‧金西－豪斯、凱倫‧金西－豪斯（Karen Kim-sey-House）、菲利浦‧桑達爾（Phillip Sandahl）和惠特沃斯共同出

版《共創式教練：轉變思維，蛻變人生》[16]。該書介紹了「共創教練取向」（Co-Active Coaching Approach），一種以合作為基礎的教練方法，融合了個人和職涯方面的指導，它超越了一對一的「教練－受教練者」的架構，還包括為領導者和管理者提供有關如何將教練能力增添到他們的專業技能中的指導。以下是該取向的一些重點及對企業教練的影響：

1. **教練合作取向**：強調教練和受教練者之間的合作關係，彼此參與和共同創造新的解決方案。教練和受教練者可以在團隊和組織中推動合作和創新，共同發展出更好的成果。

2. **五個核心原則**：「連接」（Connect）、「平衡」（Balance）、「挑戰」（Challenge）、「重定向」（Redirect）、和「激勵」（Inspire）。五個核心原則可以幫助教練制定指導策略，幫助受教練者在不同情境下發展，從而提高自信和效能。

3. **整合個人與職涯發展**：整合性的方法使得教練能夠幫助受教練者在職涯和個人層面取得更大的成長，從而提高整體效能和滿意度。教練不僅關注受教練者職涯目標，還關注個人價值觀、情感和目標。

4. **發掘潛力**：本取向的核心是激發潛力，這對於幫助受教練者發揮最佳表現達到目標和實現成長。鼓勵教練通過提問和聆聽來幫

16　Henry Kimsey-House, Karen Kimsey-House, Phillip Sandahl & Laura Whitworth （1998）. *Co-Active Coaching : Changing Business, Transforming Lives.* Nicholas Brealey America.

助受教練者發掘自己的潛力，實現更大的成長和成功。

5. 運用實例：書中提供了許多真實案例和故事，示範如何運用共創教練取向來幫助人們實現個人和職涯目標。

成長教練模式

1992 年由葛拉漢‧亞歷山大（Graham Alexander）、艾倫‧法恩（Alan Fine）和約翰‧惠特默爵士（Sir John Whitmore）開發的成長教練模式（GROW Model）[17]，此模式是教練和個人發展領域中常用的模式，旨在幫助個人和團隊設定明確目標、審視現實狀況、探索選擇以及制定行動計劃，以實現自我和組織的成長。此模式的重點：

1.Goal（目標）：教練幫助當事人明確設定具體、可衡量的目標，確保目標是明確和可實現的。

2.Reality（現實）：教練與當事人一起審視目前的現實狀況，確定他們的現有情況、資源和限制。

3.Options（選擇）：教練協助當事人探索可能的解決方案和行動選項，包括以多種方式來實現目標。

4.Will or Way Forward（意願或前進計劃）：教練與當事人一起制定行動計劃，確定具體的步驟和時間表以實現目標。

---

17 Sir John Whitmore（1992）. *Coaching for performance: a practical guide to growing your own skills.* Nicholas Brealey Publishing.

　　2003年邁爾斯・唐尼（Myles Downey）[18]及2004年珍妮・羅傑斯（Jenny Rogers）[19]兩人分別擴展出 "TGROW Model"，即在GROW Model原有模式前面加上話題（Topic, T）。其重點如下：

　　1. Topic（話題）：教練與當事人一起設定目標，並確定其想要討論的特定話題。

　　2. Goal（目標）：明確設定目標中強調了話題的特定性。

　　3. Reality（現實）：讓當事人審視現有情況。

　　4. Options（選擇）：鼓勵當事人探索多種可能的行動選項，以實現目標。

　　5. Will（意願）：強調當事人對目標的承諾和意願，以及制定的行動計劃。

　　"GROW" 和 "TGROW" 對企業教練產生的影響：

　　1. 提供結構：為教練提供一個結構化的方法，確保教練過程有明確的流程和步驟。

　　2. 有效引導：幫助教練引導當事人從設定目標到制定行動計劃的過程中，確保所有關鍵元素都得到充分探索和討論。

　　3. 增加自覺：教練協助當事人能夠更深入地思考目標和行動，從而增加他們對自己的覺知。

18　Myles Downey（2003）. *Effective Coaching Lessons from the Coaches' Coach.* Cengage Learning EMEA.

19　Jenny Rogers（2004）. *Coaching Skills: A Handbook.* Open University Press.

　　4.**促進行動**：強調行動計劃的制定，有助於當事人從理念轉向實際行動並實現目標。

教練與心理諮商的匯流

　　從歷史的洪流中，可以看見企業經營與心理諮商一開始似乎是兩條平行線，隨著不同領域專業的發展與融合，企業教練與心理諮商的兩條平行線有了交集。此交集彷彿是是來自不同山頭的支流，逐漸匯聚成一條主流。教練觀念的起始點來自於企業，中途匯集諮商心理學的另一條支流，不管教練是借用或整合或轉化諮商理論與技術，可操作性和實用性都更加提升了。

　　坊間常有一種說法：「教練是協助當事人面對未來，心理諮商是處理過去。」此說法將教練與諮商切割為二，彼此毫無關聯。這反映出大眾對教練發展的不理解，及不清楚各學派心理諮商發展的觀點。心理諮商理論與技術的發展，及助人歷程觀點和研究，早已趨向協助當事人專注當下、瞭解現況並邁向未來。例如：認知行為學派、人本主義學派、完形學派、焦點解決短期諮商、或結合正向心理學觀點等都是。如果兩者沒有關聯，單看一些教練書籍或研究，及一些協會宣稱，都冠以心理諮商學派或相關理論即可一窺端倪。

　　史蒂芬・帕爾默（Stephen Palmer）和雷・沃爾夫（Ray Woolfe）

的著作《教練心理學的精髓：理論、技巧和實踐》（2007）[20]，強調
教練心理學的核心原則，例如：建立信任、有效溝通、設定目標和
評估進展等。這些原則是成功教練實踐的基礎。他們介紹教練心理
學的核心原理和理論，包括心理學、諮商和教練領域的重要概念。
各種技巧和工具，例如：有效的溝通、問題提問、目標設定、回饋
和評估。包含個案研究和實際案例，探討了教練心理學的倫理原則
和專業實踐標準。討論教練心理學在不同領域的應用，包括領導發
展、績效改進、職業規劃、健康和福祉等。

　　帕爾默和艾莉森・懷布羅（Alison Whybrow）的著作《教練心
理學手冊：實務工作者指南》（2018）[21]，該書第一部分審視了教練心
理學的觀點和研究，既回顧了過去又評估了現在，還考察了未來的
發展方向。第二部分介紹了教練心理學的一系列方法，包括行為學
派和認知行為理論、人本主義、存在主義、關注存在、建設性和系
統性方法。第三部分涵蓋了應用、背景和可持續性，關注個人在生
活和工作中的過渡，以及複雜性和系統層面的介入。最後，探討了
教練心理學的專業和倫理實踐的各種主題。強調教練心理學的核心
原則，是成功教練實踐的基礎，透過問題提問、回饋、目標設定和

---

20 Stephen Palmer Ray Woolfe（2007）. *The Essentials of Coaching Psychology: The Definitive Guide to the Theory and Practice of the Coaching Psychologist.* Routledge.

21 Stephen Palmer, Alison Whybrow（2018）. *The Handbook of Coaching Psychology: A Guide for Practitioners.* Routledge.

行動計畫制定，以發展領導力、改進績效、職涯規劃和健康與福祉
等。

　　馬特·布洛威·霍爾（Matt Broadway Horner）和喬安·王爾德
（Joanna Wilde）的著作《CBT教練：如何有效地應用認知行為治療
技巧》（2007）[22]，本書以理解和改變負面思維和行為模式以及它們如
何影響情緒和行為，如何將CBT技巧應用於協助個人實現個人和職
業目標。包括如何協助個人設定明確的目標、識別負面思維模式，
並制定行動計畫。

　　阿瑟·科斯塔（Arthur L. Costa）、羅伯特·加姆斯頓（Robert J.
Garmston）、卡羅莉·海耶斯（Carolee Hayes）和珍·艾里森（Jane
Ellison）的著作《認知教練：培養自主的領袖與學習者》（2015）[23]一
書認為，提高自主學習和領導發展的能力。它強調了自我反思、自
主學習和有效的溝通作為關鍵要素，以促進個體和組織的成長和成
功。

　　《認知行為壓力管理教練》（2021）[24]一書，基於理查·拉薩魯
斯（Richard S. Lazarus）的壓力調適互動理論（transactional theory of

22　Matt Broadway Horner, Joanna Wilde（2007）. *CBT Coach: How to Be an Effective CBT Therapist.* Vermilion.

23　Arthur L. Costa, Robert J. Garmston, Carolee Hayes, Jane Ellison（2015）. *Cognitive Coaching: Developing Self Directed Leaders and Learners.* Rowman & Littlefield.

24　Eva Traut-Mattausch, Mirjam Zanchetta, Martin Pömmer（2021）. A Cognitive-Behavioral Stress Management Coaching, *Coaching Theor. Prax.* 7:69-80.

stress and coping）[25]，以認知行為療法原理來說明當事人如何管理和減輕壓力。壓力管理技巧包括認知重建、應對策略、放鬆等技巧。教練已經被理論化和經過驗證，能夠解決壓力和因應過程的所有方面，從評估壓力源和因應資源開始，最終重新安排行為的相關策略。通過教練，當事人可以獲得自我反思和對問題反思的能力，從而改善他們對壓力源的看法（初步評估）。啟動資源（二次評估）並制定轉型策略，以促進解決過程（因應反應）。

邁克爾‧尼南（Michael Neenan）和帕爾默的著作《認知行為教練實踐：基於實證性方法說明》[26]以受教練者的對話來闡述教練在晤談期間的目標評估。說明拖延、壓力、動機式訪談、目標選擇和自尊等主題。同時解說單次晤談教練、健康和幸福教練以及教練督導。

國際認知行為教練協會（IACBC）[27]是認知行為教練領域的第一個國際機構。IACBC是一個專業、科學和跨學科的組織，其使命是（1）促進認知行為教練領域的發展，及（2）促進基於實證研究的教練方法，造福於專業界、組織、社會以及人們生活和表現的改善。IACBC代表「一種綜合方法，結合了認知技術和策略、行為問題解決和認知行為架構，使當事人能定向實現其現實目標。」它是

---

25 Richard S. Lazarus & Susan Folkman（1984）. *Stress, Appraisal, and Coping.* New York: Springer.

26 Michael Neenan, Stephen Palmer（2021）. *Cognitive Behavioural Coaching in Practice: An Evidence Based Approach.* Routledge.

27 資料來源：The International Association of Cognitive-Behavioral Coaching（IACBC）。https://www.iacbc.org/

一種主動指導取向（active-directive approach），可以識別和修改目標的想法、感受和行為以及各元素之間的關係，但IACBC的目的不是為人們提供解決方案來解決他們遇到的困難，而是通過協作歷程（collaborative process）來幫助他們，過程中由他們制定自己的解決方案和結論。自1990年以來，IACBC開始納入亞伯‧艾里斯（Albert Ellis, 1955）發展出來的理性情緒行為（Rational Emotive Behavior Therapy, REBT）治療取向、關注問題和解決方案、或社會認知理論的概念和設定目標、策略、技術及方法。同時也提供企業教練、健康教練、生命教練、親職教練等服務。協會的網站提供相關書籍、科學研究文獻和資源等，有興趣可以深入查詢。

　　萊斯利‧格林伯格（Leslie S. Greenberg, 2022）的著作《情緒焦點治療：教練當事人處理他們的情感》[28]，本書提供實際的指導及至關重要的論述與證據，教練如何協助並影響當事人的心理健康和行為，瞭解情感處理對於解決問題和改善心理健康是有益的。教練成為當事人情感的引導者，支持當事人更有效地處理和表達情感。

　　朵洛西‧西米諾維奇（Dorothy E. Siminovitch, 2022）的著作《完形教練入門：走向意識智慧之路》[29]，本書提到有效的教練存在和

28　Leslie S. Greenberg, Ph.D.（2022）. *Emotion-Focused Therapy: Coaching Clients to Work Through Their Feelings.* American Psychological Association.

29　Dorothy E. Siminovitch MCC（2022）. *A Gestalt Coaching Primer: The Path Toward Awareness Intelligence.* Routledge.

自我運用的綜合概念稱之為「意識智慧」。完形教練被要求成為一個「意識代理人」，肩負深刻的倫理責任，說明個體意識到他們真正想要、需要或缺失的東西。成功的教練關係會讓個人感到釋放，開拓了更多可能性，獲得了自主權。她是將完形的能力與ICF的核心能力加以對照的教練。

克里斯·艾維森（Chris Iveson）、艾文·喬治（Evan George）和哈維·瑞特納（Harvey Ratner）[30] 的著作《短期教練：焦點解決取向》（2012），本書通過短期教練的方式，提供當事人知悉他們何時達到了目標，以及他們已經在做什麼來實現目標。教練的目標是尋求解決方案，而不是迴避問題，這樣當事人的問題就不是晤談的核心議題，而是教練和當事人共同努力實現未來的目標。

克莉斯蒂安·凡·尼沃堡（Christian van Nieuwerburgh）、提姆·洛馬斯（Tim Lomas）和喬蘭塔·伯克（Jolanta Burke）在〈整合教練和正向心理學：概念與實踐〉（2018）[31]一文提到，從傳統的角度來看，正向心理學主要被視為一門理論學科，而教練則被視為一門應用學科。每個人都為合作夥伴關係帶來了自己的優勢，正向心理學專注於科學理論和實證嚴謹性，而教練則專注於應用實踐和熟練程度。

---

30 Chris Iveson, Evan George, Harvey Ratner（2012）. *Brief Coaching: A Solution Focused Approach.* Routledge.

31 Christian van Nieuwerburgh, Tim Lomas & Jolanta Burke（2018）. Integrating coaching and positive psychology: concepts and practice. *Coaching: An International Journal of Theory, Research and Practice.* V.11, 2, 99 101.

　　教練結合正向心理學（Positive Psychology）是一個趨勢，正向心理學之父馬丁・賽里格曼（Martin E. P. Seligman）對此發展有其嚴謹的看法[32]：「教練是一種沒有範圍限制的實踐，缺乏理論基礎和有意義的認證，尚未形成重要的實證基礎。正向心理學學科可以為教練提供基於證據的框架和明確的實踐範圍。此外，正向心理學可以提供一系列有效的措施、基於證據的介入措施和參考點，從中制訂有意義的培訓和認證流程，這將有助於設定負責任的教練實踐的界限。」

　　另一位學者蓋瑞・萊瑟姆（Gary P. Latham, 2007）[33]也有類似的觀點：「迄今為止，教練文獻主要以從業者的貢獻為主，企業教練行業本身也受到簡單化民間心理學和偽科學方法的顯著影響，缺乏紮實的理論和實證研究。組織心理學的進步通常來自於採用心理學其他分支學科的理論、概念和方法。教練實踐與現有的心理框架和實證研究的明確聯繫，將有助於開發基於證據的教練方法」。

　　羅伯特・比斯瓦斯－迪納（Robert Biswas-Diener）在《實踐正向心理學教練：評估、活動和成功策略》（2010）[34]一書中，提出對

32　Martin E. P. Seligman（2007）. Coaching and Positive Psychology. *Australian Psychologist*, 42(4): 266-267.

33　Gary P. Latham（2007）. Theory and research on coaching practices. *Australian Psychologist Society*. 42(4): 268-270.

34　Biswas-Diener, R.（2010）. *Practicing Positive Psychology Coaching: Assessment, Activities, and Strategies for Success*. John Wiley & Sons Inc.

於目標承諾策略、動機、成長心態理論的研究結果，在教練情境中運用斯奈德希望理論（Snyder's Hope Theory）的決策樹；及易於使用的「正向診斷」（positive diagnosis），來協助當事人評估面對未來的優勢、價值觀、和創造力；指導客戶完成組織和共同生活轉型，包括裁員、領導層變動、中年和退休等議題。

從助人歷程觀點而言，自 1975 年伊根的助人三階段歷程被教練界引用之外，2004 年克瑞拉・希爾（Clara E. Hill）的經典著作《助人技巧：探索、洞察與行動的催化》[35]，整合當事人中心理論、精神分析、存在理論和人際關係理論、行為和認知理論取向，成為三階段整合模式探索階段、洞察階段、行動階段。此整合模式也能應用至教練服務，提供更多元的問題解決模式。三階段模式簡述如下：

1. **探索階段**：以當事人中心理論為基礎，助人者和當事人建立支持性、治療性的關係，讓當事人表達和探索他們的感覺，思考複雜的問題，此階段焦點在於多瞭解當事人的感覺和問題所在。此階段使用支持性技巧：贊成－再保證、開放式提問或封閉式提問、重述與情感反映等。

2. **洞察階段**：以精神分析、存在理論和人際關係理論為基礎。助人者和當事人一起致力於瞭解當事人自己的想法、感覺、行為，一起工作幫助當事人對問題有所覺察，並處理治療關係的課題。此

---

35 Clara E. Hill（2004）. *Helping Skills: Facilitating Exploration, Insight, and Action.* American Psychological Association.

階段焦點在於使當事人從新觀點看問題，提升自我瞭解，對自己的問題負責和有控制感。此階段使用促進覺察的技巧：挑戰、解釋、自我揭露與立即性等。

　　3. 行動階段：立基於行為和認知理論取向，助人者和當事人一起探討改變的想法，探索當事人是否想改變、改變的意義為何。此階段可以教導當事人改變的技巧、協助發展改變的策略，並評估行動計劃的成果，必要時進行修改。此階段會使用行動的技巧：提供訊息與直接引導、做決定、行為改變、行為預演、放鬆等。

　　前述賽里格曼和萊瑟姆提醒教練的發展需要有更嚴謹和實證性的研究來佐證其效果。我個人呼應也認同此觀點，為此我特別到美國心理學會（American Psychological Association, APA）[36]網站上查詢，輸入關鍵字 "coaching and counseling"，自1998年迄2023年總計出現354篇相關研究文獻或書籍。另外輸入關鍵字 "leadership coaching"，自2000年迄2023年總計出現368篇相關研究文獻或書籍。顯示這25年來心理學界已注意到教練的發展，並從事相關的研究。

　　我也自「台灣碩博士論文知識加值系統」[37]查詢相關研究，輸入「教練」（排除運動界的教練）和引用《Coach領導學》為參考文

36　APA 網址：https://www.apa.org/search?query=coaching%20and%20counseling（查詢日期：2023.09.03.）

37　台灣碩博士論文知識加值系統網址：https://ndltd.ncl.edu.tw/cgi-bin/gs32/gsweb.cgi/ccd=CaFFz6/login?jstimes=1&loadingjs=1&o=dwebmge&ssoauth=1&cache=1693731539411（查詢日期：2023.09.03.）

獻的研究，自2011年（100學年度）迄2023年（111學年度），總計40篇論文，其中碩士論文38篇（占比95%），博士論文2篇（佔比5%）。商管學院研究篇數25篇（占比63%），輔導與諮商系所研究篇數僅有4篇（占比10%）。

顯見目前的研究以碩士論文居多，商管學院對企業教練或教練領導力的研究，相較於輔導與諮商系所的研究更多。換言之，國內對於教練研究的理解與認知，仍以商管學院為主。對比從教練發展史而言，教練發跡於企業或許可以說明此現象。既然教練的發展融合許多心理諮商學派的理論與技術，鼓勵國內輔導與諮商系所能朝此方向進行更多的實證性研究，尤其是博士論文。

另外，若心理相關系所在教育養成過程中導入「企業教練課程及實習」，將為未來的心理師開拓更多元的服務範圍。執業心理師已具備心理諮商的專業知能，可惜投入企業教練者如鳳毛麟角，若有更多心理師積極投入企業教練或相關領域發展，相信對於提升教練專業素養與服務品質將具有更大的推動力量。同時，目前正從事教練服務或對企業教練有興趣者，如果沒有心理諮商與治療專業，鼓勵自行涉略或者參加相關專業機構的課程培訓，或到大學的心理諮商相關系所，取得碩士、博士學位後考取心理師，也能開啟長遠的生涯發展之路。

綜觀教練發展的背景與歷史演變的匯流過程，是否感到歷史的長河，彷彿水流從高山涓滴往下漫流，蜿蜒曲折中匯入大大小小支流，逐漸匯聚成大河往海中流。觀看教練發展的歷史山河與景

觀，這種感受猶如欣賞宋代文人蘇軾《題西林壁》：「橫看成嶺側成峰，遠近高低各不同。不識廬山真面目，只緣身在此山中。」這是蘇軾由黃州貶赴汝州任團練副使時經過九江遊覽廬山，描寫廬山變化多姿的面貌，並借景說理，描繪移步換形、千姿萬態的廬山風景。我曾兩度遊歷廬山，廬山是座丘壑縱橫、峰巒起伏的大山，遊人所處的位置不同，看到的景物也各不相同。

　　此種情景你感受到了嗎？我身歷其中確實感受到了。我藉由山景來比喻，觀察與理解史實應更為客觀全面，如果主觀片面，就得不出正確的結論。瞭解教練的發展史也須從不同的視野和角度來理解。我從脈絡中進一步體驗到「前人種樹，後人乘涼」和「百年樹人」這兩句話的涵義和精神。歷史洪流中匯集了眾人的智慧與知識，長江後浪推前浪，期盼更多熱心專業助人者集思廣益，提供知識與經驗共創未來。

不能忽視的新興管理技術

　　到了2004年，全球各地不約而同地紛紛報導有關「教練」快速發展的情形。例如：《哈佛商業評論》報導[38]，美國每年度投注於領航教練（Executive Coaching）的相關費用估計約為10億美元。澳大利亞管理學院調查顯示[39]，名列美國《財星》五百大企業中，

---

38 *Harvard Business Report*, Dec. 2004.
39 *Inside Business Channel 2*. July. 2004.

有高達70%的公司會聘用一對一高階教練。布里斯托爾通訊大學（University of Bristol Newsletter）指出[40]，從1998年到2003年短短五年間，英國企業使用教練服務的比例增加了96%。《經濟學人》雜誌更撰文指出[41]，教練行業每年有近40%成長的趨勢。英國政府甚至聘用教練協助內閣閣員。教練已在歐美企業掀起風潮，台灣企業在受歐美的影響下也漸漸盛行。

　　2004年ICF的前任主席芭芭拉・沃爾頓（Barbara Walton）發起全球ICF的董事會董事的談話，倡議成立「國際教練聯盟基金會」。基金會的目標和宗旨是「有組織的專門教育，科學研究和慈善用途，藉由義務指導和研究，來促進社會公益。其目標包括創造和營運專業的商業和生活教練志願服務，在專業教練領域中進行有關的主題和議題的研究，對有興趣於參加教練訓練學校的會員提供獎學金或財務支持。

　　時至今日，專業教練的發展日趨蓬勃，教練的工作內容增加，諸如接班人計畫、職業轉換、工作績效、高績效團隊建立、中高階主管領導力培訓、工作與家庭的平衡、個人與組織的轉型和重建等。不同焦點的教練方興未艾，諸如生涯教練、績效教練、企業教練、組織教練、導師教練、心靈教練、神經語言學教練、焦點解決教練、情緒教練等。可見教練專業的發展正在整合或分流形成一股

40 *University of Bristol Newsletter.* Mar. 2004.
41 *The Economist.* Dec. 2004.

風氣。

佛羅倫斯‧史東（Florence M. Stone）[42]，對於近年來教練的發展趨勢有這樣一段的描述：

教練近年來備受矚目，公司通常聘用受過心理訓練的退休人員或顧問為專業教練，準備讓具有高度潛力的經理和主管人員，在組織內承擔更大的責任。據專家估計，目前有超過 10 萬名世界各地的專業教練。1999 年有份人力資源專業人士的研究發現，90％的美國公司提供某種形式的教練給高階管理人員，目的在領導力發展和／或確保成功後給予晉升或雇用。教練也大幅提高了團隊精神，改善與同儕的關係，和減少組織內的衝突。不僅企業提供教練給高階主管和經理，也要求他們教練其部屬。有一段時間，可能因著管理不善或欠缺領導能力，而需要工業心理學家來執行教練的工作。不久之後，經理和管理人員都可以幫助其部屬，確定自己的長處和短處，設定目標，並發現經營問題的創造性答案。

---

42 Florence M. Stone.（2007）. *Coaching, counseling & mentoring: How to choose & use the right technique to boost employee performance.* 2nd ed. P11. AMACOM.

　　陳茂雄的研究指出 [43]，許多企業開始重視「領導人即為教練」
（leader as coach）的概念，要求領導人自己也使用教練方法來協助
部屬成長，接受過教練服務的領導人才有可能成為好的教練，因此
也建議企業界在推廣「領導人即為教練」的作法上，先從高階主管
接受教練服務做起，「由上而下」帶動風潮。

　　目前在專業教練領域的理論與技術發展上，是引用心理諮商的
理論與技術而來，但教練不將焦點置於探索過去的經驗或潛意識的
範疇，也不打算進行更深度的內在諮商或心理治療，轉而強調檢核
現況與導出未來的行動計畫，也更多著墨在受教練者的認知層面，
較少處理情感（緒）層面的議題，進而幫助個人在組織內發展與成
長。你可以略窺教練專業發展的演變（見圖 5.2）。

圖 5.2：教練發展演變圖

　　以現代的眼光來看，「對一位具有價值的人，帶領他由現狀到
達目的地。」意味著教練將受教練者（或領導者帶領部屬）由「現

---

43 陳茂雄（2008）。諮商輔導的新領域 ──「企業主管教練服務」的行動研
　　究。頁97，國立台北教育大學心理與諮商學系碩士論文。

實」（Reality）帶到目的地達成「目標」（Goal），這段期間就是教練
歷程（coaching process）。（見圖5.3）

圖 5.3：教練歷程

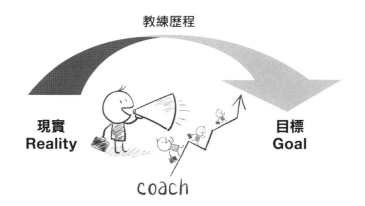

李嘉誠認為[44]：「成功的管理者都應是伯樂，不斷在甄選、延攬
比他聰明的人才。」但要如何做到呢？約翰・伍登（John Wooden）
是美國籃球史上的傳奇教練[45]，他曾帶領美國加州大學（UCLA）大
學籃球隊，在1963到1975年的12個賽季中奪得10次全美冠軍；在
其40年的教練生涯中，所帶領的球隊贏了超過80％的比賽，創下
無人可以匹敵的紀錄。運動界試圖找出約翰・伍登的成功方程式，
發現他擔任教練時，大部分的時間在給予球員指導，教他們如何去

44　王文靜、劉佩修（2008）。九封信給下一個領導者。接班人系列N0.4，頁
　　68。商業週刊。
45　薛雅菁（2006）。Coaching 教練型領導。Career職場情報雜誌，第367期。

做、鼓勵球員以及與球員溝通。管理學家將約翰‧伍登的模式稱為「教練型領導」。

　　談到教練型領導，不能不提到在 2010 年 9 月，宣布在本季大聯盟比賽後，卸下道奇隊總教練職務的托瑞。他是美國職棒難能可貴的人物，[46] 托瑞的球員生涯從 1960 年展開，1971 年奪下國聯 MVP，1977 年初掌大都會隊兵符，先後歷經勇士、紅雀、洋基、道奇等隊，在大聯盟從 19 歲待到 70 歲，目前領軍 2318 勝，史上排名第五。托瑞的領軍顛峰是在洋基 12 年，奪下 4 座世界大賽冠軍。

　　托瑞在洋基隊時，將台灣球員王建民推向大聯盟勝投王；在道奇隊時，耐心等候郭泓志的復原，因此才有郭泓志的紀錄。托瑞有一套評價球員的標準，「技術好不好是其次的問題，態度認真才是重點」，在他心中，台灣球員就有這種特質。媒體對他有如下的評論[47]：

　　　　從明星打擊手到常勝教頭，能拿冠軍，又能贏得球員、球
　　　　迷和媒體一致推崇的，除了托瑞，誰有這種本事？一位球
　　　　評說，棒球教練有兩種，一種是「球隊型教練」，以球隊
　　　　戰績、資方立場為重；一種是「球員型教練」，偏向球員
　　　　立場，托瑞就是這種教練。他知人善任，帶人帶心，桀驁

---

46 藍宗標（2010）。托瑞退休將再回紐約。聯合報，9 月 19 日，A14 版。
47 葉基（2010）。大聯盟常勝教頭引退 —— 托瑞不朽棒球魂。時報週刊，第
　　1701 期，頁 8。

不馴如拉米瑞茲 [48]，在托瑞手中就像孫悟空碰到如來佛。

　　1982 年，美國發生了一萬多名空管人員同時大罷工的工潮，西南航空創始人暨執行長賀伯‧凱勒荷（Herb Kellerher），在其公司面臨經營困境時，曾陷入要賣掉可以載客營運的飛機，或是有豐富經驗人員的兩難決定，最後他在一次對員工的精神講話中，對員工宣布他決定要賣掉飛機，宣示建立一個「以人為尊」的組織文化。這個決定不僅令在場的員工感到動容，更讓賀伯‧凱勒荷贏得員工無比崇高的尊敬。

　　除此之外，為節省費用，西南航空開業初期就採取了一些與眾不同的經營方式：如不設立專門的機場後勤部門，所有機修包給專業機修公司；使用單一機型（全部採用波音737機型），既體現了自己的市場定位，又節約了飛機維修費用；不設頭等艙，視飛機為公共汽車，全部皮座椅，登機不對號入座，以滿足乘客急於上機的心理，縮減等候乘客的誤點率（登機和下機時間只有20分鐘），明顯提高了飛機的使用率。「人退我進」是西南航空在過去幾十年中所遵循的重要經營戰略，體現為戰術就是「你收縮我跟進，以攻制勝」。賀伯‧凱勒荷曾說過：「我們要不惜一切去爭取發展空間。」[49]

48　曼尼‧拉米瑞茲（Manny Ramirez），美國知名的拉丁美洲球員，場內外的形象與行為非常鮮明。

49　辛省志（2005）。美國西南航空公司持續31年贏利的秘密。中國經濟週刊。

你認為他做的決定是錯誤的嗎？怎麼會有執行長會傻到賣掉可以生蛋的母雞，留下沉苛的人事成本負擔呢？不，不，不！我相信他看到的是人的價值，飛機賣掉了，還可以再買，但是把人裁掉的同時，也把價值、經驗也一併給裁掉了。價值及經驗是無價的，也買不到是嗎！

我真驚訝他有如此過人的眼光及遠見，幾年後當經濟景氣復甦後，西南航空卻領先其他同業，迅速在市場佔有以一席之地，原先的虧損也快速的填補，不僅如此，還大賺其錢，令其他同業瞠目結舌，但也已經感嘆來不及了。因為在快速恢復與擴張關鍵時刻，西南航空的人員可以迅速就位，立刻展現他們的優勢，扭轉劣勢。

別搞混教練與其他角色

不少主管或教練的同儕們，經常與我交換專業意見，並交流實務上的經驗。發現大家最常問的是：教育訓練、諮詢顧問、導師與教練、諮商與治療之間有哪些差異？他們的目標、功能、角色、任務又有哪些異同呢？我簡單用個比喻來回答這個問題。

試問當你想從甲地到乙地去，搭飛機、高鐵、火車、開車、或騎機車有何不同呢？你會做何選擇呢？如果你考慮最短時間內到達，就選擇搭飛機；若考慮快速及安全（在陸地上總比空中安全）則搭高鐵；若是考慮價錢又不趕時間，又可欣賞沿途景色，不妨選擇搭火車；如果考慮方便自在，可以自己控制時間，則開車是個選

擇；騎機車則是機動性最強，最經濟又實惠的選擇。

　　不管你選擇哪一種方式，它們都是「交通工具」，不同的交通工具，有其自身的特性與功能。但最後還需要問你自己，你的選擇有沒有個人的「需求」與「考慮因素」。換言之，教育訓練、諮詢顧問、導師與教練、心理諮商與治療都可以視為一種「助人發展與成長」的專業，至於你選擇哪種助人方式，就要問個人或組織，你的需求與任務為何？想要達成什麼目的？帶出什麼結果？有多少預算可以執行？有沒有期限的壓力？

　　至於教育訓練、諮詢顧問、導師與教練、諮商與治療有何差異呢？下面簡要的說明（見圖 5.4），幫助你對它們之間的關係有進一步的釐清與了解。

圖 5.4：教育與訓練、諮詢與顧問、導師與教練、諮商與治療的差異

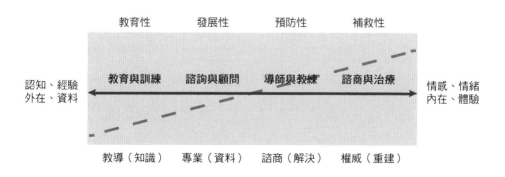

　　圖5.4中間由左至右，分別為教育與訓練、諮詢與顧問、導師與教練、諮商與治療。它們之間沒有必然的劃分、彼此有關連及領

域重疊。圖的左側表示個人的外在世界，以認知及經驗為主，提供資料的學習（以教育訓練為主）；圖的右側表示個人的內在世界，以情感及情緒為主，提供體驗的學習（以心理諮商與治療為主）。

　　圖5.4上方由左至由從教育性到補救性之間，愈向左方的教育訓練愈強調教育性功能，反之愈往右方的諮商與治療則強調補救性功能。圖下方愈偏向左方表示教育訓練是以「未來」為導向的，以知識或技能的教導為重心，愈偏向右方表示愈到治療愈以「過去」為導向，以人格或情感的重建為重心。

　　簡單來說，你也可以將上圖視為一張光譜，深度不同的色調之間不是截然劃分的，彼此之間有一段模糊的色調融合，由左至右漸層的開展。

教育與訓練

　　教育與訓練強調訓練目標及學習效果，這兩種方式有時是很相似的，教師和訓練者扮演專家角色，分享他們的知識和／或技能。教育和訓練的方法有時也不相同，但效果最好的方法，是在過程中設計能互動和一起參與的活動，讓學員在指導或引導之下，有充分練習的機會，以展現最佳的學習效果。學習的成果才會有具體的評量指標與內容。

諮詢與顧問

　　諮詢與顧問就是當個人或組織欠缺一些專業知識時，需要專家意見和引導。諮詢顧問會分享其專業知識，指導管理者和員工。一

個企業顧問，通常會涉略各類專門領域或跨領域的專業知識，可能
包括：建立系統和流程；資訊技術和資料保護；財政和金融系統；
就業相關的法律和法規。

導師與教練

　　強調認知與環境因素。傑奇·阿諾德（Jackie Arnold）指出 [50]，
「過去十年來的發展，導師和教練愈走愈近，大部份的人都同意，
導師扮演一位引導者，協助個人的學習，比起讓他單獨學習時，還
要來得更快速和更有效果。」

　　教練或導師在晤談時，往個人、心理和情緒領域前進時，對於
保持清楚的界線要有很清楚的覺察。有些教練也許受過心理學、心
理諮商或治療的專業訓練，他們也會在教練的情境下使用專業的技
術和知識。

　　不過，當教練或導師的晤談可能往諮商或治療的方向邁進之
前，必須要對受教練者澄清治療的領域 / 角色，同時獲得受教練者
的同意。一般而言，教練並不適合同時具有教練和諮商師的雙重角
色，轉介給諮商師通常會是一種好的選擇。有時候會暫時停止教
練，讓當事人接受治療的處理，但有時候也同時接受教練和諮商。

　　一位有效能的導師會使個人在組織或他們的角色上有清楚的

50　Jackie Arnold（2009）.*Coaching Skills for Leaders in the workplace: How to develop, motivate and get the best from your staff.* 2ed. p.2. Published by How To Books Ltd.

圖像。有時會給建議和指導，通常也會有門生（mentees）的經驗傳承。導師會鼓勵門生建立對事情質疑的態度，幫助學員建立如何發展生涯的意識。用這種方式讓門生產生一種未來可能的願景，在他們的角色和新的目標上建立信心。導師特別是能幫助門生從有經驗的同儕中，學會適應新的角色或希望獲得的知識和技能。

傑奇‧阿諾德指出[51]，當事人有下列的狀況時，是不適合接受教練的協助：經歷創傷、或身體、精神或性虐待。成癮，依賴或濫用（酒精、藥物、及賭博等）。嚴重的健康問題，如厭食症。正接受治療的精神疾病，如重度憂鬱症或恐懼症。

諮商與治療

諮商師和治療師是受過專業訓練，使用介入的方法與技術，進入內心世界探索特定的、深入的、及深層的個人議題和問題。以意識、認知、情緒、行為範疇，治療時更深入分析潛意識內容。處理的議題通常受到過去事件深深的影響，幫助當事人超越個人自身，尋找解決的方案。使個人能從不同的觀點看自己所面對的事情，鼓勵當事人積極地向前進。

---

51 Jackie Arnold（2009）.*Coaching Skills for Leaders in the workplace: How to develop, motivate and get the best from your staff.* 2ed. p.5. Published by How To Books Ltd.

　　我審視了佛羅倫斯・史東[52]和《哈佛商業評論》[53]的觀點後，加以修正並融入我個人的觀點，重新整理一個教練、導師、及諮商的對照表（見表 5.1），讓你對三者間的差異，有深入的了解。

　　維吉尼亞・比安科－馬西斯（Virginia Bianco-Mathis），辛西雅・羅馬（Cynthia Roman）和麗莎・納伯斯（Lisa Nabors）等人[54]，則將教練與訓練、教練與諮詢、教練與導師、教練與治療等不同專業領域，羅列出另一個對照表（見表5.2），讓你明瞭他們之間的差異。

　　就教練專業的領域而言，艾瑞克・哈恩（Erike de Haan）和伊馮・柏格（Yvonne Burger）兩人[55]，提出一個教練專業與其他專業領域的架構圖（見圖5.5），說明何種問題類型，需要介入處理的深淺程度，不同層次的問題需要何種專業的介入，及介入的對象。

52 Florence M. Stone（2007）. *Coaching, counseling and mentoring.* Amacom.

53 HBE（2004）. *Coaching and Mentoring-How to Develop Top Talent and Achieve Stronger Performance.* p.76~80. Harvard Business School Press.

54 Virginia Bianco-Mathis, Cynthia Roman, and Lisa Nabors（2008）. *Organizational Coaching: Building Relationships and Programs that Drive Results.* p.9. Victor Graphics, Inc., Baltimore, Maryland.

55 Erike de Haan & Yvonne Burger(2005). *Coaching with colleagues: An action guide for one to one learning.* PALGRAVE MACMILLAN.

表 5.1：教練、導師、及諮商對照表

類別	教　練	導　師	諮　商
假設	大多數的員工都渴望做好，以取悅他們的經理，並盡可能使自己達到較高的職位。	在專業與個人生活上，導師方案可以縮短學習軌道，加快推進管理，並建立下一代的領導人任務。	人是有能力為自己負責、人能朝向自我實現、人有改變的可能。
主要目標	在員工需要接受新的責任時，糾正其不適當的行為、改善績效、和傳授技能。	幫助表現頂尖的門生脫穎而出，使他們進到下一階段的生涯。對門生的成長給予支持和引導。	積極參與改善低於標準的表現。旨在幫助生活適應困難或心理異常者，由了解自己，到認識環境，澄清觀念，解除困惑，進而革除不良習慣，重建積極的人生。
任務	是指不斷發展員工使他們做好本職工作。教練不只評估發展的需要，也有跟進的培訓。	更快的學習曲線、增進合作的溝通、提高忠誠度、改善一對一的溝通，並敏銳團隊工作。提高員工工作效率，給自己更多的時間，增加公司的資訊，創造一個創新的環境。	讓員工認知到自己的實際表現與預期表現之間的差異。找出問題來源。發展行動計畫達到預期最大化的能力。
自願性質	雖然部屬同意接受教練是無可避免的，但不一定是自願的。	導師和門徒都是自願者。	接受諮商者通常是自願者。
焦點	立即性問題和學習機會。不斷回饋和鼓勵，幫助員工做好本職工作。	長期個人生涯發展。	內在的需求，焦點在認知、情感與行為。

角色關係	教練指導和教導受教練者學習。 教練協作者。 教練可能是受教練者的上司。 可能涉及雙重關係。 大量提供適切的回饋。	指導的人負責門生的學習。 導師的角色猶如示範者，經紀人，倡導者，生涯諮商師。 建立合作關係，導師很少是門生的老闆。大多數專家咸認為導師不宜涉入他人的指揮鏈中。 大量傾聽，提供角色楷模，並提出建議和連接。	由當事人主動尋求諮商協助。 像一面鏡子，提供反思、覺察與改變。 強調諮商關係，不涉入雙重關係。
期間	通常集中在短期的需求，管理建基在需求的基礎上。	長期性的。	視個別需要設定短、中、長期的目標。

表 5.2：教練與訓練、教練與諮詢、教練與導師、教練與治療對照表

教練： 是個別性的，量身訂作的。 建立在特定的個人或團隊的基礎上。 要求個人的進展和測量結果。 需要一個持續的時間表，使用強而有力的問題來學習。	訓練： 致力於當事人或其組織的一般技巧和期待。 需要一個比教練更短的時間表。 提供在訓練中評量一般技巧的進展。
教練： 使用資料來設定目標。 深化學習朝向行動。 強調個人改變。 朝向促使當事人為結果負起責任。	諮詢： 使用資料來診斷問題。 聚焦在問題解決。 強調個人或組織的改變。 承認諮詢是一位專家的角色。

教練： 平衡個人和組織的目標。 需要強而有力的探問。 能發生在同儕之間。 聚焦在學習。	導師： 強調組織目標。 需要給予忠告。 發生在資深和資淺的員工之間。 聚焦在生涯發展。
教練： 聚焦在目標、結果和發展。 是聚焦未來及行動導向。 建立在個人的優勢面上。 以任務為基礎，行動朝向目標邁進。 以探問來鼓勵思考。	治療： 聚焦在問題、症狀和對過去的了解。 以個人討論和洞察為基礎。 強調情感多於推理。

圖 5.5：教練的領域

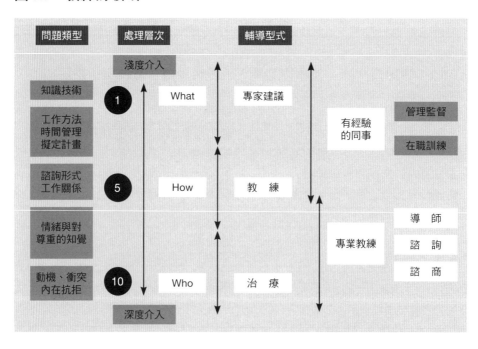

諮商與教練區別

　　我最被常問到的問題是教練與諮商有何不同？讓我用一株「大樹」（見圖5.6）來做比喻，你就很容易知道他們之間的差異。以地上土壤表層為分界線，土壤以下看不見的是大樹的根（可比喻為人的內在情感與心理層面），土壤以上看得見的是大樹的幹及枝葉（可比喻為人的外在與行為及認知層面）。然而土壤的上下是一體的，不能切割的完整的樹（靈魂體的全人）。

圖5.6：諮商與教練區別示意圖

　　大樹下半部有個「鐘形曲線」，涵蓋了所有土壤以下及看得見的樹幹部分，這是心理諮商的範圍。大樹上半部有個「倒鐘形曲線」，涵蓋了所有土壤以上及看不見的樹根部分，這是教練的範圍。

　　鐘形曲線與倒鐘形曲線之間有交互重疊部分，此意為心理諮商會處理內在層面及外在部分層面（行為模式或心智），反之教練會處理外在及內在的部分層面（價值、信念、哲學觀）。

　　必須澄清的是，有些人常誤以為心理諮商只處理內在或情感層面的問題，而教練只是處理行為與心智層面的問題。事實上諸如行為學派、認知學派、現實治療、理情行為治療、焦點解決等到治療，也都處理行為與認知的層面。反之，教練也處理情感、價值、信念的問題。諮商與教練的差別，僅在於處理的面向、範圍、與深度的不同，更涉及個人專業的厚實度，和有多少能力處理更深層次的議題。

　　常有人問我，當教練的人如何避免踩到心理諮商的線，或者擔心一不小心就做了諮商等這類的問題。這是一個不用擔心的問題，有兩個思考點：一是受過專業訓練的諮商心理師，他有能力區別這兩者間的界線（前提是他也受過教練的訓練），因此不會有此問題；二是有接受教練訓練，但沒有諮商背景的人，壓根兒不用擔心這個問題，因為沒受過諮商訓練的人，自然不會（也無諮商能力）在教練中踩到諮商的界線或從教練做到諮商去了。

　　以下以另一張圖示來說明教練、諮商、和治療對議題處理的深淺程度（見圖 5.7），同時將圖 5.5 的概念轉化到此圖內。

　　把這棵大樹比喻為一個整體的個人，由上面的樹枝樹葉往下面的大樹樹根，比喻為一個人從外在的行為（可客觀觀察、評量）、認知（信念、價值觀）、情感（情緒）、到內在的人格（是由環境

圖 5.7：教練、諮商、和治療對議題處理的深淺程度

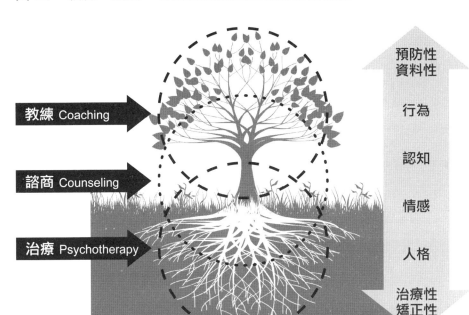

對個體行為的塑造和強化所形成。是相對穩定的結構組織，並在不同特質和特徵下影響個體的內隱和外顯的心理特徵和行為模式）。上層圓形虛線表示可觀察到的外在行為層面，透過晤談了解行為的內在認知。中層圓形虛線表示在晤談中探索與理解認知和情感層面、及下層圓形虛線處理更深層的人格狀態。助人者針對上層部分提供預防性與資料性的做法，愈往下層則提供治療性與矯正性的處理。三個圓形以虛線來表示，意味著助人者處理的議題在連續向度的深淺程度之差別，三者間不是截然的劃分，是隨著議題來決定處理的深淺。

　　將教練、諮商、和治療對議題處理的深淺程度的概念，轉化為到企業內部的應用與作法（見圖5.8）。上層圓形虛線表示提升高管的教練領導力（組織變革、人才發展、團隊激勵），中層圓形虛線表示中階主管接受企業諮商（增進績效、解決問題、改善決策、突破盲點），下層圓形虛線表示提供基層部屬員工協助方案（Employee Assistance Program, EAP），改善行為、員工成長、身心健康。如此由組織上層的領導者下至基層員工可依序提供不同的做法。

　　這三個層次的應用與做法，不管是領導者或基層員工，都可視個人的現況與需求來進行。基層員工若要往上升遷擔任主管，或中階主管若要往上升遷擔任更高職務，就須接受不同的學習、訓練、

圖5.8：教練、諮商、和治療在企業內部的應用與做法

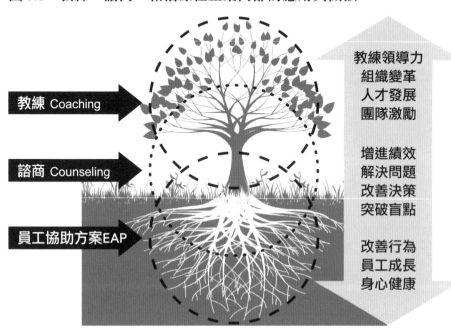

諮商或教練。高階主管同樣可以接受學習、訓練、諮商或教練、及身心健康的協助。

教練晤談過程是教練與受教練者兩人會心（encounter）的互動。教練營造安全、信任、尊重、理解與接納的環境，使受教練者能夠探索自己的情感、需求、價值觀和行為模式。同時鼓勵表達其情感（包括憤怒、恐懼、悲傷和喜悅），這有助於情感的釋放和情感智慧的發展。鼓勵受教練者坦誠和真實面對內在自我，有助於打破個人和社會上的偽裝，讓人們更真實地活出自己發現新的潛力，有能力處理個人挑戰和困難，並提升自己的工作和生活品質。

教練會心互動歷程以圖示來進一步說明（見圖 5.9）。

身為教練須具備技法（專業知識、實務技能、問題解決模式、專業風格）和心法（專業態度、人性觀、哲學觀、信仰觀等）。教練要能理解受教練者的外在（行為的含意、人格特質、績效表現、溝通能力等）與內在（認知思考、情感表達、人格狀態、潛意識等）。

兩人會心的外在互動（Doing）為的是解決當下的問題，以發展未來為導向。易言之就是賦權歷程（empower process）：使受教練者能夠參與決策、掌握資源，並實現自己的目標和價值觀，此為一種促進受教練者實現自主性、自信和自我決定的過程，是建構專業深度的基石。此外在歷程包括：

1. **知識和資源的轉移**：提供教育、培訓、技能發展、資金支持或其他資源，以幫助他們提高自己的能力。

2. **建立自我認識和自信**：深入地了解自己的需求、價值觀和目標。通過知道自己的能力和價值，建立自信心並有能力影響他們生活的方向。

3. **需要時間孵化**：賦權有時是一個長期過程，不僅僅是短期目標的實現。它需要時間來建立自信、培養技能、整合資源，並實現長期目標。

4. **持續地支持**：強調受教練者的自主性和自決權，提供持續的支持、引導和指導，以確保受教練者能夠克服挑戰，維持賦權的狀態。

圖 5.9：教練會心互動歷程

　　兩人會心的內在互動（Being）是無形的歷程，可以被解釋為一種信仰或觀點，激發個人內在的靈魂或生命力量，並對他們的生活產生積極影響，此為建構當事人的生命厚度。此內在歷程包括：

　　1. **自我覺醒與成長**：強調內在自我和心靈成長的重要性，人類內在存在著一種深層的靈魂或生命力量，它具有巨大的潛力，可以啟發人們更深入地了解自己，通過自我覺醒實現心靈的成長。

　　2. **啟發創造力與目標實現**：生命力量可以激發個人的創造力和達成目標的能力。當受教練者感受到內在的靈感、渴望和動機時，就更有可能追求自己的夢想、發揮潛力並實現個人和職涯目標。

　　3. **建立意義和價值觀**：召喚生命力量有助於個人建立意義和價值觀。當人們更深入地探索他們內在的信仰、道德和生命目的時，他們可能會找到更多的意義、價值和目標，這能提升他們的生活品質。

　　4. **克服挑戰與困難**：生命力量也可以提供個人面對挑戰和困難時的內在支持，激勵人們克服逆境，提高心理韌性，以更積極的方式應對生活中的困難。

　　5. **建立連結與共感**：靈魂生命力量有助於個人建立更深刻的人際關係，因為他們更能夠理解和共鳴他人的內在體驗。

　　總而言之，當教練愈能提升自身的專業深度，相對就能影響受教練者的生命厚度。專業深度與生命厚度的相遇，就是生命影響生命，靈魂喚醒靈魂的生命歷程。

教練的意義與定義

教練（coaching）是一種「過程」（process），伴隨著學習與發展，帶來個人成長或績效的提升。在教練的專業領域中，對教練的定義有不同的主張。簡言之，教練視當事人為夥伴的關係，藉由拓展思考和創造過程，來激發他們在個人及專業上，發揮最大的潛能。

珍妮‧羅傑斯認為 [56]：「教練協助受教練者在他們的人生或職涯中，藉由學習，獲得迅速的、更多的及持續性的各項成效。並且在互動的過程中，教練專心致力於發展受教練者的潛能。」

史密斯和桑德斯卓姆（Smith & Sandstrom, 1999）的看法是：「企業主管教練服務是一對一，催化式（facilitative）的關係，協助對象為企業或組織的高層主管，教練應以當事人的利益為出發點。著重組織的發展與效益，有助組織效益提升。」

惠特沃施、肯喜－豪思、和桑達爾（Whitworth，Kimsey-House & Sandahl，1998）認為 [57]：「教練過程是一種強而有力的夥伴關係，藉以達到終生的個人學習、成效與圓滿人生。」

李‧史密斯（Lee Smith）對教練的定義甚至認為 [58]：「教練是

---

56 資料來源：http://jennyrogerscoaching.com/index.html

57 引自 Lloyd Chapman, Sunny Stout Rostron（2010）. *Integrated Experiential Coaching: Becoming an Executive Coach.* Karnac Books.

58 Lee Smith（1993）. *The Executive's New Coach: Believe it or not, he (or often she) can help cure those little behavioral defects you suffer from and make you a better manager. Smart companies pay the bill gladly.* Fortune December 27.

一位外部諮商師（outside counselor），以改善行政分配的管理技能，改變人格偏失」。

　　國際教練聯盟（ICF）對教練定義則是：「教練專業是一個持續的專業關係，協助人們在其生活、職場、公司與組織上產生非凡的結果。透過這樣的教練過程，客戶深入的學習，增進績效，並提升生活品質。在每次教練會談中，由客戶選擇對話的焦點，而教練傾聽並提供觀察結果和提問。這樣的互動使客戶清明且採取行動。教練透過集中焦點和增進客戶對選擇的覺察，加速客戶的進度。教練專注於客戶的現狀，客戶的目標，及客戶為達到未來目標所願付出的行動。ICF 全體教練成員與認證會員們皆認同教練結果是透過：一、客戶的意願、選擇和行動，二、教練的努力，與三、執行教練過程而產生。」

　　教練是一種「活動」，藉由這些經理與部屬的工作，以促進技能發展，傳授知識，灌輸價值觀念和行為，幫助他們實現組織目標和培養他們更具挑戰性的任務。教練是一種增進他人績效的「藝術」，經理們教練並鼓勵團隊，學習從他們的工作中面對挑戰。經由幫助員工定義和實現目標，創造持續發展的條件。

　　教練是一種與工作相關學習的一種「方法」，這有賴於一對一溝通。教練是聚焦在催化（facilitating）受教練者的學習與發展歷程。一般而言，管理者使用教練的意義，是在領導實務上應用教練技術。

教練過程中的「發展」概念

　　當我振筆疾書本書文稿的過程中，我那高齡 102 歲的祖父，在 2011 年 2 月仙逝。幾年前 99 歲的他仍然可以騎著腳踏車到處趴趴走。除了體力稍差，走路需要人攙扶之外，他的思路依然清晰，記憶力仍然很好，可以記得所有孫子的名字，及他年輕時候的過往經驗。

　　他健壯硬朗的身體，我認為是來自於年輕時候下田工作，所培養出來的好身體及好體力。記得小時候我們常跟隨祖父下田耕作（其實是喜歡到田裡去玩耍），見他揮汗如雨，頂著大太陽犁田、灑種、等待稻子發芽成長，之後要施肥、除雜草，在稻穗豐滿之際，還不時要趕走想要吃掉稻穗的群鳥。辛苦努力之後，又忙著駕著農車，來回一趟又一趟的收割稻米。別以為這樣就沒事了，後續還要放在一台木製機器，將稻穗的殼去掉留下白色的稻米，如此才完成一期的稻作。

　　小時候的生活情景，讓我想起一首詩：「鋤禾日當午，粒粒皆辛苦。」看著祖父的在田間的身影，一晃就超過四十幾年。很難想像他怎會如此有耐心地等待稻穗的成長，有時他會教我看農民曆，決定何時播種；有時又教導我觀看天象，判斷或預測是否會有颱風來襲。颱風來襲時黃昏的天空會出現橘紅色雲彩，祖父的預測會比氣象局更提早一個禮拜，且準確度百分之百。

　　種田是靠天吃飯。望著祖父在田間的身影有好幾年時間，看到

的是他辛苦的努力與敬業的態度，卻從未看過他揠苗助長，急著收割，反倒是不疾不徐，按著耕作順序一步一步的往下走，他好像不擔心他的辛勞會等不到大豐收，除非有大颱風或乾旱。童年時活生生的經驗，讓我留下深刻的印象，我也從中得到「發展」的啟示。看似不起眼小小的稻種，埋在土裡，經過一段漫長的等待與成長，竟然可以長滿米粒，供人飲食並養活人群，這實在是老天爺的厚恩。

2002 年，彼得・杜拉克[59]就主張「企業競爭優勢的關鍵在人才的發展上」。他說：「在知識經濟中，組織要超越群倫，唯一的方法，是從同樣一批人身上取得更多的東西，也就是說，要靠管理知識工作者，以得到更高的生產力，意即『讓平凡的人做出不平凡的成就』。」這不就是平凡的稻種長出不平凡米粒的最佳寫照。

組織中發展人才的過程不也是如此嗎？新進員工剛開始對組織的運作不熟悉，對業務內容還不上手，通常要給予訓練，過了一兩年後，專業技能逐漸成熟，再拔擢到更高的職務，如此一層又一層的往上爬。優秀的人才逐漸嶄露頭角，最終可能成為公司的領導者。此種人才培育的過程，像極了我祖父從撒種到豐收的歷程。你說人才的培育重要嗎？當然重要。但你說人才的培育需不需要花上一段時間？肯定你會說需要。但看看企業在培養人才上，真的願意培養人才、等待人才嗎？

---

59 彼得・杜拉克著，劉真如譯（2002）。下一個社會，頁139。商周出版。

人才發展的特性

　　依前述觀點，個人認為人才的發展有下列的特性：發展是一段時間歷程，發展是逐步學習與成長階段，發展的面向是多元的，發展是有目標與策略的，發展是一段合作關係。以下將逐一說明。

（1）發展是一段時間歷程

　　誠如前述，我祖父每一期耕作約需要四個月左右，一年有兩期稻作。然而人才的培育，可能比耕作還需要花更長的時間、更多的心思。前美國奇異公司傑克・威爾許[60]回憶自己，「在擔任最高職務的 20 年間，曾訂出三項優先任務，每一種都耗去他大約五年的時間，每一次他都把權力下放給奇異聯盟內部營業部門的最高經營階層。」

　　我認為彼得・杜拉克下面的這段話，最能夠詮釋「人才發展」的觀點。他認為：

> 知識勞動力有個重要特徵，就是知識工作者不是『勞工』，而是資本。……經理人必須發掘人員的潛力，並花時間培養他們。經理人必須花時間跟有希望的知識專才在

---

60 彼得・杜拉克著，劉真如譯（2002）。下一個社會頁，頁 141~143。

一起，認識他們，也讓他們認識你，還要培養他們，傾聽他們說話，並質疑和鼓勵他們。這些人在法律上可能不是組織的員工，但卻仍是組織的資源和資本。……知識組織員工管理的基本假設是：員工或許是我們最大的負債，但人員也是我們最大的機會。

約瑟夫・鮑爾（Joseph L. Bower）在其發表的一篇文章〈解決日益增長的內外部領導之繼承危機〉中 [61]，也提到人才培育的關鍵是需要花費長期的投注：

一項針對 1,380 位美國大企業人力資源主管的調查中，60%的受訪者表示，他們公司沒有執行長接班計畫。……從許多事例來看，內部精心培養的領導人，才是維持公司績效優良的關鍵人物。……企業領導人的接班順利與否，關鍵在於，他們是否明白『接班是個過程』，而不是單一事件，而在那個事件發生之前好幾年，過程就該開始了。……訓練這種具有局外人眼光的內部人才，應該是高階主管訓練過程的基本目標。如果至少得花十年培養這些經理人需要的技能工夫，而且他們出任領導職位之

---

61 Joseph L. Bower "*Solve the Succession Crisis by Growing Inside-Outside Leader.*" HBR, November 2007. 侯秀琴譯（2008）。優勢・領導》既懂公司，也能變革：內行局外人。哈佛商業評論，新版第 21 期，頁 59~65。

後，至少還可以再服務十年，公司就必須在他們三十歲
以前，延攬他們進入公司，而且選定他們接受主管栽培
（grooming）。

（2）發展是逐步學習與成長階段

讀小學時最常記得一段話：「春耕、夏耘、秋收、冬藏。」
我的祖父是農夫，最明白箇中的道理了。他知道何時開始犁田、播
種，何時要灌溉稻作，何時要施肥除草，何時要準備收割，何時要
曬穀存倉。他從來是一步一步地往前走，順序不會顛倒，他很有耐
心地等待稻子慢慢發芽，決不會揠苗助長，直等到稻穗豐滿為止。
這是一段慢慢等待的歲月，急也急不得。

《尚書・兌命篇》說：「要自始至終常常想到學習。」發展是逐
步學習與成長階段就是這個意思。《禮記・學記》卷十八：「玉不
琢，不成器；人不學，不知道。是故古之王者，建國君民，教學為
先。《兌命》曰：『念終始典于學。』其此之謂乎！」此卷之意指雖
然是質地美好的玉，如果不經過琢磨，也不能成為有用的器皿；人
雖然自稱是萬物之靈，學習是需要計畫與步驟的，如果不肯學習，
也不會明白做人處世的道理。

（3）發展的面向是多元的

人員的發展包括專業知識與技能、對組織營運狀況的瞭解，

團隊建立與溝通能力，個人發展與組織發展。發展面向包括價值面（如人是組織的資產）、文化面（如集體意識、生活型態）、環境面（如環境的需求、挑戰與趨勢）、組織面（如企業文化與價值、發展目標與組織變革）、認知面（如主管個人的信念、思維模式）、情緒面（如情感表達與管理）、行為面（如決策能力、良好的行為習慣）、生活面（如工作與休閒的平衡）、家庭面（如家庭關係與工作的平衡）等等。組織需視人才發展的需求，訂立人才發展的目標與層面，及早預作準備。

（4）發展是有目標與策略的

美商宏智國際顧問的調查發現，大多數的企業若要成長，領導梯隊的建立是關鍵。因此 DDI 對企業提供一些人才發展的建議 [62]：

1）以終為始：
組織不應只為了人才發展而進行人才發展，應從公司策略的角度出發，定義未來 3 年，對公司重要的經營要務是什麼？

2）及早發掘及培養明日之星，建立領導梯隊：
能力等到上任時再培養，已經太慢了。組織內部應要建立

---

62 葉羽喬（2009）。從領導力標竿調檢視人才規則。大師輕鬆讀，第344期。

一套機制及方法，能幫助組織及早發掘有領導潛質的人才，評鑑他們與目標職務所需能力間的差異，並系統化地給予不同的培育方式，包括：指派、輪調、教練、輔導等等，以養成未來職務所需的職能，也藉此留任 A 級的組織人才。

3）人才發展不應是人人平等：

對於有潛力及有意願學習的明日之星，應投資較多的資源，給予較多的歷練機會，幫助這些明日之星快速成長。

4）人才發展應是一項組織策略，而非人力資源的活動：

組織應把人才發展視為重要的組織策略，為此明訂組織內被發展者、主管及高階主管的責任，……也應在組織內養成人才培育的文化，培養各階主管人才發展所需的各項技巧，如制定個人發展計畫、輔導、觀察等重要的技巧，以建立共同語言。

從上面的建議可以知道，人才的培育，不僅需要有遠見，更需要從組織未來所需的人才下定義，動員組織內部一切資源，有步驟及策略地找出優秀且有潛力的人，訂下長期人才培育的目標。我不清楚企業組織領導者有多少人願意如此做。

我曾到過幾家頗具規模的企業，與人資部門及相關部門的主管們，談論有關人才培育的策略，令我感到驚訝的是，居然沒有一套

人才培育的計畫，更遑論要為所需的人才下定義。如果大型公司都還欠缺這樣的人才培育制度，中小企業則更不用講了。

　　另一次，我與金融業兩位高階主管談到同樣的問題，他們竟然告訴我，他們的最高主管群，欠缺培育人才的觀念，因為董事長是官股代表，他們只看重績效，績效好，未來前途平步青雲，績效不彰，就下台負責。董事長們都自身難保了，哪裡還有閒工夫去培養未來所需的人才。

（5）發展是一段合作關係

　　彼得・杜拉克說 [63]：「知識社會是資淺和資深者構成的社會，而不是老闆和下屬構成的社會。……知識工作者不認為金錢是最後的標竿，也不認為金錢可以取代專業績效和成就。……工作是一種生活方式。……知識工作者的生產工具是知識，由知識工作者擁有，具有高度移動性。」

　　這段話讓我們意識到，組織層級中角色與關係的質變，他的觀點清楚點出企業內部由上下的關係，實質轉變為平行的關係，差別僅止於在專業領域中的資歷。這種關係的改變，來自於工作者的角色轉換－知識工作者。他們不以酬勞為終極目標，而是由專業知識來創造績效，並達成個人的成就感。

63　彼得・杜拉克著，劉真如譯（2002）。下一個社會，頁259、264、276。商周出版。

企業內部在這種關係的轉換下，領導者同樣可以藉由教練方式，來達成組織的目標。因為教練的過程，是一段由「教練」（領導者）與「受教練者」（部屬）共同參與及合作的過程。教練根據組織發展目標，配合受教練者的需求與個人在組織內的生涯發展目標，兩造共同擬訂一份可行的教練目標，教練協助受教練者發展能力，展現績效，突破限制，提升溝通能力，最後達成預先所設立的目標。不僅個人得到益處，相對的組織的獲益更大。

登峰人才發展曲線

被《金融時報》譽為歐洲最偉大的管理哲學家查爾斯・韓第（Charles Handy），在其大作《充滿弔詭的年代》（*The Age of Paradox*）中 [64]，提到「斯格模德曲線」（The Sigmoid Curve，見圖5.10）。

圖 5.10：斯格模德曲線

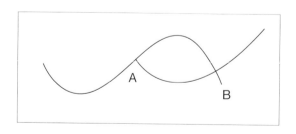

---

64 引自Bod Buford著，楊曼如譯（2001）。人生下半場，頁115，雅歌出版社。

　　斯格模德曲線意指：「不斷成長的祕訣，就是在第一個斯格模德曲線走下坡之前，開始一個新的曲線。開始第二個曲線最正確的時間是A點，因為在A點有時間、資源和精力，可以在第一條曲線開始下降時，幫助新的曲線度過起初的探索期和可能會產生的錯誤。」斯格模德曲線讓我們看見了發展的概念及發展的關鍵時間點，由A到B則為發展的時間，這段期間內提供人們成長與發展的空間。

　　我將斯格模德曲線做了修正（見圖5.11），更可以看見在組織中發展人才的重要關鍵時機，我將這條曲線稱之為「登峰人才發展曲線」（The Wave of Talent Development Curve）。容我用少許篇幅來解釋這條曲線的涵義。

　　圖中的橫軸由左至右表示「時間」，它代表一位員工從進入組織的開始直到離開組織為止的期間，換言之，即由新進人員逐漸成為資深人員。圖中的縱軸由下而上是表示「職位的改變」，它代表一位員工可能從基層員工（或某一職級）隨著其表現而逐漸升任到更高層級的職位（Postion, P）。

　　圖中央有三條交錯的登峰曲線，由左至右每一個波浪的高峰，代表某位人員位居在一個職位上，隨著進入組織的時間久暫與能力表現，會由 P1 逐級往上到 P2，再由 P2 向上發展到 P3。然而在站上 P1 職務之前，就需要在 A 點時給予訓練，不管是專業能力或技能，在訓練後才賦予其職責。

圖 5.11：登峰人才發展曲線圖

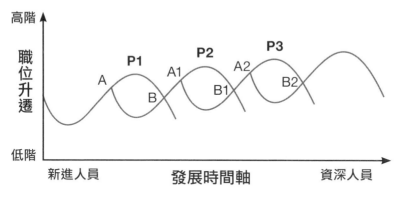

P（Position）：表示職位，A：表示發展的關鍵起始點，B：表示發展

　　由 A 到 B 這段期間，表示接任職務前後的訓練與適應期，B 到
A1 表示其能力逐步發揮到其職務的表現上，如果表現優異，將來有
可能被拔擢往下一個 P2 躍升。當組織高層發現這位同仁表現不錯
時，就需要在 A1 時開始下一階段的職前訓練與發展，使其能順利
接任 P2 的職務。

　　同樣的，由 A1 到 B1 這段期間，也表示第二階段接任職務前後
的訓練與適應期，B1 到 A2 表示他能在職務上有所發揮，並能展現
其績效，如果表現優異將來有可能被拔擢往下一個 P3 躍升。當組織
高層發現這位同仁具有潛在能力時，就得要在 A2 開始下一階段的
發展，使其能順利接任 P3 的職務。以下依此類推。

　　我們尚需留意到人才在 P1 往 B 點下滑，或由 P2 下滑到 B1 點，
乃至從 P3 看下滑至 B2 點的意義，它可能代表在某一職位上能發揮

的才能已到極限、或需要另一階段能力的栽培、或者可能是工作遇到瓶頸無法突破、或可能已有職業倦怠（burnout）等情形產生。

　　舉一個最鮮明的例子，於 2010 年 11 月 7 日過世，在台灣享有「廣告教父」、「廣告頑童」、「廣告才子」之美譽的孫大偉先生，在羅東高中寄讀時，就被導師評為「該生素質太差！」32 歲前他是體制內的異類，留級、落榜。32 歲後則在廣告界大放異彩。[65] 他在教育界被忽略了，導師卻不知有遺珠之憾。教育界如此，企業界呢？難道沒有這種現象，細數你身邊的人物可能就有，對吧！

　　從「登峰人才發展曲線」的觀點，高階管理階層要深入了解人員目前所遇到的狀況，找出其原因，提出可行的人才培育策略，使人員由一個高峰邁向另一個高峰。千萬不要只重視他的績效，而不留意心理層面等問題，因而埋沒了一位具有潛能的優秀人才。

　　以上的說明可以清楚地看見，組織在人才的培育與發展上，需要有長期的發展策略，隨時發掘具有潛在能力的優秀者，納入長期發展的名單中。組織需要發展一套人才培育的策略與作法，在不同階段給予訓練，及至中高階職位時給予接受教練的發展。

---

65 王惠琳、梁玉芳、顏甫珉（2010）。派對散場：大偉好屌的創意人生。聯合報 11 月 8 日，A2 版。

為何企業找不到好人才？

　　企業界普遍反映找不到優秀的人才，尤其是中高階主管。我們需要反思的是──找不到優秀的人才，抑或是忽略或欠缺人才培育的發展策略。企業界是想要坐等其成，等待優秀的人才，從別的公司跳槽到這裡，或是去挖人家的牆角，以撿現成的方式，將人才強硬的拉過來。今天你挖我的人才，明天換我挖你的人才。我們把力氣花到哪裡去了呢？！我們願不願意花時間來培養人才？

　　另一方面是組織是否做好接班人的計畫？！不幸的是，大多數的公司並未著手於此。2012 年三月初，台積電董事長張忠謀在臨時董事會議後，宣布從研發、營運、業務各選一人，擔任「共同營運長」，正式啟動接班計畫。2009 年他回任執行長時，已悄然訂下三至五年內，啟動接班人才培育計畫。然而，天下雜誌（492 期）「啟動接班」報導，追蹤國內三十大集團發現，2009 年迄 2012 年，領導人逾六十歲，仍無明確接班計畫者，從四成增加到六成；五成想交棒的台商，沒有接班計畫。2,458 家公開發行公司，完全沒有接班計畫的至少有 670 家。

　　這項調查同時指出，全球 35 國 1,600 家族企業中，預備未來五年進行交棒者僅占 15％，沒有規畫者竟高達 60％。這些家族企業，有六成沒有針對主要經營者，即大股東生病或死亡備有因應計畫。看到國內外企業經營在人才培育上的窘境，怎麼不令人擔憂呢？難怪資誠管顧執行董事劉鏡清感嘆說：「台灣企業老闆，已到了不得

不啟動接班計畫的最後關頭。」

　　克勞帝歐‧佛南迪茲－亞勞茲（Claudio Fernández-Aráoz），鮑瑞思‧葛羅伊斯堡（Boris Groysberg），和尼丁‧諾瑞亞（Nitin Nohria）在他們的實務研究中發現一些現象[66]：

　　人才爭奪戰看來似乎沒有降溫的跡象，即使在成長平平的產業也一樣。我們做了一項全球研究，結果顯示：在北美與亞洲企業裡，只有 15% 認為他們有足夠的接班人才。歐洲的狀況好一些，即使如此，對公司人才庫的質與量有信心的歐洲公司，還是不到三成。此外，許多公司把成長策略寄託在新興市場上，但在那些市場裡，經驗豐富的經理人更是有限，這樣的人才短缺現象，預期將再持續二十年。

　　管理大師湯姆‧彼得斯（Tom Peters）並曾撰文指出[67]，領導者是「創造更多的領導者」。居高臨下的控制型管理風格已經落伍了，如果仍以追隨者的數量來衡量自己的管理能力，顯然是舊思維

66　Claudio Fernández-Aráoz, Boris Groysberg, & Nitin Nohria. *"How to Hang On to Your High Potentials"*, HBR, October. 洪慧芳譯（2011）。管理篇》培育高潛力人才的最佳實務 —— 留住未來領導人。哈佛商業評論新版第62期，頁68。

67　Tom Peters（2001）. *Fast Company.*

的觀念。真正卓越的領導者是認真尋找、並創造更多優秀的領導者，賦權給這些優秀且有潛力的領導者，才會帶領組織到更遠的目標。

根據 DDI 最近與經濟學人智庫（EIU）合作一份研究調查報告指出[68]：

人才管理是企業的核心，但企業在這方面卻沒有盡力滿足。一半以上的公司高階主管預期由於人才缺乏，公司表現將會受到影響。參與調查的高管人員表示，他們在執行業務策略時面對的最大障礙是沒有合適的員工擔當合適的職位。對某些企業來說，這意味著沒有晉升適當的人選。對另一些企業來說，這表示它們沒有足夠的人才可以勝任重要的職位。

DDI 全球副總裁馬特・皮斯（Matt Paese）表示：「高層人員看到人才管理所帶來的機遇，他們高談闊論，並予以投資。其實這方面的工作需要他們的直接參與，但大多數領袖對此都沒有足夠的經驗和技巧。他們能意識到合適人

68　美商宏智國際顧問有限公司（2008）。「菁英人才管理與培育趨勢：企業關鍵策略、發展規劃有待加速」研究報告。http://www.ddiworld.com/about/pr_releases_zh.asp?id=155。經濟學人智庫代表 DDI 於 2007 年 9 月和 10 月進行的調查結果。該調查對象是來自歐洲、北美、亞洲以及澳洲的 412 名企業高階主管。為了補足定量化指標的調查，DDI 還採訪了 8 名企業首席高階經理人（C-suite executives）對於人才管理的看法。

選對業務的影響，但卻把責任推給別人，我們對這一現象感到不可思議。……很多管理層沒意識到，如果他們自己參與管理人才，就可以扭轉公司的形勢。他們錯失了這個機會。這個結果值得關注，因為這表示管理層人員承認自己在發掘和培養人才這兩個基本方面能力較差。

再看另一份 DDI 針對台灣區與全球企業的趨勢在人才培育策略上，所做完整的比較分析的結果，即可看出端倪。這份調查有五個發現 [69]：

發現 1：66% 的主管對公司提供的領導力發展方案不滿
　　　　意。

發現 2：搭配多重發展方案能讓培育更有效。訓練完必須
　　　　有從工作中歷練的機會。

發現 3：台灣只有 37% 的公司，及早發掘明日之星。只有
　　　　30% 的公司，有完整的計畫加速發展這些明日之
　　　　星。

發現 4：台灣有 56% 的主管，沒有人為其訂定良好的個人

69　葉羽喬（2009）。從領導力標竿調檢視人才規則。大師輕鬆讀，第344期。
　　本次調查總計全球有 1,493 位人力資源人員以及 1 萬 2,208 位部門主管，共同
　　參與問卷調查；其中台灣區有 54 位人資人員與 584 位部門主管協助調查。

發展計畫。

發現 5：因應全球化，有 51% 的主管表示，在被調任其他
　　　　國家之前，公司沒有提供必要的準備及培訓。

或許你會問，我把人才訓練好了，被別的公司挖走了，那不是
白費工夫了嗎？這樣我們還需要培養人才嗎？

有人也問過傑克‧威爾許：「為什麼你要花大錢來訓練人才，
你不怕人才培育好了，其他公司跑來挖角嗎？」威爾許笑著說：
「的確會有你說的那種可能。但是，反過來想想看，如果你留著的人
才不訓練，這間公司十年、二十年後會如何！」

本書 2012 年第一版出版後幾年，有次我從台北培訓結束後，搭
高鐵返回台南途中，與鄰座乘客無意間閒話家常。他說他以前任職
的公司，非常重視人才發展，經常辦理各種培訓課程，以提升人才
素質。他曾好奇地向老闆詢問：「花這麼多經費培訓，人才培訓後
就離職走人，不是很可惜嗎？」老闆處之泰然且淡定的回答：「就
當作為國家培育人才吧！」我聽完後覺得很震撼，這是我第一次聽
到企業老闆有如此大的胸襟和氣度。我好奇地問他老闆是誰？原來
是我認識已久且景仰的人──吳道昌董事長（本書推薦者之一）。

從這兩個例子可以看出，什麼才是具有高度視野的領導者應有
的眼見及氣度。

第 6 章

對著人投資：
教練的定位

接受教練對我在職場上有何好處？
對我的績效表現有何助益呢？
接受教練真能幫助我提升溝通能力，
增進團隊的彼此了解嗎？

教練做些什麼？

　　根據國際教練聯盟（ICF）網站的說明[01]，「教練是經過專業的訓練，來聆聽、觀察，並按客戶個人需求來制訂教練的方式。教練激發客戶自身，來尋求解決辦法和提升對策的能力，因為他們相信，客戶生來就富於創意與智慧的。教練的職責則是提供支持，以增強客戶已有的技能、資源和創造力。」

　　教練幫助你挖掘員工的潛能。用教練來幫助你處理當前的問題，引導你用一個建設性的方式來與你的員工進行互動，並作為其長期發展的援助。或許你會感到好奇，教練到底做些什麼？

　　弗雷德里克·哈德森（Frederic M. Hudson）認為[02]，教練有下列事情可做：

　　（1）教練與完整個人（whole person）或組織一起工作。

　　（2）教練的工作來自教練者自身的核心價值（core values）。

　　（3）教練連結短期策略（short-term strategies）到長期計畫（longer-term plans）。

　　（4）教練尋求平衡，以確保所有的生活領域。

　　（5）教練促進可行性的未來。

01　ICF網址：http://www.coachfederation.org/

02　Frederic M. Hudson, Ph. D（1999）.*The handbook of coaching: A comprehensive resource guide for managers, executives, consultants, and human resource professional.* P.17. Jossey-Bass books.

（6）教練提醒可用的資源。

教練能做的事

教練無所求，所求的只是對受教練者生命的陪伴、關愛、引導、激發出潛能、並產生改變。弗雷德里克·哈德森認為 [03]，教練能做到下列的事項：

（1）確認受教練者的問題，支持受教練者尋求解決的辦法或作法。

（2）鼓勵受教練者在他的問題上發現新觀點。

（3）探索問題和組織脈絡之間的關係。

（4）教練彷彿從教練關係外（outside），來檢視自己與受教練者的互動關係。

（5）在晤談的對話中，聯結受教練者提出的相關議題，並且在晤談時提升與受教練者的關係。

佛羅倫斯·史東則認為 [04]，教練需要具備五大能力：

（1）具備收集信息的能力。

03　Erike de Haan & Yvonne Burger（2005）. *Coaching with colleagues: An action guide for one to one learning.* p.12. PALGRAVE MACMILLAN.

04　Florence M. Stone（2007）. *Coaching, counseling and mentoring.* AMACOM

（2）具備傾聽他人的能力。

（3）具備覺察發生在你周邊事情的能力。

（4）具備指示員工的能力。

（5）具備給予回饋的能力。

為什麼要接受教練服務？

透過教練，管理者釋出自己的時間，提高員工的表現，增強其組織的生產力。教練是委派多，監督少，通過幫助團隊成員挖掘其潛力來提高生產力。請記住，教練是一個「雙向」的過程（two-way process），受教練者在他們的工作和發展的選擇，是最清楚知道自己狀況的人，也是最能影響自己的人。

弗雷德里克・哈德森指出 [05]，今日教練已經變得非常重要，不僅在美國的公司，也包括了整個社會。他列舉八個要接受教練的理由：一、教練幫助成年人有效地進行自我改變的管理。二、教練模式的日益精熟，帶來教練成效的顯著提升。三、教練提供持續的培訓技術。四、教練導引出的核心價值觀和承諾。五、教練更新人類系統（Human Systems）。六、教練協助未來世代的發展。七、教練

05　Frederic M. Hudson Ph.D（1999）. *The Handbook of Coaching: a comprehensive resource guide for managers, executives, consultants, and human resource professionals*. P.7~12. Jossey-Bass Publishers San Francisco.

示範協作和建立共識。八、教練開發資深工作者的天賦。

　　我個人的觀點是，整個世界的政治與經濟情況，較諸前一個世紀更為複雜與艱難，變得更為混沌與多變，更難以預測與控制，資訊的發達與充斥，已超越個人所能承擔，資訊的交流與轉換變得更快速，讓人目不暇給。人的眼界與視野有限，遠非個人所能面對，加上人自身的限制與盲點，導致在組織中有時難以掌握瞬息萬變的狀況。

　　身處 VUCA（volatility 易變性、uncertainty 不確定性、complexity 複雜性、ambiguity 模糊性）的時代中，教練如同一位協同工作者，適時在領導者身邊扮演一位諫言者，讓領導者可以從不同的角度與思維去面對問題，而這正是教練的價值所在。

哪些人需要接受教練服務？

　　根據金澤・拉彼德－波格達（Ginger Lapid-Bogda）博士觀察[06]，近十年來，教練運用在三種對象：一、高階管理人員，具備高潛力的貢獻者，員工有補救的需要。二、被認為具備管理潛能之組織接班人，教練協助其啟動並加速他們的領導生涯。三、個人有嚴重的人際或績效問題，接受教練來保存自己的職業生涯，或作為他們被

06　Ginger Lapid-Bogda. Ph.D.（2010）. *Bringing out the best in everyone you coach: use the enneagram system for exceptional results.* Introduction p.15-16. Ginger Lapid-Bogda.

解僱之前的最後努力。

就組織的角度而言，組織一方面需要有高階人才的培育策略與計畫，另一方面則需考慮從員工的角度，來思考其在組織發展的路徑，然後將兩者的需求連結起來。有哪些人需要接受教練來成長呢？我個人認為弗雷德里克・哈德森博士（1999）所提出來的觀點[07]，最足以說明此點。他認為有下列需求的人，最適合接受教練服務：

（1）想要改變與成長，變得更加自覺與稱職的人。

（2）願意調整自己的生活和時間表。

（3）盡其所能做到最好。

（4）能夠規劃對未來的遠景。

（5）願意超越自己的自我假設、定見與偏好。

（6）重視他人並能藉由合作達成決定。

（7）願意從事任何培訓以解決可受教練的議題。

（8）能接受紀律訓練和承擔計畫。

若從組織的觀點而言，組織內部如何找出有潛力的人才？克勞帝歐・佛南迪茲－亞勞茲等人，在他們的研究與實務中意外發

07　Frederic M. Hudson, Ph. D（1999）. *The handbook of coaching: A comprehensive resource guide for managers, executives, consultants, and human resource professional.* P.25. Jossey-Bass books.

現 [08]：

很多公司推出高潛力人才的培育計畫，卻沒有先清楚定義他們指的「潛力」是什麼。我們採用的是下列的簡單定義：潛力是指某人未來是否能擔負更重大的責任，也就是這個人是否能夠成長，以及擔負更大規模與範疇的職責。……在一家保險公司裡，年度考績流程特別要求主管把員工分成普通、潛力或高潛力三類。「普通」表示那個人只適合調任同層級的工作、「潛力」意指兩年後可升遷、「高潛力」意指五年內可大幅晉升兩次。但光看年度考績是不夠的，研究顯示，大多數考績好的人，其實並不是高潛力的人才，所以我們建議在年度考績之外，搭配主觀的評估，例如主管的推薦及其他資訊。

有哪些人才適合參與教練方案？根據陳錦春博士的建議 [09]，下列人選適用於組織當中的高階教練：

（1）沒有表現出其最理想的程度，或是表現得不錯，但有某些

08　Claudio Fernández-Aráoz, Boris Groysberg, & Nitin Nohria. "*How to Hang On to Your High Potentials*"，HBR, October. 洪慧芳譯（2011）。管理篇》培育高潛力人才的最佳實務──留住未來領導人。哈佛商業評論新版第62期，頁69。

09　陳錦春（2007）。高階教練 Executive Coaching 經營管理的新顯學。產業學院 HRD CLUB 七月講座。

　　部分需要加強；

（2）正處於某種可能會導致其表現不彰的壓力之下；

（3）正要轉換到某個職務上，而且會被賦予更多的責任或承擔
　　　高風險的工作；

（4）因其個人的問題而導致工作上的負面表現；

（5）自覺需要被幫助者。

接受教練的益處

　　為什麼組織中的領導者或高階主管需要接受教練培訓方案？到
底接受教練有什麼好處呢？我相信許多人都會有類似的疑問：接受
教練對我在職場上有何好處？對我的績效表現有何助益呢？接受教
練真能幫助我提升溝通能力，增進團隊的彼此了解嗎？

　　「按老方法，培訓都搞成賠錢！」這是許多老闆不肯說出的
心底話。培訓當然不是賠錢，成立三十多年的摩托羅拉（Motorola
University）大學，根據他們所做的統計，「每花 1 塊美元的培訓成
本，就能夠在員工身上創造出 30 塊美元的價值」[10]。這項資料顯
示，培訓人才是一項投資，及高收益的做法，端看企業主是不具有
眼光及願意投資在人身上。

---

10 丁永祥（2011）。培訓新地圖：訓練中心轉型為──企業大學。《管理雜誌》
　　444 期。

　　一些投資在教練人才的培訓研究，同樣也印證前面的說法。曼徹斯特企業教練公司（Manchester Inc）最早在 2001 年所作的一項調查結果指出 [11]，接受教練服務的高階主管們，清楚顯示提供高階主管教練服務對企業有以下實質的助益：

　　（1）受訪者中 77％表示改善與直屬上司的關係，

　　（2）受訪者中 71％表示改善與督導者的關係，

　　（3）受訪者中 67％表示改善團隊合作的關係，

　　（4）受訪者中 63％表示改善與同儕的關係，

　　（5）受訪者中 61％表示增進工作的滿意度，

　　（6）受訪者中 61％表示降低工作中的衝突，

　　（7）受訪者中 44％表示提升對組織的承諾，

　　（8）受訪者中 37％表示改善與客戶的工作關係。

　　十年後，曼徹斯特企業教練公司，再度以 100 名大部分任職於《財星》排名前 1 千名公司的高階主管為研究對象，採訪他們接企業教練服務後的成效，報告中指出 [12]：「高階主管教練的投資報酬率是投資成本的六倍。接受教練服務，提高了生產力、產品品質、組織效力、客戶服務滿意度以及股東價值。這些企業的客戶抱怨減

---

11 引自鄭晉昌 "Tools for linking coaching to leadership development and human resources practices"。2011 年第三屆華人教練年會，訴說華人的教練故事 3-2。

12 國際教練聯盟 http://www.icoachacademy.com，2010 年 2 月 26 日。

少，也更願意留任已經接受過教練服務的高階主管。」

　　在組織中建立教練機制，可以使中高階主管成為教練領導者，改變主管領導行為。同時提升經營團隊領導力，建立教練文化。我以一個實際案例來說明接受教練的益處。這是我在 2008 年於一間國際知名的外商公司，所進行的教練方案。受教練者是一位男性專業技術工程師，在他剛升任中階主管時，公司請他接受為期一年半的教練服務方案。我們每兩週進行一次教練，每次時間為 2 小時。這位中階主管在教練進行前先接受一份「360 度」的評量，以了解他在各方面的能力與狀況。教練方案結束前，再進行一次「360 度」的評量，以評估他接受教練方案的效果，及其在各方面的進展情形。

　　一年半後，正式結束教練服務的最後一次，我以開放式問句（1-10 題為選項題，在此不列）題型，請他寫下接受教練培訓後的一些反思，與他一起回顧一年半來整個過程的收穫。以下是他的回饋（原文照刊）：

【11】教練過程中我對自己有更深覺察的部份是：
更了解自己及組織所需要加強和改進之處，並可與教練討論
及確認如何訂定行動計畫，執行後再 review 及檢討。

【12】在管理方面你有進步的地方是：
可以讚賞員工優秀的表現，適時 feedback 員工的問題，並嘗
試往恩威並重的管理方式前進。

【13】在溝通方面你有進步的地方是：

同理心、傾聽（但仍需練習），問問題以確認對方的了解（但仍不夠）。

【14】你發現有哪些地方是自己以前不曾注意到的：

（1）員工潛在（內在）的聲音和需要。

（2）有效並充分說明自己的期望和對 KPI 的定義。

【15】未來你願意改變的部份是：

多花時間和員工溝通，並做出讓他們感覺我有 care 他們感受的事。

【16】你認為教練過程中最大的收穫或觀念是：

（1）傾聽員工（甚至是自己）內在的聲音。

（2）以問問題的方式協助瞭解員工的需要。

（3）必須多花一些時間在「重要但不緊急」的事情上。

【17】這階段結束後，你希望如何做可以使效果繼續維持：

（1）建立學習型組織（ex.讀書會、knowledge sharing、研討會），互相交流自己 strength 和 weakness 部分。

（2）多和 Direct report、客戶交談，以他們對自己的意見，轉化為 coach 的 feedback。

【18】以鷹架理論而言，你設立幾層的目標，目前已達到第

幾層？你是如何做到的？未達到的部分你計畫如何達成？

三層目標，目前仍在第二層（非技術性訓練）。由2→3必須

有完整的計畫並確實執行，同時 follow up、檢討。

【19】未來如果有第三階段的教練，你的目標會是什麼？

（1）建立信任型的組織，使自己和所有人都了解責任和貢獻。

（2）規劃自己未來的發展，以及組織第三層目標如何達成。

【20】你會推薦別人使用COACH服務嗎？理由是什麼?可能

推薦的對象是？

會。因為 coaching 服務可以協助我們自己更了解自己的缺點

（或優點），並予以建議如何改進（或發揚光大）。可以推薦

本公司基層的 leader。

【21】你給教練的回饋有哪些？

（1）推薦的書都非常好，對個人學習領導及管理幫助頗大。

（2）總是可以為我所提的困惑點出建設性意見。

（3）能夠在極短時間內（或有限 information）歸納出重點

　　　並給 feedback。

（4）充分傾聽和問問題。

（5）能夠愈來愈了解公司的組織和我們的工作型態。

　　不知道你看完上面的實例後，有哪些看法與感受呢？從這個案例中，你是否感受到接受教練的好處。我再提出一位知名教練庫克（Cook，1999）[13] 的觀點，以印證前面的案例，他認為接受教練有下列的七個益處：

（1）發展能力。

（2）診斷績效問題。

（3）糾正未符合要求的績效。

（4）發展生產性的工作關係。

（5）聚焦於適當的引導。

（6）發展自我學習的導向。

（7）提升績效與品格、操守。

教練的核心價值

　　教練的核心價值，意謂著一種信念，此信念包括教練對人性觀點與人格特質的理解、對人的內外在力量來源的掌握，人對環境的適應、調整與改變機制的深度理解，乃至於人對大自然與宇宙間合一關係與合諧的清楚認知。如同美國第16任總統亞伯拉罕・林肯（Abraham Lincoln, 1809-1865）的名言：「噴泉的高度是不會超過

---

13 Tony Chapman, Bill Best, & Paul Van Casteren.（2003）. *Executive Coaching: Exploding the myths*. p.248. Palgrave Macmillan.

它的源頭，一個人的事業也是如此，他的成就絕不會超過自己的信念。」

核心價值反映出教練自身的信念與態度，同時包含對專業角色與身分的認同，呼應教練的風格與取向。核心價值彷彿夜空中最閃亮的恆星－天狼星（Sirius，亦稱犬星 Dog Star，目視星等為 -1.5 等），它會自體發光，成為暗夜中迷失方向的人的指引。簡言之，核心價值是專業的原則與指引，教練自己要先釐清並掌握自己的核心價值。

弗雷德里克·哈德森博士認為 [14]，教練有六個基本核心價值：

（1）個人力量：自我要求（Personal power：claiming yourself）

自尊，自信，認同，內在動力，積極的自我意識，明確的自我界限，自愛，勇敢。

（2）成就感：自我驗證（Achievement：proving yourself）

進行工作，達到目標，有企圖心，取得成果和認可，是有目的的，採取行動。

（3）親密感：自我分享（Intimacy：sharing yourself）

愛，關懷，有親密感，成為工作的關係，密切感情，築巢，連結，為人父母，成為友善的朋友。

（4）活動與創造力：自我表達（Play and creativity：expressing

14　Frederic M. Hudson, Ph. D（1999）. *The handbook of coaching: A comprehensive resource guide for managers, executives, consultants, and human resource professional.* P.127. Jossey-Bass books.

yourself）

富有想像力，直觀，自發，表情豐富，幽默，藝術，創意不斷，有趣，好奇，稚氣和非目的。

（5）尋求意義：自我整合（Searching for meaning：integrating yourself）

尋找整體性，團結，誠信，和平，與所有的東西，例如靈性、生活裡的信任、內心的智慧、一種超越感、及祝福的內在聯繫。

（6）憐憫與付出：自我奉獻（Compassion and contributing：giving yourself）

持續改善，幫助，供養，改革，留下更美好的世界，遺贈，服務，對社會和環境的關懷，制度建設，志願服務。

教練的角色

（一）領導者角色

約翰‧惠特默認為[15]，在組織中領導者可以扮演多種不同角色：

（1）領導者猶如教練（The Leader as a Coach）

- 認知到有效教練的價值。

---

15 John Whitmore（2009）. *Coaching for Performance: Growing Human Potential and Purpose.* Nicholas Brealey Publishing.

- 認同一個好教練的特質。
- 選擇優質教練的原則。
- 選擇一個有效的教練歷程中的元素。

（2）領導者猶如激勵者（The Leader as a Motivator）

- 認知到有效激勵的重要性。
- 找出有效的激勵元素。
- 選擇提供回饋的有效做法。
- 選擇一個建設性回饋的元素。

（3）領導者猶如訓練者（The Leader as a Trainer）

- 認知到有效的培訓技巧的價值。
- 找出有效的成人學習的因素。
- 選擇培訓需求評估的因素。
- 找出有效的訓練方法

（4）領導者猶如諮商心理師（The Leader as a Counselor）

- 認知到健全的諮商技巧的重要性。
- 在諮商時確定情況是適當的。
- 選擇有效的諮商的元素。
- 在諮商中選擇適用的開場白，是適當和公平的。

　　金澤・拉彼德－波格達博士認為 [16]，組織領導者可以扮演三種不同的角色，這些角色各有其任務，也有共同的功能（見圖 6.1）。

圖 6.1：領導者的三種角色

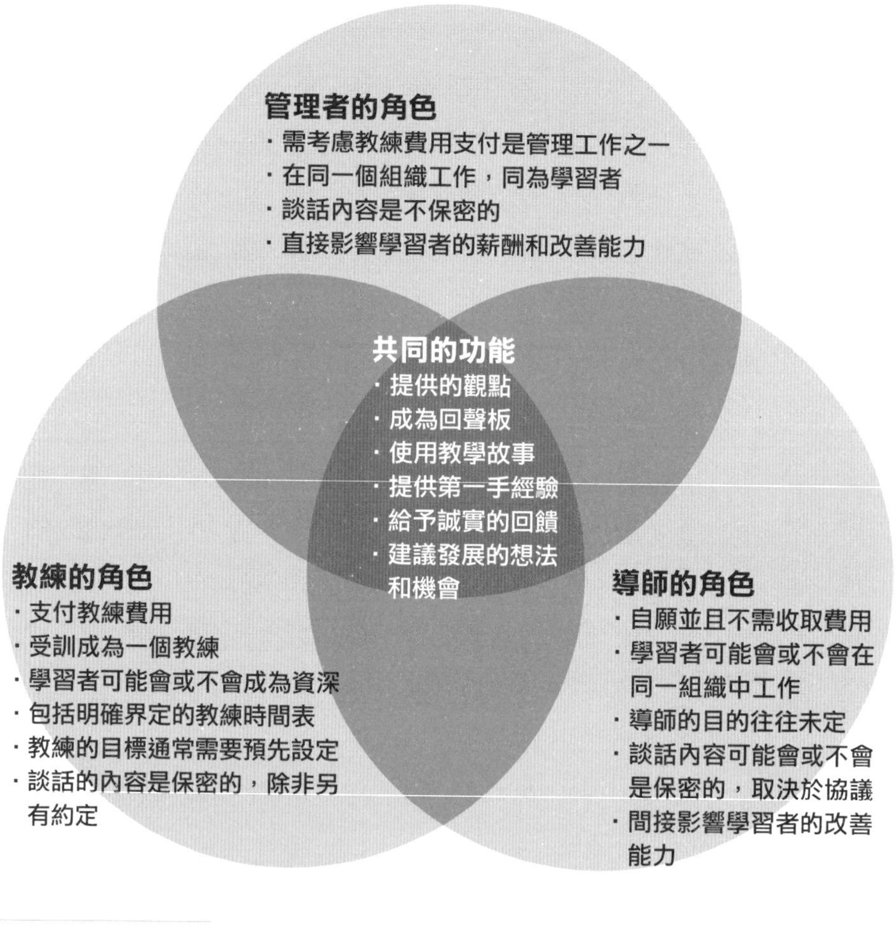

管理者的角色
· 需考慮教練費用支付是管理工作之一
· 在同一個組織工作，同為學習者
· 談話內容是不保密的
· 直接影響學習者的薪酬和改善能力

共同的功能
· 提供的觀點
· 成為回聲板
· 使用教學故事
· 提供第一手經驗
· 給予誠實的回饋
· 建議發展的想法和機會

教練的角色
· 支付教練費用
· 受訓成為一個教練
· 學習者可能會或不會成為資深
· 包括明確界定的教練時間表
· 教練的目標通常需要預先設定
· 談話的內容是保密的，除非另有約定

導師的角色
· 自願並且不需收取費用
· 學習者可能會或不會在同一組織中工作
· 導師的目的往往未定
· 談話內容可能會或不會是保密的，取決於協議
· 間接影響學習者的改善能力

---

16 Ginger Lapid-Bogda. Ph.D.（2010）. *Bringing out the best in everyone you coach: use the enneagram system for exceptional results*. P.4-6. Ginger Lapid-Bogda.

（二）角色的界定

在我的臉書社團「《Coach 領導學》&《晤談的力量》書友園地」裡，有位書友與其高二的兒子，兩人討論教練的角色像什麼？他的兒子有一段精要的描述，他說：「教練像氧氣，助火燃燒。火代表人，教練可以激發受教練者的潛能與熱情。」一個簡單的比喻，點出了教練的關鍵性角色。

我將教練的角色界定為：

（1）能提出足以揭露受教練者議題的問題並能清楚地描述。

（2）能將議題轉換成受教練者可以執行的目標。

（3）能將議題作為進行教練時聚焦的主題。

（4）能將受教練者的問題與其信念及價值觀連結起來。

（5）能和受教練者一起釐清並排除往目標邁進的擔憂及障礙。

（6）能和受教練者一起努力達成目標並對整個過程保持客觀的想法。

（7）能協助受教練者將目標轉換為行動，同時提醒受教練者在教練之初對自己的承諾。

（8）能協助受教練者發現在所討論的議題與目標達成間的相關學習。

（9）自始至終都忠於受教練者所專注的議題上。

教練並非給受教練者提供答案，而是透過與教練談話的過程中，釐清問題所在，覺察內心潛藏假設，激發解決問題的正向思

考，發揮既有長處與資源，讓受教練者發自內心作出包含自我承諾的決策，並付諸行動。

四種相對關係類型的界定

每一個人身上都有許多不同的角色。在家庭裡，我們扮演父（母）親、兒子或女兒的角色；在學校是校長、教授、老師、職員、或學生的角色；在職場上，我們可能是董事長、經理、主任、或某一個職務的角色；當然還有其他不同的場合，我們會以不同的角色來扮演我們自己。

換句話說，我們的身上都有好幾種不同的角色，多數人都以角色來與人互動，光看名片上的頭銜，你就會知道他的身分。特別是在我們的文化中，更是相當看重「角色」。有人升遷，掌握了職位，握有實權，頓時「門庭若市」；反之，下了台，沒了權力，少了角色，頃刻之間「門可羅雀」。費孝通即以「差序格局」[17]來說明不同階級間的關係。

我們會在不同場合中，以不同的角色、身分，來應對人際的互動，你的一言一行都會因角色而改變。角色有很多，也會轉變，唯一不變的，是我們自己這個「人」（通常以名字代表我們自己）。

---

17 差序格局的概念是由中國國寶級人類學家費孝通在《鄉土中國》第四章〈差序格局〉所提出。差序格局是用來解釋中國社會群我分界方式的一個概念。費孝通發現中國人不若歐美社會有清楚分明的公私領域之界線，在許多公私分際上看似混淆不清，其實是人我分際的方式不同。

易言之，今天在公司你是扮演總經理的角色，回家後則是扮演爸爸
的角色，不管是在外面或家裡，你還是你自己。你不會在職場上用
對孩子的語氣，對著部屬或同仁說話；反之，你也不會在家庭裡，
用上司的語氣對著家人說話。

　　下面有四個不同相互對應的關係類型（見圖 6.2），請你仔細
端詳一下，這四張圖有什麼不一樣。左邊從上而下，是以「教練」
的身分來呈現，右邊從上至下則是「受教練者」的身分來呈現。現
在看出來了嗎？

圖 6.2：四種相對關係類型

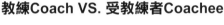

教練Coach VS. 受教練者Coachee

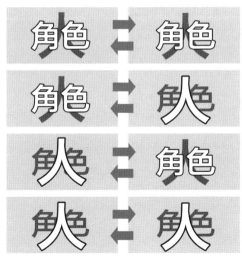

　　圖中呈現四種不同的對應關係，你看到有時「角色」在人的
前面，有時是「人」在角色的前面，浮現在前面的就是你看重的

部分；換言之，你看重角色或重視人。當你看重角色時，就很在乎角色的責任、功能、與工作界限。當你看重人時，就很在乎人的權益、特質、能力、與興趣。這張圖呈現了四種不同的關係：一是「角色」對應「角色」，二是「角色」對應「人」，三是「人」對應「角色」，四是「人」對應「人」。這是個相對應的關係，有什麼含意呢？

　　實務中發現，教練與受教練者的關係是「人」對應「人」時，教練的效果會比「角色」對應「角色」來得有效率。我也發現絕大多數的人都喜歡自己在「人」的部分被尊重、被接納、被肯定。在這種尊重的互動中，肯定的是教練關係一定良好。如果你是一位非常看重「上司」與「部屬」上下關係的領導者，有可能你在無意間會出現不尊重的態度、不聽部屬的意見、輕忽部屬的能力。在此種對應的關係中，可能會出現緊張的工作關係。

　　許多認識我的朋友，知道我擁有心理諮商及組織教練的背景，卻不知道我曾修讀並完成藝術專業領域的學習，我主修雕塑，擅長木雕藝術。我的老師中有幾人還是國寶級的藝術家，只是我自己很清楚在藝術領域，我有興趣，但卻無足夠能力成為一位藝術家。因此從藝術學校畢業後，我就再轉讀心理諮商。因著修讀雕塑的背景，讓我可以從跨領域的觀點，來了解人才的培育。

　　多數人只知道「雕塑」就是擺在不同場合的塑像，卻不知道雕塑其實是區分為「雕」與「塑」兩個部分。也許你知道有名的藝術家羅丹的沉思者，或者是米開郎基羅的大衛像。這兩件藝術作品有

何不同呢？羅丹的沉思者是「塑像」，而米開郎基羅的大衛是大理石「雕像」。你是否能清楚的分辨它們之間的差異？也許你被搞糊塗了，沒有關係，多數人是分不清楚的。

　　組織中的人才培育，也可以從「雕」與「塑」這兩部分來了解。你可以先看看下面這兩張圖（見圖 6.3），有什麼不同呢？

圖 6.3：「雕」與「塑」人才發展概念

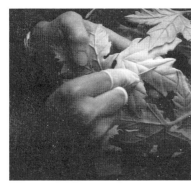 

圖片來源：左圖／flickr. CC. 作者 Stephen A. Wolfe；右圖／flickr. CC. 作者 Dpape

　　你不妨注意左圖，藝術家拿一把雕刻刀，雕出一件藝術作品。雕（carve）是「去蕪存菁」，由外而內的雕琢過程，也就是將一件素材，去掉不要的部分，留下藝術家心中理想的作品樣式。塑（shape）是「從無到有」，由內而外的加添過程，也就是逐漸在添加或刪減的過程中，創造出藝術家心中的圖像。

　　將雕與塑的概念放在組織人才培育上來說，領導者可以雕琢出優秀的員工，雕是由外而內的修飾，例如調整工作心態、改善不當行為、革除舊有習性等。領導者也可以形塑一位優秀的同仁，塑是

由內而外的塑造，建立新的行為模式、新的習慣、新的領導風格等。

　　領導者與部屬或教練與受教練的關係，若是正向且界限清楚的話，能負起自己的責任，也能尊重對方的權責。這種關係可以用完形治療的祈禱文來闡述：

　　我做我的事，你做你的事。

　　我在這個世界上不是為了滿足你的期待而活，

　　你在這個世界上也不是為了滿足我的期待而活，

　　你是你，我是我，

　　如果我們偶然發現彼此，那很好，

　　如果沒有，那也沒辦法。

　　上述的概念可以和弗雷德里克‧哈德森所提出來的兩種教練概念相呼應 [18]：

（1）本質教練：內在工作（Being coaching－inner work）

　　內在工作所做的是與韌性、信念、價值觀、自尊、勇氣、目的有關（內在教練通常被稱為心靈教練）。許多教練都是訓練有素的績效教練，但也大大地限制他們的深度和停留在工作的表面上。

---

18 Frederic M. Hudson, Ph.D（1999）. *The handbook of coaching: A comprehensive resource guide for managers, executives, consultants, and human resource professional.* p.20. Jossey-Bass books.

很多時候受教練者進入教練並圍繞在績效的議題，當教練關係成熟時，內在（本體論）的議題就會浮現。在適當的教練下，轉變就發生了。然而，內在自我的轉變將直接引領一些新的外在要求，教練必須要知道如何促進受教練者的成就。

（2）績效教練：外在工作（Performance coaching－outer work）

　　績效教練是建立在教練與當事人共同相信可達成的明確目標上。外在工作所要做的是欲達成的目標、好的績效表現、選擇正確的行動、並且有效地執行這些行動（外在教練常被稱為績效教練）。當一個人改變了，其他人也會受影響。當教練提供一致且準確的回饋時，教練的工作就是激勵與確認當事人的目標，考慮的是學習環境比公平競爭環境還要更多。教練可以詢問更多的問題，鼓勵當事人離開舒適圈並勇於面對失敗。教練挑戰當事人，當他們隱藏在自己的本我（ego）的包裝下，來計算和預期成功。教練不要過度認同當事人，根據事實來建立信任、同理、可靠的關係，比用說的來得有效。透過儀式、趣味性、和慶祝的方式都有助於建立關係。

　　不管你是採用哪一種教練方式，紀淑漪博士認為[19]，教練是學習、成長與改變的過程，在過程中達到兩個層次的改變：

　　第一層次：著重外在行為改變。

---

19 紀淑漪（2007）。組織教練證書課程。加州管理學院。

教練可協助與引導在現行組織體制與規範下，為解決當前問題所啟發的學習行為。例如：學習處理顧客抱怨的技巧。

第二層次：著重內在心智改變。

透過教練引導、體驗與反思回饋，對個人及組織既有規範、假設進行檢視，引發連續的正向學習循環，達到個人與組織持續學習與發展。例如：經由學習與對話討論，提高整體顧客滿意度。

內部與外部教練

內部教練（Internal Coaching）通常是經驗豐富的管理者或導師，也許受過相關的研習或訓練，但不一定具有正式的教練資格。內部教練需要得到來自同一個組織內其他部門，或自己的員工的支持。內部的教練或導師擁有成功或失敗的相關知識，也深知組織面臨的挑戰。

內部教練的優勢，是熟知組織內部的運作方式，知道如何整合內部的人員與資源，也能找到克服專業技能障礙的方法；但也有可能因身在組織內部，看不到內部運作的盲點，思維也易受限於組織當下的狀況，而無法突破現狀。要克服此項弱點，組織可以將管理者送至公司外，接受教練的專業訓練；或者聘請外部教練至公司內

部授課或訓練。如果能培訓一批具有專業教練的高階主管，對組織內部將造成巨大的正面影響。

外部教練（External Coaching）通常應組織的邀請，聘任到公司內部以改善個人和企業業績。他們可能不具備該組織的相關知識，但擁有高度的教練技術，來支持人員行為的改變，和了解業務流程。他們也可能持有被認證的教練資格，或有以下幾個方面的經驗：如神經語言程式學，相關心理測驗的實務能力，施測360度多元回饋，管理變革或組織併（收）購等。

外部教練的優點是具有專業知能，或相關的商業知識，能以「旁觀者清」的角度，提供組織與人員新的觀點與措施。相對的弱點則是，如果教練對組織內部的文化、部門的運作、商業模式等方面不熟悉，或無法融入組織內部時，則不易提供適切的教練服務。克服此項弱點，就是組織以公司的長遠發展計畫和策略，請專業教練提供長期的人才培育方案。

教練的功能

弗雷德里克‧哈德森博士[20]，主張教練應具有下列的功能：

---

20 Frederic M. Hudson, Ph.D（1999）.*The handbook of coaching: A comprehensive resource guide for managers, executives, consultants, and human resource professional*.p.15. Jossey-Bass books.

- 視個人與組織為當事人並與他們一起工作。
- 與未來的可能性一起工作，運用想像力，遠見和動機作為資源。
- 尋找未來的橋樑，連接可能是什麼和可以成就什麼。
- 與個人、團體和組織連結內在目的與外在的工作。
- 激勵他人成為更有效的領導者、團隊、網狀工作者，或管理人員。
- 以身作則。
- 訓練，訓練，再訓練。
- 引導當事人創造更高的績效。
- 詢問問題以了解現狀，並尋求創新，變革的結果。
- 主張，評論，並延伸企業文化和智慧。
- 運用長遠的眼光和短期行動計劃來促進新興的願景。
- 贊同和贊助他人，而無需使用權力或控制他們。
- 催化專業發展和組織制度的發展。
- 引導當事人和組織通過必要的過渡期。
- 鼓勵透過聯盟和共同目標形成工作網路。
- 是一種催化劑，更新和韌性。
- 動機，尋求更深的成果，探索新的方向，不斷創新，投資在未來。

企業如何導入教練？

當企業有意願導入中、高階主管人力教練培訓方案，要考量兩

點因素：一是如何找到具有專業能力的教練，二是視經費的投入為投資。坊間有少數顧問，可能只是聽過幾場演講，或參加過教練工作坊，名片上便掛著教練的頭銜，你認為這是教練的人選嗎？

首先，篩選教練最基本的條件，是教練有沒有經過專業機構的認證（有認證僅僅代表接受過專業訓練，不一定代表有專業的成熟度）；其次，要尋找具有豐富實務經驗的教練（號稱資深或實務時數的多寡是參考指標，也未必具有專業的成熟度）；第三，豐厚的專業哲學觀點與風範的人格特質（可經由與教練的互動中了解）；第四，向專業教練機構洽詢（如國際教練聯盟台灣總會／ICFT；中華專業教練發展協會／CPCDA；加州管理學院／CMI等）；第五，向有引進教練服務的企業詢問（如教練績效、教練專業水準、教練專業取向、教練服務口碑等）。

企業為提升競爭力，常有成本考量，這是無可厚非之事。商（產）品為擴大市場佔有率、提高消費滲透率，大量生產以便降低成本。但人員的訓練能否以降低成本的概念來思考？為人員的發展所付出的經費，不能僅當作成本，也應視為一種「槓桿式投資」。

換言之，以小投資來獲取大報酬（見圖6.4），如果高階主管因接受教練服務而提升決策能力，下了一個重大且適當的決策，將為公司帶來巨額的營收，這是非常值得的投資不是嗎？思考一下，不管是培訓中高階主管擁有教練式領導力，或是引進外部教練而提升主管的領導力，若能建立內部教練文化，將對組織帶來何種的影響力？

圖 6.4 教練能創造的效果

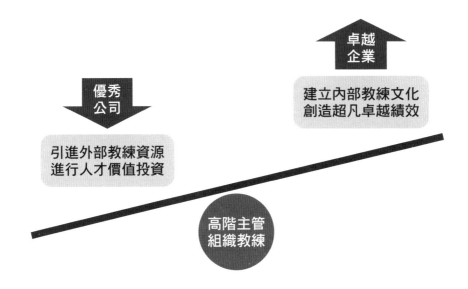

教練工作是「敬重與愛的表現」
是「生命影響生命的過程」

　　哲學家塞內卡（Lucius Annaeus Seneca）曾說：「使自己獲得好處的最佳方法，是將好處施諸別人。」領導是一種人與人之間的互動關係，更是彼此間生命的相互激盪與深度的分享，在實踐工作理念的同時，又能服務他人，協助他人進步與成長。組織內部的恐懼氣氛與工作壓力，會使人失去活力，癱瘓工作。「愛」卻是可以創造人際之間的連結，容易凝聚向心力，建立正面的組織氣氛。

　　工作是神聖的，工作的地方也該是神聖的。以聖本篤精神來說 [21]，「聖地是指一群人組成的共同體，他們運用自己的精神資源，提出重要的問題，彼此互愛、互信、互相尊重，語言相通，彼此瞭解。聖地也是一個所屬成員有敬畏心的地方，讓我們在此可以活出勇氣與尊嚴，精神得以飽足。聖地是個愉快、讓人有靈感與愛的地方，每個人得以發展自己。聖地也是我們的靈魂受到重視、備受鼓舞的地方。」

　　如同哲人紀伯倫（Kahlil Gibran）在他的大作中有一段話 [22]，頗值得教練專業工作者省思：

　　生命確實是黑暗，除非懷著熱情，所有的熱情都是盲目的，除非具有知識，所有的知識都是無用的，除非有工作，所有的工作都是虛空的，除非工作中有愛。

21　Anselm Grün（2003）. *Menschen Führen-Leben wecken.* 吳信如譯（2007）。領導就是喚醒生命：靈性化的生命領導力。頁22。南與北文化。

22　紀伯倫著，張琰，馬駼譯（2000）。先知和先知的花園。頁28。格林文化事業有限公司。

Part 3

Coach領導學

教練是以「改變」與「發展」爲主要核心架構。

身爲教練或高階主管，

你必須對人的行爲有基本的概念，

了解人的行爲改變機制是如何產生的，

是什麼觸發改變的動機與意願。

第 7 章

人如何改變？
各種心理學與教練的應用

改變永遠是一種選擇，
人有能力自我抉擇，
改變會帶來改變，人一旦改變，
就會持續的改變，
人也會活得更美好與精彩。

在談人的改變機制之前，請你先閱讀一則關於〈唐三藏取經——E世代版〉的笑話。

話說，唐三藏歷經 N 代轉世，到了現代有感於世風日下，決定師法前世，號召前世徒弟，歷經九九八十一難，徒步取經好不容易走到了西方，面謁如來佛祖。

如來曰：「你來幹啥？」

唐僧答曰：「弟子前來取經。」

如來又曰：「有沒有帶硬碟過來？隨身碟也可以！」

唐僧：「啊？？？？？？？？？？？？？？？？？」

如來曰：「你白痴呀？沒帶硬碟過來？一托拉庫的經書，跟貨櫃車一樣大，你要怎麼扛回家？」

唐僧很辛苦的回長安，準備了硬碟，又歷經了九九八十一難，終於又看到如來佛祖了。

一看到如來佛祖，唐僧雙手奉上硬碟：「懇請佛祖賜經給弟子。」

如來佛看了一下硬碟規格：「看！什麼年代了？你還在用2G的？哪夠呀？回去，回去！至少4G以上的再說！」

倒楣的唐僧，只好又回長安，重整旗鼓！

第三趟，唐僧準備了 1000G 的硬碟造訪西方如來佛祖，又歷經了八十一難（按！！好累）見到如來佛祖之後，立刻面呈 1000G 的硬碟。

如來佛祖曰：「你又來幹啥啦？」

唐僧曰：「弟子前來取經。」

如來佛祖曰：「你神經病喔？回去開 MSN 我傳給你啦！而且，你的硬碟跟我的規格不符啦！要嘛，SATA，要不然 USB 也可以，你這 IDE 的我怎麼拷給你？」

可憐的唐三藏，只好又（第幾趟了？）回到長安城。

申請了新帳戶，弄了個 MSN。孰料，開啟後，呼叫了半天，才看到如來佛祖的回應：「你那是 56K 的？那要傳到哪時候呀？」說完之後就不予理會了！

唐僧一看也不是辦法，只好蒐集各種規格介面的硬碟，重新往西方出發，碰到如來佛祖之後，如來佛祖很不悅的說道：「你又來幹啥啦？」

唐僧曰：「弟子一心取經。」

如來佛祖曰：「我發給你的 MAIL 你都沒在看喔？早放在伺服器上了，還幫你作上了連結，你只要一點選就能自動下載啦！回去，回去！」

唉，又累又笨又可憐的唐僧一行四人，只好風塵僕僕

的再趕回長安城。打開電腦準備要下載的時候，發現……掃毒軟體自行啟動。因為，如來佛祖的伺服器中了木馬病毒。只好……無奈的又扛了一大堆規格的硬碟前往西天找如來佛祖。

一看到如來佛祖，唐僧趕忙下跪，用泣不成聲的語氣，懇請佛祖賜經。

佛祖曰：「唉！辛苦你了，我的硬碟也中毒，掛啦！有沒有帶紙來？」。

這下唐僧傻了？？怎麼又……好吧！只好乖乖的回長安，準備紙筆，準備硬碟，再度往西方取經（到底跑第幾趟了？？？）。

到了西方之後，一看到如來佛祖，唐僧很聰明的遞上紙筆，遞上硬碟要求如來佛祖賜經。

如來佛祖指了一指旁邊的書房，告訴唐僧：「那一整間的書籍全都是，你自己看著辦吧！」

唐僧滿心歡喜的開始抄寫經書。自己一個人不夠，連同豬八戒，孫悟空，沙和尚，小白馬也一起加入抄寫陣容，歷經十年之後，終於完整的謄寫完畢，於是告別如來佛祖。

如來佛祖一見到唐僧大吃一驚：「你怎麼還沒走呀？」

　　唐僧恭恭敬敬的回答：「弟子唯恐缺漏，所以謄寫至今，方功德圓滿！」

　　如來佛祖嘆了口氣：「唉！你白痴喔？旁邊就有一台影印機，你是不會操作喔？」

　　看完這則笑話，你是否也同我一樣捧腹大笑。雖然這是一則虛構的笑話，但是笑話的內容，卻透露出幾點值得深省的意涵。

（1）環境快速的變遷超乎我們的想像：

　　現在的環境較之上一個世紀，在各方面都呈現快速的變化，變化之快，令人目不暇給，應接不暇。快速變化的環境，如果不能去面對或適應，就會產生適應上的困難。維基百科創辦人吉米‧威爾斯在 2000 年時，成立第一代的免費百科全書網站 nupedia.com，請了一群教授審稿，卻花了兩年時間僅僅完成 24 篇文章。後來他借重社群免費集體創作，只花五年，和兩個全職人員，就發展出 200 種不同語言的版本，維基百科平台上知識的累積速度之快，超乎我們的想像。電腦的作業系統發展，從最早 386 到 486，到 586，到 XP，再到 Vista，以迄 Window11，不論是在容量或運作的速度上，一再的擴大與超前。

（2）我們有能力適應環境的變遷：

　　常聽到「計畫趕不上變化」這句話，但不計劃更趕不上變化。

人類有很大的能力可以適應環境的改變，除非你害怕改變或不敢面對改變。

美國心理學家史登柏格（Robert J. Sternberg）於 1985 年首次提出「智力三元論」。人類的智力是由「組合智力」（componential intelligence），「經驗智力」（experiential intelligence），及「情境因應智力」（contextual intelligence）三者連接的智力統合體。

組合智力與智力行為如何產生有關，指個體在解決實際問題時表現於思考、計畫、判斷、執行等心智活動中的能力。經驗智力指個人面對新環境時，應用舊經驗與新經驗結合，表現適當的行為。情境因應智力指個人適應環境的綜合能力，包括適應環境的能力、改變環境的能力及選擇環境的能力。從智力三元論的觀點，我們可以確信人是有能力去面對環境的改變，也有能力去適應變動的環境。

（3）我們須具備更有彈性的作法：

面對環境改變時，我們不能一昧地「固著」（fixaction）於自己的想法，而出現僵化行為，否則會造成對環境上的適應不良。下面這則毛毛蟲的科學實驗 [01]，可作為隱喻來說明這個觀點。

在非洲和地中海一帶，有一種被昆蟲學家稱為行列蛾類的毛毛蟲。這些毛毛蟲自蟲卵孵化出來後，會集結在一起過著團體生活。

01　張璞（2006）。AQ啟示錄：14則讓人性底片曝光的〔逆境啟示錄〕。智言館。

外出覓食時，通常由一隻毛蟲隊長帶頭，其他的毛毛蟲則頭頂著前一隻的屁股，一隻接一隻排成一隊前進，從來不會有插隊情況出現。為了防止不小心走岔路、迷路或跟丟，牠們還會一邊爬行一邊吐絲做記號，等到填飽肚子了，再以相同方式，沿著一路上做的記號回家。

法國科學家吉恩‧赫尼‧法伯（Jean. Herni Fabre）曾對這些毛毛蟲做了一個實驗：他把毛毛蟲放在一個花盆的邊緣，牠們會自然而然的首尾相接，圍成一個圓圈；同時，在離花盆約六英吋的地方撒了一些牠們最愛吃的食物：松針。由於這種毛毛蟲天生有一種「跟隨」的習性，因此牠們毫不猶豫，盲目地跟隨前面的毛蟲走，一隻跟一隻，一圈又一圈地繞著花盆，一邊吐絲一邊爬行。

令法伯感到驚訝的是，這群毛毛蟲在花盆邊緣一直走，一直走，走到精疲力盡才停下來稍微休息。就這樣不吃不喝，牠們居然連續走了十多個小時。時間慢慢過去，一天、二天、三天……守紀律的毛毛蟲隊伍沒有絲毫的混亂，依然沒頭沒腦跟著前面的毛毛蟲繞圈子。連續幾天幾夜之後，牠們終於因為長時間沒有進食，體力不支相繼死亡。在餓死前，牠們還不知道自己最喜愛的食物就在離牠們僅僅六英吋的地方。

對於這項毛毛蟲實驗，法伯做了一個結論，他說：「在這麼多隻毛毛蟲裡，如果有一隻毛蟲能與眾不同、不盲從，牠就能改變自己的命運，也能影響其他毛毛蟲遠離死亡，但很可惜，牠們之中沒有一隻做到這點。」這個實驗給我們一些啟發，即使在這個日新月

異、變化多端的新時代，很多人的腦袋仍然跟毛毛蟲差不多，不知
變通與改變。

　　改變是一個歷程，改變也需要時間。或許你會問，人要花多少
時間和力氣來改變？「每天改善 1％，一年強大 37 倍。」[02] 這是日
本樂天市場社長三木谷浩史的名言，他問：「1.01 的 365 次方等於
多少？」他以每天改善 1％ 的公式，計算一年可以達到的成果，答
案是「37」，意指若每天能進步 1％，一年後的自己將比現在強大
37 倍。這個啟示是讓我們明白，累積小的改變能達到大的改變，但
這種改變的關鍵在「持續」的改變。

對人的假設與改變的機制

　　教練的理論觀點與概念之一，基本上是應用諮商心理學的理
論與技術而來。心理學理論的發展，已由早期的西格蒙・佛洛伊德
（Sigmund Freud, 1856~1939）開始強調過去與潛意識，迄今強調重
視現在與未來。而教練正是現今心理學所強調的，以現在與未來為
重點。雖然教練不強調處理過去潛意識的部份，認為那是心理諮商
與治療的重點。我將從諮商心理學的角度，讓你了解不同的理論觀
點，包括：對人的假設、人的問題來源、人的行為改變機制，及教

02　郭子苓（2011）。每天改善1％，一年強大37倍。經理人月刊，77期，頁
　　78。

練的應用。

　　改變是教練的核心主軸，改變應朝何種方向邁進呢？我們需要思考三個改變的方向 [03]：一、改變在一個問題情境中的行為與作為，二、改變對一個問題情境的觀點、知覺、或詮釋角度，三、引發及帶動當事人的資源與力量，以面對問題情境。有位教練朋友，得自他印度的朋友，對改變有以下的描述，我覺得很有意思，援引如後：

People who change after change will survive.

People who change with change will succeed.

People who cause change will lead.

　　對於改變的評估，應從不同的角度及向度去思考，以下羅列一些改變的向度 [04]，供你思考及應用：

- 發生的比例是否減少了？與之前的比較減少多少百分比？
- 發生的時機有沒有不同？不同的時機點有何差異？
- 發生的時間長度有否縮減？縮減的幅度約是多少？
- 發生的地點有何不同？有哪些相似之處？
- 發生的內容有否差異？這些差異有哪些影響與意義？

---

03 李玉嬋、洪莉竹、許維素、張德聰、賈紅鶯、樊雪春等著（1998）。焦短解決短期心理諮商。頁110。張老師文化。

04 修改自李玉嬋、洪莉竹、許維素、張德聰、賈紅鶯、樊雪春等著（1998）。焦短解決短期心理諮商。頁111。張老師文化。

- 發生的因素之次序有哪些變化？這些變化帶來哪些結果與改變？

- 發生的嚴重程度有否降低？嚴重程度減緩對當事人的影響與意義？

　　我認為教練，尤其是想要成為專業教練者，或者你是高階主管，想要成為一位卓越的領導者，應對理論有基本的認識與了解。教練是以「改變」與「發展」為主要核心架構。身為教練或高階主管，你必須對人的行為有基本的概念，了解人的行為改變機制是如何產生的，是什麼觸發改變的動機與意願。我深切盼望讀者們在進行教練時，能深入了解受教練者行為背後的脈絡所在，掌握受教練者改變的契機，以達成良好的教練效果。

(一)在潛意識中開啟潛能：精神分析觀點

　　在進入西元 2000 年之前，有機構針對不同領域的人物進行全球性的調查，以了解他們在該領域中傑出的表現，及對當代所帶來的影響。心理學領域知名人物榜中，首推精神分析學派創始人佛洛伊德（Sigmund Freud，1856~1939）。

　　他持心理決定論的看法，主張從心理層面分析造成現在行為的因素。因為行為是各種非理性力量，潛意識動機，及生命的頭六年在心性發展時期所演變出來的生物與本能驅力所決定的。教練專業

通常不會採用此種觀點，但專業教練者仍要了解理論背後的觀點。

對人的假設：

佛洛伊德對人的基本觀點是假設：

（1）人的行為受制於心理能量與幼年經驗，

（2）潛意識的動機與衝突是行為的核心驅力。

人的問題來源：

佛洛伊德認為人的問題或症狀來自於：

（1）童年期的情感與內在衝突，

（2）本我無法滿足而壓抑在潛意識的結果，及

（3）自我防衛過當。

防衛機轉（Defense mechanism）有兩個相同的特徵：

（1）它們否認、偽造或扭曲現實，

（2）它們在潛意識中進行。

改變的機制：

（1）徹底修通移情關係，（2）深究種種形式的抗拒，（3）反覆詮釋，（4）重新選擇新的方式。

在改變的應用為：

· 將潛意識轉成意識，

· 重建人格，

・認清壓抑的心理衝突，

・強化自我的功能，不受本我牽引。

（二）在自我獨特中創造命運：阿德勒觀點

阿德勒（Alfred Adler, 1870~1937）「個體心理學」（individual psychology）的理論，被當代心理學者們公認對 21 世紀的心理學有深遠的影響，包括存在主義、社會建構論、認知行為治療、家庭婚姻治療、現實治療、焦點解決短期諮商、敘事治療、團體諮商、遊戲治療，以及近期的正向心理學。這個學派主張：我們是自己生活的主角與創造者，並以獨特的生活方式來表達我們的目標。我們創造自己，而不僅受到幼年經驗的塑造。

對人的假設：

阿德勒的基本觀點是，人類行為受到社會興趣（social interest）、追求人生目標（6 歲前）及生活任務的驅使。人類操縱自己的命運，有做決定的能力。強調人格的統一性，只有從整體及全面的觀點才能對人有所了解。他對人性的看法為：

（1）自由選擇權及負責（人有詮釋、影響及創造生活事件的能力），

（2）社會性和創造性（運用天賦去努力），

（3）統整目標及追求安全，

（4）克服自卑感（創造的泉源），

（5）重視行為的內在因素（價值、信念、態度、社會、文化）。

　　要了解人背後的整體脈絡，當事人是其社會系統中整合的一部份。從整體的脈絡中了解：

（1）人類的行為含有目的性，且是目標導向；

（2）人終其一生都在追求意義、力求卓越；

（3）人傾向選擇自己的生活方式（life style）。這種生活方式是由個人對自己、對世界的看法，及他們在追求個人目標時，所用的獨特行為與習慣所構成。人在追求目標的過程中，發展出自己獨特的生活方式。

人的問題來源：

　　自我與理想有差距時會產生自卑感，因自卑感所帶來的自我挫敗。錯誤的知覺及不充分的錯誤學習，特別是錯誤的價值觀及基本謬誤。

改變的機制：

　　人生而具有一種可以把人格統一在某個總體目標的內在驅力，稱做「追求優越」，指朝向完美〈perfection〉的驅力。強調人們的行為具有目的性，「現在」努力追求，遠比「過去」更為重要。

　　教練的角色是真誠參與，而非扮演某種定義鮮明的角色，教練

同時是示範與合作。在教練過程中，當事人想要獲致改變的話，教練要從當事人的主觀參考架構，來瞭解他對外界的看法。同時在教練過程中，建立合作的教練關係，此種教練關係是：

（1）雙方共同負責任，並決定目標。

（2）充滿信任、尊重與平等的關係。

（3）協助當事人覺察其資源與優點，鼓勵發揮潛能。

改變的步驟是：以當事人為模範→領悟改變（指當事人生活中不斷運作的動機為何？）→表現得「彷彿」（as if）→設定任務→逮著自己→按鈕技術→「啊！」的經驗。

教練的應用：

（1）建立關係（共同承擔負責）

　　・建基於深度關懷、全心參與和真摯友誼的關係。

　　・焦點在「人」而非「問題」。

　　・合作性關係：覺察當事人自己的資源與優點所在。

　　・重視當事人「主觀經驗」更甚於使用「技術」。

（2）探索個體的心理動力（產生自我效能）

　　人類有五種錯誤的基本信念：

　　・過度類化。

　　・錯誤的或不可能實現的目標。

　　・對生活及生活的要求有錯誤的知覺。

- 否定自己的基本價值。
- 錯誤的價值觀。

而教練將協助當事人發展五項生活任務：

- 友誼：與他人建立關係。
- 工作：對社會做出貢獻。
- 愛情與家人：維持親密關係。
- 自我接納：與自己安然相處。
- 價值觀、生命目標、宇宙觀：發展精神層面。

（3）鼓勵內省暨自我了解（提升自我覺察）

- 評鑑當事人的生活態度後，接著是鼓勵對方檢查其錯誤知覺，向自己的定論挑戰，並把自己的優點與才華詳細作記錄。
- 協助當事人領悟生活中所不斷運作的動機為何。對「生活目標」的揭露是治療過程的重點。
- 以開放式問題及不著痕跡的建議來探討。

（4）協助當事人重新定位（建構新的導向）

- 鼓勵過程：鼓勵的內涵是生出勇氣，冒險改變既有的生活模式。
- 找出新的可能性：演出「彷彿」（as if）來挑戰當事人原先自我設限的假定。
- 製造「不同」：在生活中作出不同既往的行為來，幫助行為或態度或知覺上的一點改變。

(三) 在變動存有中超越自我：存在主義觀點

　　存在主義是1940年代到1950年代的一股哲學潮流，從歐陸各地的心理學和精神病學團體中逐漸發展出來的。「存在主義」（Existentialism）是從法語"existentialism"翻譯來的。維克多·弗蘭克（Viktor E. Frankl, 1905~1997）將存在哲學的思想融入精神醫學中，於1930年形成了意義治療學的幾個重要概念，奠定了存在主義在心理治療上的地位和價值。

　　此觀點是企圖幫助人們解決一些當代生活中的兩難困境，如孤獨、疏離與無意義感等。事實上它是影響治療實務的一種哲學取向，並非一個治療學派，無確切的治療模式與特定的治療技術。

對人的假設：

（1）人類存在的意義不是固定不變的，是經由我們的計畫不斷在創造自己；

（2）人身處於一種持續在轉換、凝聚、演進及成形的狀態中；

（3）成為一個人，意指我們不斷地發現與明白我們存在的意義；

（4）人具有自我決定與朝向成長的傾向。簡言之，人的本質是要「自我超越」（self-transcendence），而非「自我實現」（self-actualization）。

　　生活的意義是要個人去發掘三種價值肯定與五種意義：

（1）三種價值

- 創造價值：透過創新的活動，我們賦予自己的生活以創造價值。
- 經驗價值：經過體驗，我們賦予生活以經驗價值。
- 抉擇價值：若無法尋找到創造、經驗價值，一個人仍能面對命運、災難的態度有所抉擇，也就是賦予態度以抉擇價值。

（2）五種意義

生與死的意義、受苦的意義、工作意義、責任意義、愛的意義。存在主義的主要目的是在一連串的治療過程中，讓人重建一套「自我省思」的能力，最後建立有信心的生命觀。

存在主義的六大命題如下：

（1）自我察覺的能力：拓展我們的察覺能力，即能增進我們充分體驗生活的能力。

（2）自由與責任：人們在可選擇範圍內自由作選擇，自由和責任是一體的兩面。

（3）追求自我認同與人際關係：存在的勇氣、孤獨的經驗、關係的經驗。

（4）追尋意義：生命意義的探尋是「投入」後的副產物，投入乃是我們願意過著充滿創造、愛、工作和建設性生活的一

種承諾。

（5）焦慮是生存的一種狀態：自由和焦慮是一體的兩面，伴隨焦慮的出現，會產生新思想的興奮感。

（6）察覺死亡與不存在：知道沒有永恆的時間來完成既定的計畫，將能使我們更加重視現在。

存在主義治療，其實是在運用一個「人」所具有的資源（如尊嚴、潛能、覺察、自我實現的驅力、生之本能等），去引導當事人從困境中找到自己的出路（資源），進而脫離出來[05]。尼采曾云[06]：「只要擁有一項生存的理由，就能忍受任何如何生存的痛苦。」及「那打不垮我的，將使我更堅強。」（Was mich nicht umbringt, macht mich staerker.）成為法蘭克之心理治療實務箴言與經驗的精髓。

人的問題來源：

人類面對未來與不確定時會產生共同的存在主題，我們會在下類問題中產生疑惑與不安，如「我是誰？」、「我過去是誰？」、以及「我該何去何從？」。人唯有經由個別的，具體的、主觀的、經驗的、直接的經驗人生，才能掌握人生「真實的存在」，這是人「自由」的可能，由此而作人生的「抉擇」，創造價值，實現自己。

---

05 林宜靜（2004）。存在治療與潛意識輔導。
06 趙可式、沈錦惠合譯（1995）。活出意義來：從集中營說到存在主義。頁105，光啟文化。

改變的機制：

改變將經歷三個階段：

第一個階段，協助當事人確認及澄清他們對世界的假設，檢視自己的價值觀、信念和假設，以判定其有效性。對許多當事人來說，他們幾乎在一開始，都把問題歸咎於外在因素。他們可能只去注意別人賦予他們的感覺，或是其他人對其行為舉止應負極大責任。

第二階段，當事人被鼓勵更深入的去檢測現在價值體系的來源和權威。此自我探查的過程通常能導致新的洞見產生，並重建一些價值觀和態度。當事人能更清楚的知道什麼是他想要過的生活，使得他們對自己內在的評價歷程更加明瞭。

第三階段，幫助當事人接納所發覺到的內在自我，並將其付諸行動。他們將自己所經過檢視，並且內化的價值觀，應用在具體的行動上。當事人通常能發現自己的優點，並使自己融入有目標的生活方式中。

教練的應用：

（1）教練目標：

- 促使當事人接受令人恐懼的行動自由與責任。
- 幫助當事人逃脫僵化的巢臼，面對阻擋自由的狹隘強迫性傾向。
- 幫助當事人面對抉擇的焦慮，去接受能採取行動以創造

　　　價值的存在。

- 澄清妨礙自由的各項因素，覺察各種可能的發展情形。

（2）教練策略：

- 關係建立（建立信任關係）→激發覺察（初期覺察與探索）→自我負責（中期頓悟與重新建構自我）→自由選擇（終期具體行動與選擇）

（3）教練關係：

- 教練與當事人均是真實呈現自我，一起參與的經歷是「會心」（encounter）過程，是人與人（person-to-person）接觸的品質。

- 彼此是 I / Thou（彼此是神聖的自我）的關係，每一個參與對話者，心中都有他人的特殊存有，意圖在自己與他人間建立一種活生生的相互關係。

- 重視現在而非過去、重視當事人做了什麼、如何卡住不能動彈、覺察自我與環境的互動。

- 教練的基本核心是「尊重」。

(四)在學習歷程建立新行為：行為學派觀點

　　源於 1950 年代及 1960 年代，興起於美國、南非與英國等地。發展焦點在制約技術的有效，且是可行的替代方案。1990 年代發展特徵：以行為為焦點、強調學習，及嚴謹的衡鑑與評估。理論觀

點受到學習理論（經由增強與模仿，學習正常的行為，行為是環境制約的結果。）、及社會認知論（心理困擾導因於個人「對經驗的解釋」。人在改變的過程中，有自我引導的能力。）的影響。行為學派認為，內省法是主觀而不可靠的工具，意識是無法觀察和紀錄的，而心理事件無法直接處理，因此強調「行為」才是重要的主題，因行為能被直接處理。

對人的假設：

（1）行為是「學習」的結果，應用學習原則可以改變不當的行為。

（2）行為的消除或再學習有其環境因素。

（3）人是社會文化環境下的產物。

（4）人有主觀表達和認知的能力。

（5）以行為焦點的導向。

（6）認知過程的中介因素。

（7）強調人能行動，人能負責。

人的問題來源：

（1）主張以「生活問題」來看待偏差行為。任何生活問題，皆可切割處理，逐步而系統的完成改變。

（2）行為問題視當時的決定因素而定。

（3）情緒失調導因於認知缺陷。

改變的機制：有四種不同理論的觀點

（1）古典制約：起源於19至20世紀生理學上一個重大的突破，
由巴夫洛夫（Ivan Pavlov，1849~1946）進行有關消化的實
驗研究。古典制約關心的是「會引發反應的刺激」（經由
中性刺激來引發反射性反應）。將學習時的行為改變，解
釋為刺激（S）與反應（R）的聯結。

（2）操作制約：操作制約的假設是問題行為可以透過「新的學
習經驗」而得到改變。桑代克（Thorndike, 1874~1949）關
心的是「新行為的學習」。他提出三個主要觀念：

- 學習曲線：人經由學習後，表現出行為所需的時間愈來
  愈短。
- 效果律：行為的後果若能帶來實際的酬賞，則可增加行
  為的學習。
- 操作行為：自行產生的行為是受到該行為之後果所控制
  的。

操作制約特別注重「觀察學習」與「模仿」。觀察學習發
生於當一個人觀察到其他示範者（如領導者、教練），從
事某種特定行為的時候，觀察者藉由「看」示範者就能學
習到行為。模仿：經由模仿而來的行為反應，是由觀察者
透過對所觀察事件的「認知」或「暗自紀錄」而獲得。示
範者要記得，你的部屬隨時都在看著你的表現，如果領導
者言行不一，你別奢望部屬會表裡一致。

（3）社會學習：整合環境事件，對環境事件的認知（思考、信念、知覺）。強調行為上之多種類型的影響力，行為是發生於社會發展之脈絡背景下。換言之，組織內的行為，反映出組織的運作、組織氣氛與凝聚力、及組織整體脈絡下的環境。個人的行為問題，來自組織內部多重因素的影響，個人問題也反應組織本身的問題。

（4）認知行為：強調行為背後的認知基礎。透過個人的信念與歸因的處理。人們的困擾不是來自事情本身，而是來自人們對事情的看法。換言之，不合理的想法會造成情緒的困擾。因此，要矯正不當行為，就要糾正當事人不合理的想法，改變其情緒，建立合理的信念。

教練的應用：

　　教練應用行為主義學習方法的概念，幫助當事人學習，學習的目的是要幫助他達成行為的改變；教練的職責在提供有利的環境和刺激，幫助他的行為獲得改變；教練目標、內容、方法，和歷程，必須經過審慎的設計，有步驟地引導當事人產生新的行為；重要的是行為目標的改變，必須能夠客觀、具體地予以測量。所以行為的改變強調可觀察的行為；消除適應不良行為；學習有用的行為；改變不良的思考。在認知行為層面，則採用「認知重建」來改變不良的思考；改變的策略因人而異、因問題而異；強調「當下現在」的行為。

（五）在非理性信念找出改變動能：
　　理情行為治療觀點

　　艾伯特・艾理斯（Albert Ellis, 1913~2007）是理性情緒行為治療（Rational-Emotive Behavior Therapy, REBT）的創始者。他的理論觀點受到斯多葛學派（認為人對事物所持的看法是形成困擾的原因）、阿德勒學派（困擾來自信念）、人本學派（人有能力建立對錯的標準）、認知心理學（行為的改變，必會激發認知的改變。受訊息處理－認知中介）的影響。

對人的假設：
　　（1）人有正、負向的思考潛能，有改變的力量。
　　（2）人是受認知、情緒、和行為的交互影響。
　　（3）人有能力控制情緒，創造命運。
　　（4）人有先天的限制，但後天有改變的能力。

人的問題來源：
　　（1）情緒困擾是非理性思考的產物，是兒童期從重要他人學來，藉自我暗示與反覆灌輸錯誤教導的信念，或不合邏輯的思考而產生。
　　（2）心理疾病源自非理性信念。

改變的機制：
　　（1）認知：放棄完美主義、辨識「應該」、「必須」、「一定」。

（2）情緒：分辨「比較好」與「必須」的差異。

（3）行為：以家庭作業來追蹤當事人內化的隱含自我信息（完美、應該、一定、絕對等）。

（4）認知的覺察和哲學（健康的人生觀）思考。

（5）提升洞察力方法的三個層次：

（6）找出困擾挫敗的癥結。

（7）探索非理性背後的成因及來源。

（8）指出改變的可能及改變的意願。

教練的應用：

（1）教練關係

　　・教師的教育性角色。

　　・行為的訓練者。

　　・強調指導性、說理性、及面質性。

（2）教練目標

　　・減少情緒困擾與自我挫敗行為。

　　・減低錯誤的自責與責人的傾向。

　　・檢視（評估）及改變引發困擾的價值觀（信念）。

　　・有效處理未來的困擾。

（3）教練策略

　　・以演繹法來指出非理性信念的不良思考步驟的思考內容。

　　・揭示（明辨）困擾的非理信信念：找出證據，探索意義。

　　・修正並放棄非理性信念：詢問假設是否合理，提出支持/反對假設的理由，教練提出和假設矛盾的證據。

- 激勵當事人發展理性及合理的人生哲學。
- 由理智洞察（知道及了解）→情感洞察（擺脫非理性信念，以行動對抗）。

(六) 在理性腦中建立行動思維：認知行為觀點

艾隆・田京・貝克（Aaron Temkin Beck, 1921~2021）提出認知行為觀點（Cognitive Therapy, CT），認為人有理性思考的潛能，也有偏差思考的傾向。強調思考、分析、行動及作決定。他的理論觀點受到現象學（個人的看法與信念是行為的中心——內在決定論）、建構論（人是主動創造的主體，人賦予自身世界以意義創造認同）、及認知心理學（行為的改變必會激發認知的改變：訊息處理—認知中介）的影響。

對人的假設：

（1）感覺與行為取決於自己如何建構其經驗。

（2）人有意志可以改變，且負有改變的責任。

人的問題來源：

（1）情緒煩惱根源於幼年時期。

（2）信念系統是情緒問題的病因。

（3）思考過程中的認知失功能（邏輯錯誤的思考、不正確的結論）。

改變的機制：

（1）情感被激發。

（2）思考被覺察。

（3）修正錯誤的邏輯。

（4）檢核信心，對假設作經驗測試→蒐集及檢驗證據→發展新觀點或態度→得到新意或詮釋。

教練的應用：

（1）教練關係：前提是內在溝通可由內省得到，內在溝通具有高度個人意義，意義是由當事人自己推論出來的。教練的關係是：

- ・師生關係。
- ・主動教誨與指導的關係。
- ・共同合作的關係。

（2）教練目標：

- ・修正認知轉換。
- ・矯正認知程序中的系統偏差。
- ・檢查並修正機能不良的信念。

（3）教練策略：

- ・重點在思考過程中，監控煩惱的想法，挑戰信念的證據，探索認知扭曲，以現實來檢測信念與假設。

- 蘇格拉底式對話（Socratic Dialogue）[07]：蘇格拉底有句名言：「我只知道一件事，就是我一無所知。」他以戲劇方式的對白來討論哲學的思想，他常說他的談話藝術就像為人接生一樣，幫助人們「生出」正確的思想，但這位偉大的哲學家卻自認無知，並成為一個孜孜不倦追求真理，永不放棄的人。

貝克並將蘇格拉底式對話方式，應用於認知行為治療中。蘇格拉底式對話的程序（見圖 7.1）：1. 澄清語意：讓當事人評估自己的想法→ 2. 了解規則（了解這個想法跟事件之間的關係，及個人的內隱的規則）；3. 找出證據（提出答案來檢視想法）。

圖 7.1：蘇格拉底式對話的程序

1. 澄清語意：	**2. 了解規則：**	**3. 找出證據：**
讓當事人評估自己的想法。尤其是針對語意中模糊不清（關鍵字詞）的部份加以釐清，提出明確的定義，以澄清概念。	讓當事人了解想法跟事件之間的關係，及個人的內隱規則。以了解當事人如何評判外在事物。	讓當事人提出證據，便是驗證這個規則的正確與否。如果無法提出有利的證據，就需要修正以符合現實狀況。

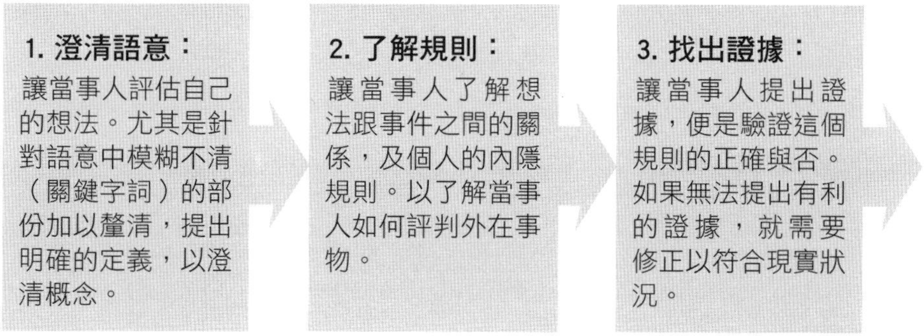

07 修慧蘭、鄭玄藏、余振民、王淳弘、楊旻鑫、彭瑞祥等譯（2009）。諮商與心理治療理論與實務。頁204~205。雙葉書廊。

(七)在選擇中建立成功認同：現實治療觀點

　　威廉・葛拉瑟（William Glasser, 1925~2013）為現實治療（Reality Therapy, RT）的創始人。他以選擇理論（choice theory）基礎，認為人的行為是內在的動機和選擇的結果，人選擇（不同的）行動來促進個人與周圍的人之關係。基本上人對行為的判斷有外在對錯的標準。他的理論也融入現象學的觀點，強調人有責任、價值觀、及強化自我的能力。這是一種問題解決諮商模式（短期治療），其基本觀點是：人能自我決定及掌控生活；成功的認同是改變的力量；強調責任與自律，及不使用藥物來治療。

對人的假設：

（1）行為是有目的的，行為源自內在力量。

（2）人有內在的需求與統整的需要。

（3）人能為想法與行為負責。

人的問題來源：

陷入目前不滿意的關係中或關係匱乏。

改變的機制：

（1）處理意識層面，提升知識水準。

（2）探索可能的選擇，改變永遠是一種選擇。

（3）強調價值判斷與負責。

教練的應用：

（1）教練關係

- 瞭解與支持的融入（involvement）關係。
- 教練（coach）扮演老師的角色。
- 教練（coaching）是教導的過程。

（2）教練目標

- 滿足心理需求（包含愛與歸屬、權力、自由、及樂趣）。
- 認知與行為是教練的重心。
- 學習獲取有效率的行為。
- 處理意識層面，提升知覺水準。

（3）教練策略：（在教練模式中對此策略會有進一步的解說）

- 探索需求（Want）。
- 決定行動（Doing）。
- 評估行為（Evaluation）。
- 改變計畫（Planning）。

（八）在內外在和諧中實現自我：個人中心觀點

卡爾・羅傑斯（Carl Rogers, 1902~1987）是人本心理學的一代宗師，他擷取三大理論為其理論的基礎，分別為：一、現象學：知覺的自我（指內心世界或經驗世界）。二、有機體說：人有自我實現的傾向，朝向實現與成長的潛力方向移動。三、人際說：在良好

的人際關係中，有良好的適應及健全的發展。

對人的假設：

（1）人具有自我引導的能力，能覺察及解決問題，有恢復正常
功能，和自我實現的潛力。

（2）人有尊嚴和價值觀（人格的基礎，心理健康的重要標
準），是主動的行為者。

（3）人是真誠，要比智慧更聰明。

人的問題來源：

（1）個體內在經驗和自我概念間缺乏一致。

（2）自我防衛導致個體否認或扭曲內在的經驗，產生偏差的行
為。

（3）積極關注的需求未能獲得滿足，自我關注的傾向未能獲得
實現，使個體產生疏離感。

改變的機制：

（1）覺知自己的不一致，對經驗開放，活在當下，信任自己的
感覺。

（2）發展出內在的自我評價，且願意成長。

（3）使自我內外在合諧一致的能力增加，選擇權內化，更能自
我指導與釋能（empowerment）。

改變是基於當事人的兩種知覺，第一種是當事人經由教練（coaching）中的體驗，所獲得的知覺；另一種是當事人對於教練（coach）基本態度的知覺。[08]透過教練，當事人漸漸地在內在發現許多深藏已久的部分，在當事人感到被了解與被接納之後，就愈來愈不需要防衛，並且愈來愈能夠對自己的經驗開放。當漸漸地較真實，能夠對他人有比較正確的知覺，也能夠了解和接納他人。他們逐漸地更欣賞現在的自己，行為變得更有彈性及創造力，也比較不會屈就自己去迎合他人的期望。

當事人開始以更真實的自我來表現行為，這樣的人將會授權給自己，來指引他們的行動，而比較少從外界尋找答案。他們變得更能接觸當下的體驗，比較不會被過去的經驗束縛，或太過堅持，也能夠以較自由的態度來做決定，並逐漸地增加對自己的信任，信任自己能夠打理好自己的生活。當事人在晤談中的體驗，就好像拋棄了銬住他們的心靈枷鎖，漸漸地，就能夠邁向內心的成熟與自我實現。

基本上，存在主義和人本主義是有一些差異點：存在主義認為人在面臨選擇的焦慮時，會創造自己的定位；人什麼也不是，是根據當下環境自己下決定。人本主義則強調在自我實現的潛能中，積極尋找個人意義；人像一顆樹，有適當的環境就能自動積極的成長。

---

08 修慧蘭、鄭玄藏、余振民、王淳弘、楊旻鑫、彭瑞祥等譯（2009）。諮商與心理治療理論與實務。頁204~205。雙葉書廊。

教練的應用：

（1）教練關係

教練關係是平等的。當事人的改變歷程有很大的部份有賴於平等的關係，當當事人感到教練以一種接納的方式來傾聽他們的心聲，慢慢地學到如何去傾聽他們自己內在的聲音。教練在關係中要能提供並做到下列幾點：

· 提供安全的氣氛與自我探索的情境，成為發揮完全而統整功能的人。

· 信任自我有機體，對經驗開放，樂於改變，使內在經驗與自我概念一致。（自我概念是指個人對自己和環境及其關係的知覺和評價。）

· 自我實現的特質：一、對自己經驗開放，二、擁有內在的信任感，三、發展內在的自我評價，四、有繼續成長的意願。羅傑斯（Rogers, 1961）曾描述一個正在邁向自我實現的人，會展現出以下的特質：傾聽、關懷、接納。

（2）教練特質

教練應具備三種特質，才能創造出一種促進成長的氣氛：

· 一致性（congruence）：包括真誠（genuineness）、或真實（realness）。真誠一致是最重要的特質。

· 無條件的積極尊重（unconditional positive regard）：包括接納（acceptance）與關懷（caring），這是一種「深度真心的關

懷」。

- 準確的同理了解（accurate empathic understanding）：能夠進
入當事人的主觀世界，深入了解他的感受，如同是自己的感
受一般。

(九) 在自我覺察中展現決定能力：完形學派觀點

弗里茲・波爾斯（Fritz Perls, 1893~1970）為完形學派（Gestalt
Therapy）的創始人。他的理論觀點是融合不同的理論觀點而來。諸
如：一、精神分析：早期經驗影響長大後的行為；二、場地論：個
人（需求）與環境（社會文化）的整體脈絡觀；三、存在主義：自
由、責任、真實、選擇與經驗；四、完形心理學：整體觀；五、人
建構知覺經驗並賦予意義；六、禪學：透過直接與直覺的洞察力來
獲得開悟；七、生命能量與經驗被卡住或扭曲（生理與心理）。

對人的假設：

（1）人能覺察週遭的事務，經驗現在，具自我覺察並做決定的
　　　能力。
（2）人是整體的組織，本性是非善、非惡的。
（3）人有能力自我抉擇，能有效的處理自己的問題，具有統整性
　　　的認知取向。自我是不斷改變的組織過程，朝向自我實現。

人的問題來源：

（1）缺乏覺察，逃避責任，否定自我需求。

（2）過於自我控制與內在衝突。

（3）未竟事物：沒有被充分體認或表達出來的情感（如悔恨、憤怒、怨恨、痛苦、焦慮、悲傷、罪惡、遺棄感）。

（4）固著完形：延後的滿足成為長期性，此一追求整體的需求會失去動能，而被扭曲或固著，使需求受到扭曲、否認、或是替代。

（5）接觸中斷：因著固著而使有機體打斷接觸。

（6）自我中心主義：自我控制，無法放鬆接觸。

改變的機制：

（1）找出僵局，由外在轉向內在支持，體驗此時此刻。

（2）由接觸歷程→健康循環，脫離成長障礙的五個層次（虛假→恐懼→僵局→內爆→外爆）。

　　虛假：以刻板不坦誠來作為與人應對的方式。（結果：玩弄心機，迷失在角色中，出現虛偽的表現，活在自己創造的想像中）

　　恐懼：因為無法面對自己的痛苦，拒絕接受現實的自己。

　　僵局：是停滯的成熟點，為避免經驗不舒服的威脅情感，抗拒面對自我和作改變，常有死寂感及自覺一無是處。

　　內爆：願充分經驗死寂，揭開防衛接觸真實自我。

外爆：除去欺騙的角色和虛假，釋放假扮角色的能量，變
得更坦誠及有活力。

教練的應用：

（1）教練關係

- 人對人的夥伴關係（教練本身即為工具）。
- 引導催化設計實驗情境，並應用在生活中。
- 主動分享此時此刻的知覺與經驗。

（2）教練策略

覺察提升→選擇能力增加→承擔更多的責任。（覺察包括了解
環境、自己，接納自我，能與人會心的接觸）。策略包括：

- 與生活現實經驗接觸，統整內在衝突。
- 覺察此時此刻的體驗，獲得頓悟。
- 有能力面對及接納被否定的自我。
- 自我接納與支持（由外向內）。
- 藉自我知覺的能力與責任感來促進成熟。

(十) 在積極思考中實現願景：焦點解決觀點

焦點解決短期治療（Solution-focused brief therapy, SFBT）屬於
後現代主義觀點，是因應時代所需而生的短期治療中相當盛行的一
種。SFBT是由史蒂夫‧薛澤和茵素‧金柏格在美國密爾瓦基的短期
家庭治療中心所研發出來的，乃是受到米爾頓‧艾瑞克森（Milton

Erickson）的短期治療、及位在加州的帕洛阿爾托（Palo Alto）心理研究機構（Mental Research Institute, MRI）短期治療中心的影響。

　　SFBT 是這 20 年來所形成的一種短期治療學派，目前仍不斷在發展中，重視正向思考及未來導向，也強調個體之所以產生問題，往往是其問題的解決方式不當，所以重視的是問題的解決而非問題的成因。

　　此法不探討事件發生的原因，亦不積極於催化當事人情緒的宣洩，以免當事人深陷困境或擴大悲傷的膠著痛苦感。相反的，重視生命的正向積極面，強調積極肯定鼓勵當事人，著重探索當事人內外在資源，企圖協助當事人提取過去的成功經驗中的要素與信心，學習以建設性的新眼光來重新詮釋生活的困境、失落或創傷，並且建立具體可行的正向目標，配合立即可為的行動，以催化當事人開啟心理的動力，重新創造生命新的成功經驗，走出生命的幽谷。

對人的假設：

　　當事人是一個「被困住的人」（stuck），不是一個「病人」（sick）。當事人本身擁有內在的資源與能力，可以建構其對環境的真實的回應。人不是帶著問題來尋求協助，而是已經帶著解決方法，只是需要有表達的機會（wish solutions seeking expression）。每個人都是獨特的，與其探究過去的歷史，不如將焦點擺在問題解決上。人有能力去改變真實，改變會帶來改變，人一旦改變，就會持續的改變，人也會活得更美好與精彩。

人的問題來源：

　　SFBT 是一種遠離問題導向的治療取向，認為當事人會對問題有所抱怨，但沒有所謂的症狀，所以不以病理學的角度來分析當事人問題成因，因為病理性的標籤並沒有辦法導致當事人的改變，只會讓當事人更卡住在他的問題裡。

　　基本精神 [09]：

- 事出並非一定有原因。
- 「問題症狀」有時也具有功能。
- 二人同心，齊力斷金。
- 不當的解決方法常是問題所在。
- 當事人是他自己問題的專家
- 從正向的意義出發。
- 雪球效應（看重小改變的價值）。
- 找到例外，解決就在其中。
- 重新建構當事人的問題，創造改變。
- 時間及空間的改變有助於問題解決。

改變的機制：

　　SFBT 非常重視當事人的成功經驗、力量、資源、希望、小的

09　李玉嬋、洪莉竹、許維素、張德聰、賈紅鶯、樊雪春等著（1998）。焦點解決短期心理諮商。頁4~9。張老師文化。

改變及合理可行的目標。在進行教練時，可以善加運用並掌握五種「人」的改變要素 [10]：

改變要素一：被了解、不孤單的共鳴感，使人接納自己、願意面對現況。

改變要素二：被肯定，提升自我價值，使人有力量去行動。

改變要素三：找尋成功經驗，打破陷於絕境的過度擔憂，由過去的成功經驗，找尋可供解決目前問題的策略（如：例外問句）。

改變要素四：建立成功經驗，找回行動的主控權與自主性，真正去解決問題。

改變要素五：形成未來的遠景、未來美好的遠景形成行動的動機，並由遠景中找尋目前可行的方法（如：假設問句）。

教練的應用：

針對改變要素一的表達方式有：

（1）先不建議或指正。

（2）摘述當事人的情緒與談話重點。

（3）以開放式問句，來了解當事人的內在世界。

---

10 許維素。尋找生命的亮光－焦點解決短期心理諮商簡介 http://tw.classf0001. urlifelinks.com/css000000013165/cm4k-1176044558-6852-9615.doc

（4）減低嚴重程度的同理（一般化）。

針對改變要素二的表達方式：

（1）告知當事人平日表現中的優異。

（2）從當事人的挫折、犯錯中找到可貴的動機（重新架框）。

針對改變要素三的表達方式：

（1）引導當事人思考在過去類似的情況中如何解決。

（2）引導當事人思考過去曾有過的成功經驗。

（3）鼓舞當事人思考：你是怎麼做到的。

針對改變要素四的表達方式：

（1）引導當事人將行動切成很細步的行動。

（2）當事人做到時，肯定與鼓勵當事人。

（3）當事人沒做到時，可引導當事人思考情況如何沒有變得更糟。

（4）當情況更糟時，可以引導當事人思考是如何熬過來的。

針對改變要素五的表達方式：

（1）鼓勵當事人描繪未來美好的圖像。

（2）由美好的圖像中，引導當事人至目前曾經做到的或可以開始做的。

　　弗雷德里克·哈德森認為[11]，教練可以使用下列六種不同形式的問題，來協助受教練者：

（1）例外問題（Exception questions）：不發生問題與發生問題時有什麼不同？

（2）應對問題（Coping questions）：你正在經歷的，你怎麼繼續走下去？

（3）量尺問題（Scaling questions）：從1至10分，你目前的心情感受，1是感覺自己很糟，10是感覺自己真的很棒，你覺得自己現在是幾分？

（4）奇蹟問題（Miracle questions）：如果今晚你在睡眠期間，「問題」奇蹟般地消失不見，你明天將會有什麼不同呢？

（5）未來導向問題（Future –oriented questions）：當不再有這個問題時，你剩餘的時間會做什麼？

（6）能力和資源問題（Competence and resource questions）：你是如何做到這一點？你怎麼認識到這一點？

　　不同的理論學派有其立論的哲學思考與假設觀點，你可以擷取不同的改變機制在實務中應用。教練取向融合短期心理諮商及後現

---

11 Frederic M. Hudson Ph.D（1999）. *The Handbook of Coaching: a comprehensive resource guide for managers, executives, consultants, and human resource professionals.* P.75. Jossey-Bass Publishers San Francisco.

代學派觀點與技術，有興趣朝教練之路發展的人士，若要深化與提升專業能力，建議對各種心理諮商學派與技術深入學習。同時，如有專業督導在一旁協助與指導，更能將技術內化而應用自如，帶出更多的專業影響力。

第 8 章

如何幫助人改變？
各種教練觀點

員工的特質每個人都不同，
領導者也要學會欣賞不同的差異，
因為每個人都是獨特的……。

(一)組織教練（Organizational Coaching）的觀點

　　前一章簡介了多種不同理論的教練與心理學模式，不管你將運用何種模式在你的專業教練中，你都需要了解不同模式本身的特點；更重要的是，你必須了解你自己的特質與擅長的能力，同時要找出你個人的教練風格。唯有你發展出自己的教練風格，將之融入教練模式中，才能在專業教練上發揮的淋漓盡致。

組織教練的概念

　　三十多年前，僅有少數人聽過「組織教練」這個名詞。會使用這個名詞的大多數是擔任組織中督導的人，他們形容教練為一種「賦權」的形式。在當時，教練的概念基本上是鮮為人知的。

　　直到 1995 年，教練才被一些組織顧問和有先知灼見的人，使用它成為正式詞彙的一部分。教練已經發展成足以成為組織變革的一種新工具，這項發展令人感到興奮，因為它是可以用來解決組織問題的新方法。

　　享譽國際的高爾夫球名將曾雅妮與潘政琮，已經締造了多項高爾夫球的新紀錄。我以打高爾夫球為比喻，讓你明白什麼是組織教練。如果你有打高爾夫球的經驗，不管在哪一洞，站上發球檯時，你必定會遙望果嶺，試著從發球檯上瞄準目標，看看球道及地形的狀況，接著你站好姿勢，試著揮桿，然後定睛在前面的球，用力揮桿，直到球打出去為止。

　　打過高爾夫球的人都知道，打球時絕不能抬頭，頭一抬，揮桿的姿勢就必改變，球也必會偏左或偏右。揮桿的那一霎那，眼睛是盯著球的，已經不是看著果嶺上的目標。我稱它為「大處著眼，小處著手。」

　　大處著眼就是以組織的整體發展為考量（組織目標、產品策略、市場區隔、行銷計畫等等），小處著手就是回到領導者或管理者身上（領導風格、個人特質、決策能力、建立團隊等等）。簡言之，組織教練是著眼於組織的整體架構，將個人在組織中的發展，融入到組織的運作內，因此訂定教練目標時，同時考慮組織的需要（人才發展策略）與個人的發展（精熟領導力或決策力等）。

　　組織教練是用來增進績效（績效教練，Performance Coaching），改善決策歷程（領航教練，Executive Coaching），和釐清價值信念（整合教練，Alignment Coaching）的工具。組織教練幫助員工確定在哪些領域有發揮的空間，並協助他們獲得的技能或知識。它會使用各種不同的技術：如反思，心理工具，觀察，訓練，示範和古老而重要的方法──聆聽。

教練在組織中的工作任務如下：

- 在其他人想要達到的專業領域中建立典範。
- 引導當事人在新的領域中達到更高的績效。
- 倡導、評論、並延伸企業文化和智慧。

- 贊同與贊助他人，不需使用權力或控制他們。
- 催化專業發展和組織系統的發展。

組織教練探詢的三大領域（三個 I）

教練通常會使用正向思維的提問方式，深入了解領航（高階）教練的三個範疇（見圖8.1）：資訊（Information）、意圖（Intention）、及計畫（Ideas）。

圖 8.1：領航教練探詢的三大領域

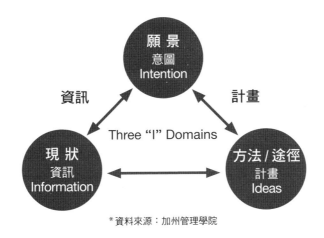

*資料來源：加州管理學院

我從這三範疇舉出實際的探詢問題，幫助你進一步知道如何運用。請你留意，我提問的問題能得到哪些有意義的資料。請參考這些問題，在你實際應用的情境中加以變化。

現狀（資訊）提問：（Where are we now？）

（a）你對目前的決策經驗有哪些想法和感受？

（b）目前經營管理上最想突破的點有哪些？

（c）你有哪些優勢的能力與專長，可以發揮在未來的決策上？

願景（意圖）提問：（Where I want to be？）

（a）假想你有一個思考良久的計畫要進行，你會結合哪些有利的條件和資源來達成目標？

（b）你打算怎麼將過去成功的經驗用在此刻？

（c）想像此刻你會如何運用你的專長與能力？

方法/途徑（計畫）提問：（How do I get from here to where I want to be？）

（a）想像你已經達成目標，現在回頭看看這個過程，有哪些成功的方法讓你如願以償？

（b）你認為你的決策之所以有效，是發揮你個人或組織的哪些優勢？

（c）有哪些重要的理念或價值，是促使你能完成這項任務？

讚賞式取向（Appreciative Approach）

彼得・杜拉克（2001）認為 [01]，現代管理的重心已自資金、機

---

01 李田樹譯（2001）。杜拉克精選管理篇。天下文化。

器與原料轉移到人身上。員工是最重要的資源，而非成本，人員是有血有肉「完整的個人」（a whole man）。管理的任務就是要讓一群人有效發揮其長處，盡量避開其短處，從而創造績效。「用人不在於如何減少人的短處，而在於如何發揮人的長處。」他的觀點反應出以正面且積極的方式，來帶領部屬能創造出組織的績效。沒有人不喜歡被肯定，在被肯定的情況下，更能激發出積極主動的態度，愉快的心情也會使工作效率提升。

馬克斯·巴金漢（Marcus Buckingham）和唐諾·克里夫頓（Donald O. Clifton）在他們的著作《採取行動發現優勢》（*Now, Discover Strengths*）提到一個與眾不同的觀點[02]，他認為：「卓越不代表全才，成功者很少是全方位人才，但必然特質鮮明。唯有將能力發揮到極致才能脫穎而出，而不是去改善弱點。……公司應該想辦法讓每位員工達到世界級的水準，……找出每個人五項最強的主導特質，……能幫助我們解釋能力，而不是解釋弱點。」

被正統的財經媒體尊稱為「奧瑪哈的先知」、或「奧瑪哈的聖賢」的投資之神巴菲特，他與一般人並無差異，惟一的不同是：他懂得善用自己的主導特質，他並未將力氣花在矯正自己的弱點，而是找出優點，將它發揮得淋漓盡致。找出自己最強而有力的優勢，

02 蔡文英譯（2002）。發現我的天才——打開34個天賦禮物。頁24~27。商智文化。

透過不斷的練習與加強，使自己的表現優於現狀。

　　新近的腦神經科學研究已經證實，在工作中得到快樂的員工比較有生產力。原因是創造力來自於好奇心與渴望的結合，這項結合會促進腦內的多巴胺。好奇心左右我們的生活，而好奇心的特徵是：容易因為特定主題和人物而產生好奇心的人，會對所有的事情感到興奮。多巴胺的重要性以三種方式，立即影響腦部所發生的事情：一、它讓我們注意到特別有趣的情況：多巴胺使人精神振奮。二、他要求灰質記住美好的經驗：多巴胺促進學習。三、它用來操控肌肉，讓身體順從意志：因為多巴胺使人積極，例如能享受在工作樂趣中的人，即使身體感到疲累，仍然樂此不疲。

　　所以，領導者創造一個積極且氣氛良好的組織是責無旁貸的，運用讚賞式的觀點，正符合腦神經科學的論證。員工的特質每個人都不同，領導者也要學會欣賞不同的差異，因為每個人都是獨特的，正如蘇軾的詩：「橫看成嶺側成峰，遠近高低各不同。」

讚賞式取向的目的

　　讚賞式觀點是聚焦在受教練者的「優勢」與「獨特能力」（the strength and distinctive competencies），這種方法是用來減少員工對組織的抗拒，避免問題與舊有模式產生連結。

　　組織教練應該幫助員工將自己的表現發揮到最佳的境界。好教練對員工應做的事情，是提供更好的決策，更多的想法和選擇，更大的支持。

交通部觀光局於 2010 年 11 月舉行一場有關品牌的論壇[03]，與談人之一的墾丁凱撒大飯店武祥生總經理，有一段令人印象深刻的談話，他提到：

墾丁凱撒 2006 年硬體全新改裝企圖提升品牌，但市場告訴我們，顧客並沒有增加！我們重新反省：硬體提升真的是致勝的工具嗎？當我們的改裝業績不如預期後，我們發現，飯店是一種磁場的再造，創造人的價值，尊重客人，才有機會提高滿意度。另一方面，員工的自尊心、快樂指數、滿意度提高，才能建構本身對企業的使命，員工一樣需要被尊重，才有深層的感受，最後我們發現要讓員工感受品牌內化的過程，才是改變的根本。

讚賞式取向的功能

威廉·貝格斯特博士認為，讚賞式回饋（Appreciative Approach Feedback, AAF）有許多的功能[04]：

功能 1：人事 / 方案決策（Personnel / Program Decision）

03 交通部觀光局（2010）。國際新環境下的旅館品牌定位。主講人：麗晶酒店集團總裁 Rolf Ohletz，主持人兼與談人：經濟評論者馬凱教授，與談人：墾丁凱薩大飯店武祥生總經理、台北君品酒店 Achim von Hake 總經理。刊載予2011 年 11 月 9 日，聯合報，台灣觀光論壇 A10 版。

04 William Bergquist, PhD.（2007）. *Organizational coaching: An appreciative approach resource book*. pp.90~102。

經常被用來幫助領導者和管理者，在面對員工時，作出有關任用、晉升及薪資等的困難決定。

功能 2：發展／訓練（Development／Training）

能作為員工訓練與教育計畫的基本形式，不論回饋是給予個別員工或進入方案程序內。

功能 3：評估意圖（Intention-Focused Assessment）

可以連接到具體的鑑定和評估組織的意圖上。

功能 4：團隊建立（Team Building）

只要稍具讚賞的性質，回饋可以作為團隊建立過程的功能。

功能 5：確認員工需求（Identification of Staffing Needs）

可以用來評估優勢和弱點，以便確定員工的立即人力資源和需求，並規劃未來人員的需求和資源。

功能 6：決策的一致性（Policy Congruence）

具系統的回饋，能提供資訊給董事會或高階主管，在組織中明確的政策與採取行動之間取得一致的程度。

功能 7：公平的待遇（Equitable Treatment）

可以成為組織適當確保公平待遇的工具。

功能 8：文件和證據（Documentation and Evidence）

可以用來說服內部和外部利益相關者，僱員或程序單元是有價值的。

功能 9：研究與發展（Research and Development）

回饋歷程催化研究與發展需要的決定因素，這些因素影響個人

和組織的效能。

功能 10：知覺檢查（Perception Checks）

可以幫助那些被評估的員工，以確定是否他們了解來自其他人或者自己的績效的知覺。讚賞式回饋系統的知覺檢查，能鼓勵員工做一些建設性的成果

功能 11：角色澄清（Role Clarification）

有效的回饋系統，可以幫助員工和他的上司，進一步界定和澄清他在組織中的角色。

功能 12：以身作則（Modeling）

回饋過程在組織中，將成為示範和激勵機制，在部屬，同事和其他方案的組織單位中扮演重要的角色。

(二) 鷹架理論發展觀點（Scaffolding Instruction Theory）

我個人非常喜歡蘇俄心理學家維高斯基（Vygotsky）的學習理論，此理論概念非常適用於說明什麼是教練及教練的發展歷程，同時清楚勾勒出教練與受教練者的關係。

維高斯基（1962）認為人類的認知發展過程是經由「內化」或「行動的遷移」，將社會意義及經驗轉變成個人內在的意義。教練協助當事人將學習的內容內化成為自己的東西，再轉化成為行動。例如學習一種新的決策模式，將它融入到個人的價值信念系統，轉

化成為一種決策行為或新的決策習慣。

　　維高斯基主張，人存在兩個不同的發展層次：

　　一、實際發展層次（The actual level of development）：就是發展階段，什麼樣的階段有什麼樣的能力。

　　二、潛在發展層次（The potential level of development）：則是在與成熟的人或同儕的合作下，能夠解決問題的能力。這兩者之間的差距，維高斯基（1978）稱之為「近側發展區間」（zone of proximal development, ZPD）」。

　　ZPD 意指一個個體能在「更有能力的他人」之協助下，表現出更高層次的能力（competence）。維高斯基認為，學習可以帶領成長，而一個學習者能做的任務（task），可以劃分為以下三個等級：可獨立處理的工作、鷹架、需協助才可完成的工作。

　　「鷹架」是一個介乎學習者「有能力」與「沒有能力」獨力完成的工作之間。維高斯基認為，假若沒有人協助學習者去把新的知識與舊有的知識聯繫，學習者一般不能獨自跨過這個學習上的距離。這個距離，就是所謂的「可發展區域」。學習者在有能力者的帶領和輔助之下，他有能力可以完成的動作會有所增加。當學習者在這個鷹架裡，他們能夠學習如何獨力完成有關的工作。一旦他們成功了，就可以擴展自己的「可獨立處理工作」範圍。

　　我再以建築工地的實際例子進一步來說明。我猜想你或許看過

房子建造的過程，請你回想一下房子是如何被建造起來的？蓋房子的第一步是開挖地基，地基開挖多大與多深，一方面土木技師要知道大樓要蓋多高，樓地板面積有多少，計算出樑柱的承重，另一方面依據建築師所繪製的建築藍圖來施工。

當地基開挖後，不管是採用連續壁[05]或筏式基礎[06]施工法，這兩種方式都好比是地基的鷹架。地基蓋好之後，隨即在地面一樓搭起鷹架，待一樓的樓地板及樑柱蓋好後，接著又往二樓搭上鷹架。每蓋好一層樓，就往上搭一層鷹架，直到要蓋的樓層高度為止。當主體建物完工後，所有的鷹架隨即拆除，鷹架的任務完成了。你不會看到剛蓋好一層樓，就往上塔十層樓的鷹架，它一定是循序漸進，每一層樓的鷹架，都在下一層蓋好後才往上搭。

而教練與受教練者之間的互動，就像蓋房子一樣。教練是鷹架，地基、樓地板、樑柱等好比是受教練者，每蓋好一層樓，就像完成一個短期的目標，一直蓋到所要的樓層高度為止，最高的樓層就是教練的終極目標。受教練者完成目標、或達成績效、或發展出預設目標的能力、或能自主運作時，就是教練鷹架退場的時候。教練無法一直陪在受教練者的旁邊，終究受教練者要獨立自主。

---

05 連續壁施工法因其剛性大，止水性佳，深開挖期間安全性高，且可作為地下結構物之外牆壁使用。對於工地鄰近地盤及構造物沈陷與位移的影響，遠較其他幾種施工法小，已被公認為深開挖工程施工中之最佳擋土措施施工法。

06 筏式基礎係用大型基礎版或結合地樑及地下室牆體，將建築物所有柱或牆之各種載重傳佈於基礎底面之地層。以基礎版承載建築物所有柱載重之筏式基礎，應核算由於偏心載重所造成之不均勻壓力分佈。

　　受教練者的實際發展層次，就是目前所擁有的能力或實際的工作狀況；受教練者的潛在發展層次，就是藍圖上最終要完成的樓層高度。從地基建造開始，到完成主結構體，這段過程或高度的距離，就是近側發展區間。施工前的藍圖，就是教練與受教練者兩人，在正式進入教練階段前，所討論出來且有共識的發展目標。教練是有專業能力的人，好比鷹架；受教練者是具有潛在發展能力的人，是學習者。當受教練者依藍圖完成最後的教練目標後，即表示受教練者已經學習到如何獨力完成有關的知識、技能或工作，這時候就是教練退場的時間點。

　　就像奧林匹克運動會或每四年一次的世界杯足球大賽，最終上台獲頒金牌的是選手，而不是教練，觀眾的注目眼光都集中在閃亮的明星身上。教練也要將榮耀與光芒留給參賽者。教練讓參賽者在頒獎台上光芒畢露，然後教練搭更高的鷹架，激發選手更大的潛能，為下一次的比賽預做準備。

　　在組織中，身為領導者、首席執行長或高階主管，你所扮演的角色就像教練一樣，你需要尋找有潛力的部屬，讓他們知道你對他們的期待，協助部屬建立發展指標與最終目標，幫助他們將潛能都釋放出來。發展組織人才需要耗費時間，不是一天或兩天，有時需要以十年或二十年的眼光來思考。蓋三層樓的建築，與蓋二十層樓，或者像101大樓，施工期一定不同，樓層愈高所耗的時間就愈長。這是組織領導者必須面對的事實。

　　領導者永遠都要知道，你不可能一輩子都站在最高處，總有一天你要下來的，不管你願意或不願意。當你功成身退時，也就是接班人上台的最佳時機。組織時時刻刻，也永遠都需要有接班計畫，簡單來說就是高階人才發展培訓計畫。當你在組織成功扮演教練的角色，你的部屬也將看到你以身作則的示範，你永遠會是部屬模仿與學習的榜樣，他們會終身感激你。你不僅留下領導的典範，你的精神也將永遠烙印在他們的心中。你不僅有優秀及傑出的績效，更贏得一輩子的友誼與風範。

　　試想想看，你扮演鷹架對員工及組織將帶來何種深切的影響？領導者，你願意當「鷹架」嗎？

(三) 最新興的教練觀點：正向心理學

　　最後我要介紹目前教練專業的發展中，愈來愈看重並使用正向心理學（Positive Psychology）的觀點。

　　古思想家馬可．奧瑞利思[07]：「人的一生是由他的想法所造成。」這句話清楚地點出一個人如何思想的重要性，且具有影響力。著名的作家、熱心的教育家、及虔誠的宗教家諾曼．文生．皮爾（Norman Vincent Peale）博士，終其一生都倡導「積極思考」，

07　陳恆霖（2007）。正向思維的力量 ── 在「教練」中的應用。本段原文刊載於美國加州管理學院季刊。

他說 08：「正面的思考會使你在行動時，放入正面的力量，並在你周圍創造一種適合發展正面結果的氣氛。」簡言之，當人們運用正向的思維時，就能產生改變的力量，影響自己和別人。

正向思維為何重要？

最新的腦部科學研究為我們提供了答案。人類的大腦可以透過不斷的學習而造成新的改變。史蒂芬‧克萊恩（Stefan Klein）在其著作中寫道 09：「每當我們學習到了新事物，我們腦內的控制系統也會隨之改變。……想法可以造成腦部的改變，……透過正確的練習，人可以提升自己的幸福能力。」

一般來說，右半腦（右側額葉）比較活躍、而比較不懂得掌握負面情緒的人，比較內向而悲觀，猜疑心也比較重。易將小小的失敗看成大災難，比平常人容易得到憂鬱症，並且非常不容易快樂。

而左半腦（右側額葉）愈是活躍，就愈是不會失去控制。大多表現出樂天派的樣子。他們自信而樂觀，經常愛嘻鬧，天生能看見生命美好的一面。善於處理生活裡的不愉快，也比較能抵抗疾病。

由前述的研究我們可以理解到一個重要的思維脈絡：正面的思維，會帶來正面的情緒，正面的情緒帶來積極的行為。反之，負面的思維，會帶來負面的情緒，負面的情緒帶來消極的行為。

---

08 諾曼‧文生‧皮爾著，張美芳譯（民89）。積極思考就是力量。267頁。世潮出版社。

09 柯萊恩著，陳素幸譯（民93）。不斷幸福論。10-11頁。大塊文化。

正向思維的影響力

美國杜克大學賀托（Huettel）博士和韓國醫師柳尚遇發現：當逆境出現時，成功人士的腦部，是由額葉皮質（理性腦）來主控，感性腦並未掌控一切。賀托發現人腦習慣透過經驗，找出一定的模式，做為預測將來的依據。當模式被打破時，會刺激腦中掌管情緒的杏仁體（感性腦），產生害怕焦慮，而促使人採取逃避。這種由杏仁體來主導情緒反應，正是許多人在做決策時失敗的關鍵。

2001 年後，腦科學的研究也證實，人長期處於壓力，確實會使主管記憶的海馬迴神經細胞死亡，出現記憶衰退現象，學習力降低，人就變得更無自信。加拿大心理學家唐納德・赫布（Donald Hebb, 1949）研究發現：「神經元就是負責我們的『學習』。」神經元是奉行「物以類聚」的原理。能從其他神經元接受到信號，神經突觸就會增強產生新連結，以適應新的環境。

既然科學研究證實，腦部不但會由於外在經驗而改變結構，也會因為處理了自己的感受而改變。新的經驗常會改變我們的感受。只要我們用一種新方法去體驗或進行某件事，我們就得到了新的學習。

正向思維在「教練」中的應用

在教練的理論與實務中，看到此一領域結合腦部的科學研究及正向心理學的概念。馬丁・斯利格曼（Martin Seligman）博士在1998年擔任「美國心理學會」主席時，積極推動「正向心理學」的

發展，強調人可以將自己的長處發揮在生活領域中的各個層面。

　　斯利格曼指出[10]，正向心理學有三根柱石：一、研究正向情緒，二、研究正向特質（指長處和美德），但是能力（ability）也很重要，三、研究正向組織，例如民主社會、家庭支柱以及言論自由等，這些都是美德的支柱，美德又進而支持正向情緒。

　　教練是一個雙向溝通的歷程，是教練與被教練者兩人開放心靈的交流，更是催化被教練者學習與發展的歷程，最終目的在增進被教練者的專業能力。由腦部科學研究及正向心理學的觀念，而應用在教練過程中，使用正向的思維方式加上提問技巧，可以協助被教練者提升其決策能力、溝通能力、計畫能力、解決問題能力，同時建立一個正向組織團隊的圖像，以幫助被教練者和組織達成目標和任務。

10 Martin E. P. Seligman 著，洪蘭譯（民93）。真實的快樂。遠流出版。

第 9 章

如何引導人改變？
各種教練模式

教練一方面要很專注在與受教練者的晤談，
一方面卻要像靈魂出竅一般，
教練者的靈魂在晤談空間的上方，
監看整個談話過程……，
這聽起來有趣，但卻不易做到……。

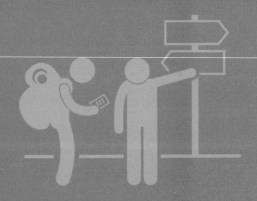

　　曾有接受過認證的教練，及接受教練訓練的高階主管，向我反映一個共同的問題：「為什麼我學了教練，也懂得教練的概念，我還做不出教練來？也不清楚自己是不是在做教練？」

　　這問題凸顯了一個現象，從學習上的「知道」，到實務上的「做到」之間，存在一個落差與距離。懂了，為什麼還無法操作教練的實務，原因在於缺少教練過程中的模式，與教練技巧的訓練。如果你想要在教練的能力上精進，就必須接受教練模式與技巧的訓練（有關教練的技巧，會在稍後的章節中說明）。在介紹各種不同教練模式之前，對有志想要學習教練知能與技巧的人，有幾個關念需要先釐清。

　　首先，不管你使用哪一種教練模式，基本上這些模式是在教練對話過程中的概念架構。身為教練的你，必須很清楚地知道，教練過程是「一個瞬間接著一個瞬間」（moment by moment）的快速對話，你要能夠掌握對話瞬間的過程是如何進行的，包括：教練自己能知覺自己對話的意圖（intention）、迅速聽懂受教練者話語的含意（非表面上文字的意義）、受教練者對話後的反應有哪些、了解對話的此時此刻（here and now）兩人之間是如何互動、教練與受教練者下一步要往哪個方向前進、教練運用的策略與步驟是什麼等等。

　　教練必需要訓練自己能細膩地掌握整個教練的進行，不只要「知其然」，更要「知其所以然」。因為受教練者對自己常是「知其然，不知其所以然」。換言之，專業教練要具備「後設認知」（meta-cognitive）與「後設溝通」（meta-communication）的能力。

後設認知（metacognition）與
後設溝通（metacommunication）

約翰·弗拉維爾（John Flavell）是「後設認知」這一概念的先驅之一。他在20世紀70年代提出了後設認知的觀點：「對認知的認知，對知識的認知（cognition about cognition, knowing about knowing）。」他在《後設認知和認知監控：認知發展探究的新領域》中提到[01]，「後設認知定義為對自己的認知過程的認知，並指出後設認知是由三個主要元素組成：對認知任務的了解、認知策略的選擇和應用，以及對認知監控的知識。……後設認知的知識是關於自己和他人作為認知主體的存儲知識或信念，包括關於任務、行動或策略，以及所有這些如何相互作用，以影響任何一種智力活動結果，並存儲知識或信念。」

「後設溝通」是指在溝通過程中對溝通本身進行反思和管理的能力。這包括言語和非言語的訊息，以及在溝通中使用的技巧和策略。後設溝通強調了對溝通過程的認知，包括溝通目的、溝通效果以及如何調整溝通方式來改進溝通效果。

這兩個概念的重要性在於強調對於自我認知和溝通的認知，在這個過程中，個人不僅僅處理特定的信息或溝通目的，同時也反思

---

01 Flavell, J. H.（1979）. Metacognition and cognitive monitoring: A new area of cognitive–developmental inquiry. *American Psychologist*, 34（10），906–911.

和管理自己的認知和溝通方式，從而提高學習、理解和溝通的效果。

我以一個看似好笑的例子來比喻這種情況，在教練過程中，教練一方面要很專注在與受教練者的晤談，一方面卻要像靈魂出竅一般，教練者的靈魂在晤談空間的上方，監看整個談話過程，使教練從當下抽離到另外一個更高的層次來看自己是如何進行教練的。這聽起來有趣，但卻不易做到，除非教練本身有受過相當的訓練與累積豐富的經驗，這就是「知其然，也知其所以然」的教練境界。

其次，不管你使用哪一種教練模式，都要切記使用這些模式不是單方向的、也不是一定有先後順序的，教練模式的應用常常是視對話過程中受教練者的反應，而來來回回地交叉應用，我以常見的成長模式（GROW）來說明（見圖9.1）。

圖 9.1：教練歷程的反覆模式

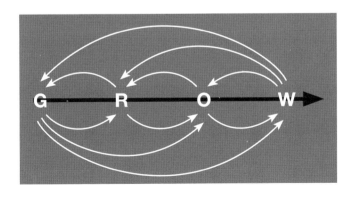

比如說，目標（G）不清楚時可以再次澄清，澄清的過程中，有時會回到現實（R）狀況，進一步深入了解，有時釐清選擇（O）

後，發現有困難，則又必須加以澄清，也許回到目標（G），也許回
到現況（R），最後採取行動（W）。總之，教練必須清楚知道，當
下你如何引導受教練者。請記得務必保持彈性，不要反被模式所框
住，而出現僵化的反應。

簡言之，教練模式是教練在進行教練時，彷彿腦海中有一幅地
圖，它指引你前進的方向，讓你知道現在的位置，知道下一步往哪
裡去，何時要「大拐」（上海話：向左轉）、何時要「小拐」（上海
話：向右轉）、途中遇到狀況時要如何改道。只要你的起點（現實
狀況）與終點（教練目標）不變，你可以在教練的旅程中，以當下
的狀況採取彈性的方式來運作。

(一)組織教練的三種模式

組織教練是一個系統性及整合性的教練方法，以組織發展為主
軸，融入管理者在不同職務的專業需求與生涯進路，進行評估與教
練。簡言之，也可稱為 IDP（Individual Development Program）。

貝格斯特博士（2007）提出系統性架構的組織教練模式（見圖
9.2），此一系統模式包括三個不同層次的教練模式：績效教練（Per-
formance Coaching）、領航（高階）教練、及整合教練（Alignment
Coaching）。

圖 9.2：組織教練三種模式　＊資料來源：加州管理學院

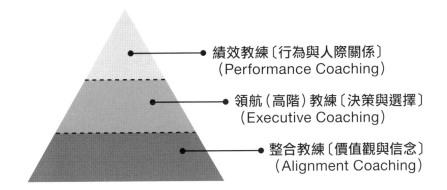

每個層次，都針對管理者的需要，擬訂教練目標與策略，每個層次都有不同的教練方法，讓組織中的人才培育，由資淺到資深，由中階主管到高階主管，由技能與知識學習到管理能力與領導風格之建立，逐步建立領導能力及教練式領導風格。

這三種模式是以組織為出發點，教練依受教練者的職級、責任及組織對人才的發展目標，彈性運用這三種不同的模式，每一種模式都有它的目標與功能，使用的方法或工具有差異，但三者間的交互運用是相得益彰的。

請注意圖中所顯示的三個區塊：績效教練焦點在領導者的「行為與人際關係」層面、領航（高階）教練則注重在領導人的「決策與選擇」層面，整合教練則深入探討領導者的「價值觀與信念」。這個層面之間以虛線表示，是說明三個層面之間不是截然劃分，是有關聯及重疊的。

教練會根據組織的需求與個人的發展，與當事人擬訂教練目標，列出優先順序之後，依序在這三個層面進行組織教練。教練的進行有時是由上而下，有時是由下而上，整個教練的歷程與進展，是在這三個層面之間來回探索。以下將逐一簡要說明這三種模式。

一、績效教練 Performance Coaching

在績效教練模式中，會視受教練者的個人狀況與教練目標，交互使用：參與式教練（Engagement coaching）、賦權（增能）式教練（Empowerment coaching）及機會式教練（Opportunity coaching）三種方式。

表 9.1：績效教練參考架構 *資料來源：修改自加州管理學院（2007）。

焦　　點	協助受教練者聚焦在提升績效能力上	
問題的本質	問題的範例	策　　略
・困擾或疑惑 ・單一層面的 ・可以量化的 ・可以自我掌控	・給予部屬回饋 ・訂定會議議程 ・為董事會會議的簡報作準備	・參與式：準備好與他人進行困難而重要的互動 ・賦權式：在團體中準備好艱深而重要的工作 ・機會式：為人生中的重要大事作準備

參與式教練顧名思義就是讓當事人有機會一起參與教練的整個過程。包括訂定目標、進行方式、安排計畫、目標檢核等等。在

教練的關係中，有效的運用溝通，讓整個過程可以順利的進行。當事人有時會將各人在實際情境中的人際互動反應模式，帶入教練關係中。教練需要敏銳地覺察複雜且令人困惑的人際關係，尤其是投射於教練關係的人際模式，是否會影響到教練的進展。教練需視情況，採取不同的方式與受教練者互動，例如使用教導的方式，或是示範溝通的技巧與策略。

賦權（增能）式教練的前提，是充分信任受教練者的能力，並且相信他有能力可以完成教練的目標。教練需要激勵受教練者達到預期的工作目標。在教練過程中需要關注受教練者的想法、架構、歷程、和態度。同時焦點關注在創意、發展個人的組織能力。在此過程中讓受教練者，逐漸挑戰更高、更困難的工作目標。教練說：「你有能力做到多好，就試著做做看，放膽去嘗試吧！」（授權與鼓勵）、「我賦予你多少權力，你盡量去嘗試，就算失敗也沒關係！」（清楚授權及鼓勵有所為）、「如果有一天你也是主管，你如何授權你的部屬？哪些範圍你會授權呢？」（釐清授權的方式及授權範疇）。

機會式教練最是用於現場操作及督導。例如在生產線上，有操作員在操作機台上，發生一些錯誤，導致生產線受阻而影響出貨。帶班或主管通常直接下指令要求更正或修正錯誤，問題解決了，生產線恢復正常的出貨，但之後呢？主管是否會為這些疏失而生氣，是否按耐不住情緒而對員工發飆呢？

主管在排除機台障礙後，操作人員從中學到什麼？這時機會式

教練是最好運用的時機。如果你能心平氣和地問員工：「這次故障的原因是什麼？」（了解出事的原因）、「如果讓你重新操作一次機台，你會注意些什麼？會做哪些調整？」（善意的提醒，同時讓員工重新對工站流程跑過一遍，增加操作的熟練度）、「從這次的操作失誤中你學到什麼？」（幫助員工從錯誤的經驗中學習）、「有一天當你是資深員工時，你如何協助你的部屬避免犯同樣的錯誤？」（架高員工的高度，學習如何教導他人並傳遞經驗）。

二、領航（高階）教練 Executive Coaching

　　"Executive" 在此並非指一個人的職位或角色，而是指「做決策的功能」。領航(高階)教練的目的，就是要幫助決策者在教練的過程中，了解及洞察他決策過程的慣用模式（去除僵化與單一思維），及所導出決策品質的結果（實質績效的呈現與影響），進而找到自己的盲點與瓶頸（突破現實狀況），能以新思維來看待所面對的問題（提升思維的更高層次），能夠有效地解決問題（執行策略以達成目標）。

　　領航（高階）教練成功的四項因素是：

　　（1）焦點放在當事人完成獨特的執行或運作功能

　　領航（高階）教練關心的是特定的群體，當他們遭遇到挑戰與機會的時候，需要執行的可能是計畫、評估、決策、衝突處理、激勵士氣、推動或監督組織政策、願景與使命、管理部屬、指派工

作、監督組織中的某些成員。

　　領航（高階）教練關心的不僅是當事人，以及問題對當事人的影響及作用。領航(高階)教練與當事人屬於長期的教練關係，特別是對當事人生活和事業發展有關聯的層面。

　　（2）焦點放在當事人與眾不同的才幹能力及優勢

　　找出當事人特殊的才華與能力。引導當事人妥善使用自己的才能，並且延伸或擴大化效果。不將眼光放在當事人的缺點或不足之處。當事人未能充分發揮才幹，是因沒有正確的使用自己的優點長才，或是長處用了過當或太多。

　　（3）鼓勵當事人互相激勵協助

　　鼓勵接受教練指導的人，相互協助以形成教練文化。因為資深經理人，不容易與其他人建立信任(尤其與屬下)，身為教練的我們，需要鼓勵當事人運用他們的長才來互相協助。

　　（4）教練與當事人了解彼此的專業和經驗

　　建立在相互尊重的基礎上，讚賞彼此的經驗與資源。在過程中雙方均可扮演教練的角色互相協助，如此一來雙方的收穫益形增加。

　　以下呈現運用領航（高階）教練時的參考架構（見表9.2），在此架構中，教練可以思考受教練者呈現的問題逐漸複雜化、問題的

屬性與範圍更為聚焦、及不同的教練策略之運用。

表 9.2：領航（高階）教練參考架構　*資料來源：修改自加州管理學院（2007）。

焦　　點	協助決策者探討有關決策過程的影響因素與決策品質結果的影響	
問題的本質	問題的範例	策　　略
・進退兩難的困境 ・多項度層面 ・複雜的 ・某些層面超出個人的理解與掌控	・決定何時給予特定的回饋 ・找出某一特定族群存在的基本目的 ・了解個人在團體中所該運用的領導模式	・反思式：審慎考慮可選擇的方案、假設和信念 ・工具式：更清楚認知個人偏好與優勢 ・觀察式：洞悉個人行動與所採取行動後所帶來的影響

　　在領航（高階）教練中會運用三種不同的教練方式，包括反思式教練（Reflective coaching）、工具式教練（Instrumented coaching）、及觀察式教練（Observational coaching）等方式，來提升受教練者的決策能力。

（1）反思式教練：內在資訊（internal information）

　　反思式教練假設是，訊息的主要來源是受教練者自己，只有透過對自我內在的省思，才能發現問題，並找出解決之道。不管教練透過何種技術或方法，其目的都是使受教練者有機會進行內省。內

省自己的現實情況、決策模式、目前困境的原因與影響、從不同的角度思考個人的議題、或者反思超過個人能力所及的部分。最重要的是從反思中，覺察影響自己決策模式的信念與價值觀，有效幫助當事人釐清對於他的行為背後的假設和想法。

（2）工具式教練：內在與外在資訊（internal and external information）

當事人想要瞭解並檢視自己的看法或觀感，也想藉由他人的角度瞭解自己的看法或觀感時，即可採取藉助外在資訊的方式──工具式教練。教練協助當事人有效地收集不同角度來源的資訊及回饋。其假設是，教練對受教練者自身及使用測驗工具的評量結果，要保持客觀、不評斷、及無偏見。其目的在增加當事人自由地探索個人觀點和價值信念的意願。讓受教練者透過客觀的評量工具，來檢視及發現個人的真實狀況，並了解個人的優勢與弱點。有效幫助當事人釐清自己行為背後的假設和想法。

工具式教練的使用原則是：一、聚焦在當事人的優勢（點）而非弱點，二、教練提供資訊並提問，但不給予建議，反映當事人自己觀點與他人觀點的異同為何？以及探討組織環境的需求為何？三、以具體的理論為基礎，依據理論觀點進行解釋，考慮教練主題的一致性及延續性，及有脈絡的理論根據。

測驗工具僅僅是教練與受教練者之間，進一步溝通與互動的媒介角色，它不能取代教練與受教練者真實互動的關係。測驗結果是

反應受教練者的內在狀況，藉由它進一步顯明個人未覺知的部分，使受教練者經由測驗工具的結果深入自我了解。有時會將測驗結果連結到個人現況中，以檢視內在與外在狀況的一致性或差異，使受教練者更充分和更一致地使用優勢。

（3）觀察式教練：外在資訊（external information）

觀察式教練是一種強而有力的方式，常被使用於現場的領導情境，使受教練者明白他在組織情境中的領導力與領導風格，及領導力對團隊的正負面影響。幫助受教練者在領導力發展方案中進行同儕學習。藉由教練的回饋提供給領導者學習和建立自己的優勢，最後能夠洞悉個人行動與採取行動後所帶來的影響。

三、整合教練 Alignment Coaching

整合教練旨在幫助受教練者，探索其生命的願景（人生的終極目標），重要的價值觀及信念（影響領導與管理風格），使其人生的目標、願景及價值有所連結，以達到「自我實現」的境界（個人與組織目標融合實現）。

以下呈現運用整合教練時的參考架構（見表9.3），在此架構中，教練思考問題的層次已經超越現實面（進入理念層次）、問題的思考已從績效層面，轉化到個人職位的意義與價值（對組織的貢獻）、及不同的教練策略之運用。

表 9.3：整合教練參考架構　　* 資料來源：修改自加州管理學院（2007）。

焦　　點	協助受教練者釐清個人的基本信念及價值觀	
問題的本質	問題的範例	策　　略
· 神秘的 · 難以理解的 · 無法預測的 · 外在控制的	· 決定是否留在一個不重視個人價值與人類福祉的組織工作 · 找出一個特定情境中所該採取的道德及適當的行動 · 個人在追求事業更上一層及自主性的同時，釐清個人的內在信念及價值觀	· 精神層面：領悟出個人心靈追求的方向 · 哲學層面：仔細地檢視內在世界的參考架構 · 道德層面：持續地探索並依據個人的價值觀與道德觀行事

　　我去看了魏德聖導演的電影《賽德克‧巴萊》影片，我藉由此片所傳遞的文化精神與價值，來說明整合教練的三個層面：精神層面、哲學層面、及道德層面。這三個層面是互相關聯的，有時候要加以區分並不是那麼容易的。我也利用此片的經典對白，讓你明白這三個層面，同時我將之轉換到企業組織，來比對並說明其內涵。

　　賽德克‧巴萊（Sediq balay）意指「真正的人！」"gaya" 是賽德克語，指由神靈所制定的社會規範、道德標準與法律。男子年滿15歲即可在額頭刺豎紋，但必須出草馘首之後，才算是符合"gaya"，這時候才能在下頜刺紋，成為真正的人。同樣的，賽德克女性亦必須學會織布，才能獲得紋面資格，成為賽德克‧巴萊。符合 "gaya" 的男女，生時能得到祖靈的庇佑，死後才能順利跨過彩虹橋的另一端，與祖靈生活在一起。如果一個人沒有規矩、無

禮、作壞事，這個人就是沒有 "gaya" 的人，賽德克語稱之為 "uka gaya"（沒規矩的人）。[02]

　　賽德克人稱獵首為 "mu-gaya"，也就是「執行祖訓」以祖靈的福佑而進行獵首，具有「神判」的意義，也是賽德克人 "gaya" 裡最重要的依據。獵首不是萬無一失的，心術不正的人或理虧的人，祖靈不但不會福佑他獵到首級，還有可能會被敵人所獵呢！簡單的說，這就是賽德克人所遵循的祖訓、法律、習慣，亦是該族的世界觀和價值觀。

　　所以賽德克人是用生命在為自己的清白證明，"mu-gaya" 不是隨便的事，是何等神聖的行為，是賽德克社會穩定的力量。本片也隱含強調賽德克族人失去獵場的痛苦與無奈，在當時的情況下，意味著他們根植於文化的深層結構裡的精神、文化與道德的喪失。

　　在探討下面者三個層面時，請你再回頭思考公司的核心價值是什麼？我們在本書第1部談到的人道關懷的創新模式如TOMS shoes、日本經團聯會長御手洗富士夫的慈悲心領導、股神巴菲特（Warren Edward Buffett）的贈與誓言（the Giving Pledge）、印度Infosys董事長穆爾蒂團隊的價值系統，他們是怎麼想？怎麼做的？

---

02 邱若龍（2011）。《Gaya》與《賽德克・巴萊》：非政治角度看霧社事件的二部影片。http://proj1.sinica.edu.tw/~anthrocamp/html/8th_paper/110705_lesson5-1.pdf

精神層面（領悟出個人心靈追求的方向）

影片中的經典對白，能反應出該族的精神層面：「如果你的文明是要我們卑躬屈膝，那我就要讓你們看見野蠻的驕傲。」、「賽德克‧巴萊可以輸去身體，但是一定要贏得靈魂。」、「男人攤開手，手上是怎麼也揉擦不去的血痕，果然是真正的賽德克啊，去吧！去吧！我的英雄。」

這樣的概念轉換到企業組織，或許你可以這樣說：「如果你的行銷策略是要我們卑躬屈膝，那我就要讓你們看見產品的驕傲。」、「公司可以輸去市場佔有率，但是一定要維護企業品牌與精神。」、「業務與行銷人攤開手，手上是怎麼也揉擦不去的奮鬥血痕，果然是真正的拓展市場典範啊，去吧！去吧！我的英雄。」

教練可以問下列的問題，以深入探索領導者精神層面的內涵：「你想建立什麼樣的企業精神？」、「建立公司的企業品牌與精神，對你、對同仁、對消費者，及對公司的意義為何？」、「你如何建立企業品牌與精神？」、「面臨市場獲利與企業精神的衝突時，你根據什麼原則下決策？」

哲學層面（仔細地檢視內在世界的參考架構）

下列幾句話能反應該族的內在哲學與文化意涵：「孩子們，在通往祖靈之家的彩虹橋頂端，還有一座肥美的獵場！我們的祖先們可都還在那兒吶！那片只有英勇的靈魂才能進入的獵場，絕對不能

失去。」、「族人啊，我的族人啊！獵取敵人的首級吧！霧社高山的獵場我們是守不住了……用鮮血洗淨靈魂，進入彩虹橋，進入祖先永遠的靈魂獵場吧。」、及「日本人比濁水溪的石頭還多，比森林的樹葉還繁密，可我反抗的決心比奇萊山還要堅定！」。

將此概念轉換成企業組織，或許可以這樣說：「同仁啊，我的同仁啊！獵取敵人的市場吧！部分行銷市場我們是守不住了……用堅毅洗鍊品牌的精髓，進入彩虹橋，進入公司永遠的精神領域吧。」、及「市場上的競爭者比濁水溪的石頭還多，比森林的樹葉還繁密，可我公司堅不退讓的決心比奇萊山還要堅定！」。

教練試著以下列的問題，和領導著一起來探究深層的經營哲學：「你的經營哲學有哪些？」、「你的經營哲學是如何形成的？」、「你的經營哲學如何影響你的領導與管理？」、「你的經營哲學對個人、組織有那些正、負面的影響？」、「如果有一天，你發現你的經營哲學正對公司產生負面的影響時，你會做哪些調整？」、「沒有經營哲學，就沒有實務的管理，你如何傳遞你的經營哲學給接班人（或高潛力的管理者）？」、「你如何做才能透過經營哲學建立起企業文化與精神？」

道德層面（持續地探索並依據個人的價值觀與道德觀行事）

下列幾句話幫助我們省思公司或個人行事的準則與依據：「生前你是我的敵人，死後你已是我的朋友。自己如被敵人所獵首，敵

人當也會以朋友相待。」、「將來你是要入日本的神社，還是要進我們賽德克祖靈的家。」、「活在這大地的生靈啊，我們將來都會死，可我們是真正的賽德克呦。」

這個概念的意涵在公司或許可以這樣形容：「生前你是我的敵人，死後你已是我的朋友。自己如被勁敵所打敗，勁敵當也會以朋友相待。」、「將來你是要選擇投入競爭者的陣營，還是要進我們公司的另一個廣大的市場。」、「在公司的所有同仁啊，我們將來都會從職場退休，可我們是真正的公司的文化象徵呦。」

2011 年 10 月因病過世的蘋果前執行長賈伯斯，在他辭世的隔天，與蘋果公司向來為競爭對手的韓國三星公司，也暫停新產品的發表，向這位影響全世界的企業家致上最高的敬意。賈伯斯的辭世，有媒體形容相關的產品，將進入低價競爭的時代。換言之，賈伯斯所代表的是一種文化創意與創新，這正是蘋果公司能在市場佔有一席之地原因，更是該公司的精神所在。

教練和領導者可以一起來思考下列的問題，對整個組織、競爭對手、和全球策略佈局會帶來什麼樣的影響：「市場競爭雖然激烈，組織依據哪些準則與對手公平競爭？」、「面對競爭者爾虞我詐的手法，你將採取哪些適切的道德手段迎戰他們的挑戰？」、「透過公司的產品，你想傳遞什麼樣的價值給消費者？」、「如果你是消費者，你希望看到公司如何經營事業？」、「如果有一個藍海策略的價值觀影響著你或組織，那會是什麼？對所有利益關係人

帶來哪些影響？」

　　當我閱讀克勞帝歐・佛南迪茲－亞勞茲等人，對高潛力經理人
必備條件模式（見圖 9.3）的大作時 [03]，發現人才必備條件模式與組
織教練三個模式架構，竟然不謀而合。

圖 9.3：高潛力經理人必備條件模式

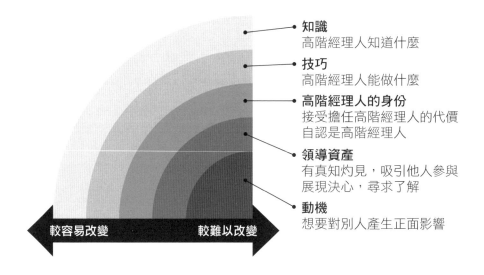

知識
高階經理人知道什麼

技巧
高階經理人能做什麼

高階經理人的身份
接受擔任高階經理人的代價
自認是高階經理人

領導資產
有真知灼見，吸引他人參與
展現決心，尋求了解

動機
想要對別人產生正面影響

較容易改變　　　較難以改變

03　Claudio Fern'andez-Ar'aoz, Boris Groysberg, & Nitin Nohria. "*How to Hang On to Your High Potentials*", HBR, October. 洪慧芳譯（2011）。管理篇》培育高潛力人才的最佳實務──留住未來領導人。哈佛商業評論新版第62期，頁66~73。

他們認為：

這種模式顯示高潛力人才的要件，圓心是最難改變的東西（動機；吸引他人參與的能力之類的領導資產）。那些特質的外圍，是領導人的自我身分感受，這對經理人是否會運用某種能力，有很大的影響，例如，他可能在組織裡帶來變革，但如果他不覺得自己是改革推動者，就不會推動改變。所以，單靠優異的能力，雖然可讓人達到某些成果，獲得升遷，但不足以讓他們勝任高階的領導角色。

　　我將「組織教練三個模式」與「高潛力經理人必備條件模式」整理成一個對照表（見表 9.4），讓你可以更清楚知道兩個模式之間的關聯，更能掌握教練模式的運用。

表 9.4：組織教練三個模式與高潛力經理人必備條件模式對照表

組織教練三個模式		高潛力經理人必備條件模式
績效教練	參與式教練 賦權式教練 機會式教練	專業知識（知道什麼） 實務技巧（能做什麼）
領航（高階）教練	反思式教練 工具式教練 觀察式教練	認知角色 （接受經理人身分的代價） 領導資產 （真知卓見、吸引他人參與、展現決心、尋求了解）
整合教練	精神層面 哲學層面 道德層面	內在動機 （想對別人產生正面影響）

(二)成長模式（GROW Model）

　　由約翰・惠特默爵士在1996年所提出的GROW模式[04]，是依據此模式的四個階段的英文字字首Goal、Reality、Options、When結合而成，意為「成長」。惠特默爵士認為這是一種用來提升個人績效的架構方法，以四個不同階段有效的順序（G→R→O→W）來進行教練：

　　Goal：設定（本次）達成的理想目標（短程及長程）。

　　Reality：探索並檢視現況與目標狀態之間的落差。

　　Options for improvement：考慮不同選擇的策略或行動的可行性。

　　When will they commit to do：討論並確定行動的時程。決定什麼（What）該做，何時（When）行動，由誰（Who）來做，意願（Will）如何。

　　一位好教練必須依據受教練者目前的能力水準，協同受教練者擬定具體而可行的目標，及清楚的步驟。成長模式的前提，必須是受教練者要具備「覺察」與「責任感」。覺察使人產生力量、帶來技能、增強力量與信心、獲致更佳的專注力、最終提升高度的績

---

04 請參閱中文譯本：江麗美譯（2010）。高績效教練：有效帶人、激發潛能的教練原理與實務。經濟新潮社。

效。個人有更深的自我覺察，就會伴隨責任感的提升，責任感催促個人產生有效的行動力。責任感的背後是個人的選擇，面對選擇就需藉由問問題的方式來引導受教練者。

當教練協助受教練者檢視現況時，必會面對個人在各個層面的真實景況，包括正面及負面、積極或消極、優勢或弱勢。要在教練面前忠實面對自己是不容易的。教練要營造積極的氣氛及支持的環境，讓受教練者能自在地自我探索，不必擔心被評價或論斷。當受教練者勇於面對個人問題及自我的侷限性時，教練要給予正面回饋，因為願意面對自我的缺失，就是勇敢與剛強的開始，同時鼓勵他繼續深入的探索，如此有助於受教練者連接現實到目標。

在教練的過程中必須創造有價值的機會，並專注在受教練者的優勢面。過去的成就可以成為現在的基礎，現在的成就可以實現未來的願景。如果受教練者提出一些想法或做法，應給予正面的肯定，同時儘可能協助他更進一步落實其想法，並能朝向實現完成目標的具體做法。確保將實現（目標）與目前的條件（現實）前後一致。

在結束會談前，鼓勵受教練者自我承諾，當目標被具體的確認、現實狀況充分的探索、建立不同的選擇與步驟後，最終要具體落實行動計畫，並將目標完全的實現。實現目標需要列出優先順序、具體的時程、清楚的步驟、具體的做為、自我評量、隨時檢視成果等。

（三）連結—評量—闡釋—行動—承諾—支持 之教練模式（CAAACS Model）

　　CAAACS 是由奧爾巴赫（Auerbach）所提出的教練模式概念 [05]，認為教練服務是「專業教練與當事人所形成的一種持續的關係，聚焦於使當事人能滿足其需求與採取行動，以追求其願景與目標。教練運用探問（inquiry）和自我探索（personal discovery）的方式，增進當事人的自我覺察與自我責任感，教練在歷程中提供必要的引導、支持與回饋。」

　　奧爾巴赫的教練模式是由六個歷程步驟 CAAACS 所形成的，包括：

（1）連結（Connection）：與當事人建立親和的關係。只有積極和穩固的教練關係，能使教練的歷程持續往前發展。

（2）評量（Assessment）：評估當事人現況。包括優勢與劣勢、價值觀與信念、未來的發展目標等。

（3）闡釋（Articulation）：闡釋當事人目標。進一步釐清當事人內在的渴望、對願景的期待、核心價值的影響、並覺察自我的盲點。

（4）行動（Action）：將夢想與願景化為行動計畫。轉化模糊

05　Auerbach, J.E.（2001）. *Personal and executive coaching: The complete guide for mental health professionals.* p6. Ventura, CA：Executive College Press.

的夢想，具體描繪行動計畫藍圖，落實行動計畫的步驟與內容。

（5）承諾（Commitment）：對行動計劃負起責任。當事人為承諾負起責任，以行動逐步完成計畫步驟、訂出完成期限、排除困難與障礙、設立評估效果的依據和準則。

（6）支持（Support）：給予支持鼓勵，以達成行動目標。教練對當事人的激勵，成為完成目標的後盾，鼓勵不僅帶來支持，也帶來勇氣與能量。

(四) 共創教練模式（The Co-Active Coaching Model）

惠特沃施，亨利‧金西－豪斯、凱倫‧金西－豪斯，和桑達爾等人[06]，提出共創教練模式，強調教練與當事人雙方是平等與聯盟的關係。認為教練模式有四個重要的基石（cornerstone）：

（1）當事人與生俱來有創造力、有資源的、而且是完整的。

（2）教練服務要涵蓋當事人的整體生活。

（3）由當事人主動設定主題。

（4）教練關係是一種有計畫的聯盟。

06　Henry Kimsey-House 、Karen Kimsey-House 、Phillip Sandahl & Laura Whitworth（1998）. *Co-Active Coaching (1st edition)*. Mountain View, California：Davies-Black Publisher.

　　第一個基石是對人的一種假設與信念，認為人具有天賦的才能，能創造自己的生活、創造自己的幸福、創造自己的工作績效；人同時能善用各種不同的資源在生活中的各個層面上；人是完整的個體，有心思意念、有情感、有作為的。

　　第二個基石強調教練的服務不是僅限於工作層面，其它如生活層面、人際層面、家庭層面、精神層面等皆屬於服務的範疇。尤其現代社會更為重視工作與生活的平衡（work-life balance）。

　　第三個基石的信念建基於第一個基石，由受教練者來訂定教練議題是很重要的，這意味著受教練者是主動、積極，有能力面對自己的議題；由受教練者設定主題更符合也貼近他自己的需要，同時也展現為自己負責任的態度。

　　第四個基石主張教練的關係也是一種同盟的關係，同盟這個詞在希伯來文的原意「是指人與人之間的約定、保證、協議、及結盟。」由此可知教練的雙方對於整個教練的過程是一種共同約定、彼此保證、討論協議、及關係結盟。要建立實質良好的教練關係，有賴彼此真誠的互動與信賴。

　　此模式的核心價值，是期望藉由教練的歷程，使受教練者獲得三種渴望的滿足：

（1）追求實現：找到人生的意義，發揮個人的潛力。

（2）追求平衡：希望在生活的各個層面都得到滿足。

（3）追求歷程：藉由教練的協助，順利地走過追求結果的歷程。

共創教練模式認為，聆聽有三種不同的層次，教練者需要清楚地掌握自己在教練過程中的聆聽層次，教練者有清楚的覺知，就能引導受教練者往目標邁進：

（1）內在聆聽（internal listening）：

僅僅聆聽到對方的經驗和需求。教練會從表面的字義形成自己的意見、觀點、判斷，可能給予對方忠告。這種聆聽是無效的，對教練的進展沒有幫助。

（2）焦點聆聽（focused listening）：

在這個層次上，教練會專注在受教練者個人身上，能傾聽並了解受教練者所表達的意思。焦點聆聽會在教練過程中，帶來正面的影響。

（3）整體聆聽（global listening）：

整體聆聽會對受教練者形成整體的評價，不必擔心顧此失彼，在整體的圖像中，找出關鍵事件與優先順序，這是最具有果效的聆聽，也最能展現教練的本質與意義。

(五) 現實模式（WDEP Model）

美國精神科醫師葛拉瑟於 1965 年所倡議的現實治療法，其基本精神是強調，我們要為自己選擇去做的事負責，我們可能是自己過去的結果，但不是過去的受害者，除非我們自己選擇如此。此派理論認為所有的問題都發生在現在，因此，很少花時間談論過去。

它是一種「行動治療法」（Doing Therapy）。

葛拉瑟以「控制理論」（control theory）做為現實治療的核心主張。認為人類本身就是一個控制系統，人們會知道如何找出不同的方式，來滿足自己內在的需求，人類的行為就是一連串的決定。人類的行為包括行動（doing）、思想（thinking）、感受（feeling）和生理反應。我們的行為受到「生存」、「愛與歸屬」、「權力」、「自由」、及「樂趣」等五種內在心理所驅動。

葛拉瑟認為「責備、批評、與抱怨」是最沒有功能的三種行為，它會破壞人與人之間的信任與關係。會責備、批評表示我們心中早有定見，別人的行為不符合自己的期待時，就容易心生不滿。這種先入為主的態度，將導致人們四處抱怨或懷恨在心。在任何一個組織中，你都會發現有這樣的人存在，它容易讓整個組織充滿著負面的情緒能量，破壞組織的和諧，減緩組織前進的動力、撕裂組織的信任感。

教練的觀點與現實治療觀點不謀而合，因此在教練的專業領域中，應用此派的觀點，形成一個行動取向的教練模式，目的是教導當事人如何為自己做一個有效的決定，以解決生活所需。以下是此模式（WDEP）的四個步驟：

Want：探索需要

教練的第一步驟，協助受教練者檢視自己內在的需求。教練可

以問：「你要什麼？」（What do you want？）。因為人類所有的行為，皆來自於內心的動機所產生的，而非外在因素的影響，每一個行為的背後都有其目的：為了嘗試滿足自我生理、和心理的基本需求。

Doing：決定行動

　　教練的第二步驟，討論個人所面臨的實際生活狀況，引導受教練者檢視目前對生活的滿意狀況，是否能帶領他往自己的目標方向前進，共同擬出未來的目標，隨後著手去實行。教練可以問：「你要做什麼？」（What are you doing？）

Evaluation：評估行為

　　教練的第三步驟，是協助受教練者評估，目前的行為是否有效或能發揮功能？評估行為與目標是否一致？評估現實狀況與理想目標之間的差距有多少？評估目標的可行性有多少？教練可以問：「你要如何來評估？」（How do you evaluating？）

Planning：改變計畫

　　教練的第四步驟，是去確認受教練者改變的意願與動力，一旦改變的動機轉為強烈，且願意自我承諾去改變時，就是擬定行動改變計畫的最佳時刻。教練可以問：「你要做什麼？」（What is your planning？）

　　教練協助受教練者擬訂一個好的計畫，需要留意下列的特徵：
一、考慮當事人的動機與能力限制，二、內容需簡單、明瞭、易
懂，三、合乎現實且容易達成目標，四、要展現積極的行動，五、
可以立即著手進行的，六、須反覆可行，循環可做。

　　教練可以運用下列八個步驟，幫助受教練者從中學習健全的行
為方式，分別是：一、建立共融關係，二、你正在做什麼？三、現
在的行為有效嗎？四、擬訂未來計畫，五、自我的承諾，六、沒有
理由與藉口，七、沒有處罰，八、永不放棄。受教練者如能將上述
步驟應用到日常生活的各層面上，則可化解許多困擾並增進自我效
能。

(六)焦點解決模式（SFBT Model）

　　焦點解決短期治療（Solution Focused Brief Therapy, SFBT）是由
史蒂夫・薛澤和茵素・金柏格等人所發展出來的短期治療模式，其
特色是將焦點放在探討「問題不發生時」當事人的所作所為，認為
重複當事人當時的作為就可以使問題不發生，產生良性循環，而達
到當事人來談的目標。

　　焦點解決強調正向、短期、不探討原因與歷史，將焦點由「問
題」轉為「解決」過程之建構，重視發展解決的過程。在過程中尋
找例外、積極尋求解決之道。教練與當事人的互動中，一起思索如
何在最短時間（或許一次或幾次晤談之內）有效幫助當事人發展出

新的思考解決方式。

　　焦點解決教練模式的基本假設 [07]：

- 如果有效就不要改變。
- 如果某個方法曾經成功就多做一點。
- 如果無效就換個不同的做法。
- 改變是不斷發生且不可避免。
- 未來是被協議，並創造出來的。
- 微小的解決方法能引發大改變。
- 問題和解決方法不一定直接相關。
- 問題並非隨時都在發生。
- 詢問問題而非告訴當事人該怎麼做。
- 給予讚美。

　　焦點解決運用四個步驟：

（1）引出（Elicit）：詢問正向的改變。

（2）放大（Amplify）：擴大正向改變。

（3）強化（Reinforce）：增強並重視正向改變。

（4）重新開始（Start again）：回到開頭，聚焦在已做出的改變。

---

07 李淑珺譯（2007）。OFFICE 心靈教練：企業的焦點解決短期諮商。張老師文化。

- 謹記目標。
- 協商目標。

  出現解決方法而非問題消失。

  微小的步伐。

  處於社會脈絡中的解決方法。

  務實而可測量的目標。
- 奇蹟畫面。
- 評分問句（scaling questions）。
- 「例外」照亮通往解決的途徑。

教練者可以使用下列的方式與受教練者進行互動：

（1）用平易近人的語言。

（2）沉默的力量。

（3）使用正向描述。

（4）「兩者皆是/在此同時」的概念。

（5）問他「如何」，不問他為什麼？

（6）假設……。

（7）給一個好理由。

（8）試探性的語言（tentative language, collaborative language）。

（9）還有呢？

教練亦可使用下列問句方式 [08]，引導當事人從未來的定點，回頭看到此刻此地，需要作些什麼不一樣的行動，才能達到所要的目標。常用問句型態舉例如下：

（1）水晶球式問句

「如果在你前面有一個水晶球，可以讓你看到美好的未來，你會看到什麼？」

「如果你有一個能看見未來的魔鏡，你會看到你有什麼與現在不一樣的地方？」

（2）奇蹟式問句

「假如你有一根仙女棒，你的手一揮問題就不見了，你會做哪些不一樣的做法？」

（3）假設性問句

「假設你的問題已經解決了，也成功地完成了艱難的目標（或達成更高的組織績效），你會有哪些不一樣的表現？」

---

08 艾瑞克森（Erickson, 1954）發明的一種水晶球問句，即邀請當事人創造一種問題已經解決，或問題已消失了的未來想像，促使當事人能從未來的定點，看到此刻此地需要作些什麼不一樣的行動，才能達到所要的結果。引自張莉莉（1996）。焦點集中解決治療模式在青少年諮商中的應用。

（4）擬人化問句

「如果我是天上的小天使，我正望著你，你猜我會看到你
做了哪些不一樣的改變？」

　　當教練運用想像未來的問句方式[09]，有了驚人的效果之後，當
事人能想像未來的夢想時，教練接下來可以引導當事人進一步連結
到此時此刻的行動中，你可以接著問當事人：「如果現在會有一點
點類似未來所發生的情況，那會是什麼情形？」、「下一次我們再
見面時，請你告訴我你已經做了哪些改變，在改變中你看到什麼？
學到什麼？」

09　實際應用請參閱《晤談的力量》（2022）一書中第 6 個案例：青春不言
　　悔 —— 企業領導者角色定位。

(七)神入—認知—反思—摘要 之教練模式（EARS Model）

　　約翰・伊頓和羅伊・強生（John Eaton & Roy Johnson）兩人[10]，提出這種「EARS」的教練模式（見圖9.4），主張好教練的先決條件是建立在積極聆聽和有效發問的基礎上。一位好的傾聽者的態度與技巧總結在EARS模式上。

圖 9.4：EARS 教練模式

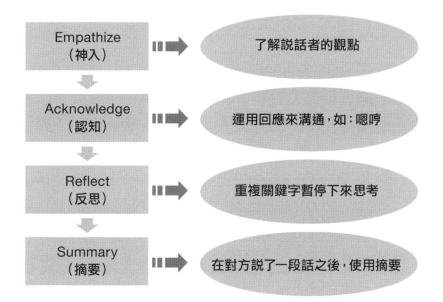

10 John Eaton & Roy Johnson（2001）. *Coaching successfully*. p33. Dorling Kindersley.

EARS 代表的意義如下：

Empathize（神入）：了解說話者的觀點。教練能同理當事人所表達的內容。

Acknowledge（認知）：使用回應溝通方式，如回應「嗯哼！」

Reflect（反思）：重複關鍵字（key words）並且暫停下來思考。

Summary（摘要）：在對方說了一段話之後，使用摘要。

這個模式的核心架構，是以教練技巧為中心的。熟練的教練技巧，能精準地掌握及了解當事人的訊息，尤其是隱含的訊息，教練特別需要注意聆聽當事人所表達的一些關鍵字。

（八）情緒─現實─責任模式（ERR Model）

由傑奇・阿諾德（Jackie Arnold）所發展出來的情緒（Emotion）─現實（Reality）─責任（Responsibility）模式，是情緒（承認與接受情感），現實（注重現實/事實），責任（鼓勵責任感和積極的行動）三個英文單字字首的縮寫。他的假設是，如果你的受教練者，是一個會壓抑自己的情感和情緒的人，就難以建立一種教練過程中不可或缺的信任氣氛。將焦點放在當次晤談中，受教練者當下情緒高漲或陷入在情緒的混亂時，可以有效地使用這個模式（見圖9.5）。

圖 9.5：情緒—現實—責任模式

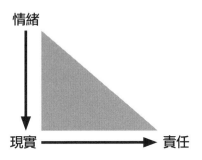

承認與接受情緒

　　首先，承認自己的情緒（情感）。如果你詢問受教練者，他們是如何管理自己的情緒反應，當他說：「坦白說，我感到很挫折，我為目前工作的進展緩慢，而感到惱火。它似乎是佔用了我太多的時間！」，教練可能有下列幾種回應：

- 你可以快速的回應，例如說：「嗯，我想你會找到一個可以過得去的方法」。此回應僅在認知層面及解決方法，未觸及情緒層面。

- 你可以有更多的情緒同理回應：「這令人感到驚訝。你管理這麼多的事，似乎感受到很大的壓力，而你卻又壓抑著你的情緒」。

- 你可以提供一個真正的情感理解的反應，如：「我好像感受到你的挫折，是來自於對目前的進展緩慢而焦慮不安（辨識和理解其情緒）。如果你曾經採取一些行動的話，到目前為

止，你做了哪些事情來面對它？」（將焦點轉移到在現實情境裡，已經做過的努力）。

如果你的受教練者覺得情緒能被理解，同時也能做好情緒管理，當次的晤談就可以繼續進行下去。

注意：如果你的受教練者，情緒高張到無法進行晤談，並且此情緒連結到教練身上，使你感到不舒服時（反移情），則需要將他轉介給諮商師。

確認現實

一旦雙方同意繼續進行教練，有幾種不同的方式可以繼續。例如：

- 你需要什麼樣的支持或資源，藉此繼續往前走？（尋找受教練者前進的動力）
- 進展緩慢的情況下，客觀的事實是什麼？（釐清受教練者的現實想法）
- 現況下，什麼是你確實能掌握的？（藉由反思關鍵領域，讓受教練者聽到他們說）
- 此刻還有什麼是沒有談到的議題嗎？（確認受教練著的議題沒有遺漏）
- 是的，我看到了。你是如何克服這些議題？（重點放在積極的方面）

承擔責任

下面是一些可以幫助你的受教練者，為今後的行動承擔起責任的問題：

- 此刻你可以對未來做些什麼？（讓受教練者列出行動方案）
- 你需要具體做些什麼，讓工作如你預期有所進展？（讓受教練者反思達成目標的可行做法）
- 你需要什麼樣的支持？
- 你現在要做出什麼樣的行動？

為你的受教練者進行反思或摘要，並始終相信他們會找到一個解決方案。讓責任回到你的受教練者身上，也讓他們感受到被傾聽和讚賞。

有趣的是，在我多年的諮商與教練實務中，我發現當事人的內在情緒部分，若未加以同理或處理的話，理智層面似乎不容易回來。一旦當事人的情緒能被深度的同理，並加以接納及支持，當事人就能回到理智的層面，通常他們就會知道如何做。

同樣的，你從圖9.5會看到，當情緒被降溫時，就能回到現實（縱軸）；一旦接受現實，就愈能承擔起責任（橫軸）。身為教練或領導者，你不能不察覺當事人的內在情緒，是如何影響他們生活的每一個層面。有關情緒及同理的部分，我會在後面談論同理心技術時，有更清楚的說明。

(九)處境＋思考＋空間＋反應＝結果 之教練模式（STSRR Model）

　　這個教練模式的概念，受到存在主義大師之一維克多·弗蘭克觀點的影響[11]，他認為「在刺激和反應之間有一個空間。在這個空間裡是有權選擇我們的反應。我們的反應在於我們的成長和我們的自由。」他的觀點也就是我們常講的「凡事留點餘地」、「退一步海闊天空」。

　　身為一位教練，我們不會總是那麼容易停下來思考，如何應對情緒高漲的情況。「思想＋反應＝結果」，是一個可以在情緒高漲的情況下使用的模式。在此模式中，維特·弗蘭克爾表明，在這個空間可以有不一樣的想法（It is Space that makes the difference）。

　　如果你在教練的當次晤談，你的受教練者提出一個可以共同來考慮的計畫（處境）。而你認為這個計劃是浪費時間，所以你並不全然地充分參與（思考）。你的受教練者出現猶豫，同時你也為此感到受挫（反應）。則在當次會話結束時，你與受教練者的關係，卻遭遇了真正的挫折（結果）。

　　但是如果，在你的想法和你的反應之間插入一個空間，也許你可能會決定給予這個計畫一個機會。你將會帶著沒有判斷或評價

11　Jackie Arnold（2009）.*Coaching Skills for Leaders in the workplace: How to develop, motivate and get the best from your staff.* 2ed. p.51. Published by How To Books Ltd.

的傾聽，因著你的回應，你的受教練者將能夠更好地解釋他們的計畫。也許會出現一些好點子，讓你將焦點集中在當次會談的結果上，使得雙方有更正向的結果：「我們的反應在於我們的成長和我們的自由。」

（十）近況—目標—替代方法—抉擇 之教練模式（COACH Model）

COACH 模式是一個由四個步驟所組成的教練模式。C（Current Situation）指近況，O（Objectives）是目標，A（Alternatives）為替代方法，CH（CHoice）即抉擇。

首先，成功教練的第一步就是讓受教練者敘述最近的情況，包括工作、生活、人際等關切的議題，甚至於接受教練服務以來的最新進展。這有助於教練與受教練者雙方，對於教練過程有更深入的了解，使得教練目標能更聚焦。教練要注意的是自己的回應與支持是否恰到好處，使得受教練者能從真實的情境中，逐漸浮現出目標來。受教練者的描述愈接近真實，目標就越能清楚地被定義，目標實現就越能趨向真實的狀況。

其次，隨者前一步驟的敘述，教練目標就會愈來愈清晰，目標的設定要具體、聚焦、並符合現實。雙方也要就達成目標後的結果

與影響，進行充分的評估與討論。以組織教練的觀點而言，尚需考慮個人目標與組織目標如何兼顧並融合起來。舉例來說，如果你要前往某個地方，不管你是搭巴士（公交）、捷運（地鐵）、高鐵、或飛機等不同的交通工具，抵站後第一個動作就是買票，售票員詢問你：「請問到哪裡？」你回答：「不知道？！」我想售票員一張票都無法賣給你，因為你連你要去哪裡都不知道，你想去的地方就是目標，有了目標，你才能告訴售票員，售票員也才能賣票給你，你才能上車並抵達終點。

第三，目標設定後，接下來就是考慮如何達成目標的方式，為了思慮周延，你還需要考慮替代方案。由起點（現在）到達終點（目標）之間的途徑有很多，單看你的需要及考慮的因素來選擇。以前段例子為例，如果你考慮的是省時或以最快的速度抵達終點，你就選擇搭飛機或高鐵；若是考慮省錢，就搭巴士或公交；如果想要自由自在，自己駕車或騎摩托車也是不錯的選擇；要是你想要健身的話，何妨走路或騎腳踏車。你也不一定要一路走到底，中間也可稍加停留，拜訪朋友後再走。你也可以選擇從不同的方向前進，只要能到達終點就可以。重要的是，你也要考慮替代方法，趕不上車又時間緊迫，則換另一種交通工具也可以。

最後，就是抉擇，抉擇包括下一個步驟是什麼？完成目標後的下一個里程碑又是什麼？到達目標後如何評量過程的效果？過程中

遇到障礙時如何克服？有沒有哪些資源可以運用？需要支持系統的支援嗎？在此階段，即便你對組織擁有專業的看法或能力，切記你仍然是教練的身分，不是扮演諮詢的角色。除非你是擁有教練能力的組織高階主管，這時候是最佳的教導時刻，幫助他學習做最佳的決策，讓你的部屬從中學習，並應用到最後的結果。

　　維吉尼亞、辛西雅和麗莎（Virginia, Cynthia & Lisa）等人認為[12]，以探問的方式，在這四個步驟中幫助受教練者，同時在受教練者表達自己的想法後給予支持。教練如何探問或表達支持，我將它整理成一個四個步驟的對照表（見表 9.5），讓你可以一目了然此模式的運用。

表 9.5：探問與支持的四個步驟

COACH	探問（Inquiry）	支持（advocacy）
近況 C Current Situation	你詳細的近況是什麼？ 你的近況有哪些影響？ 你對近況的掌握如何？ 你採取什麼行動步驟？	我已經聽到了你的近況 我關心你接下來的討論 我注意到你掌握了九成的進度 我看到你積極面對議題

---

12 Virginia Bianco-Mathis, Cynthia Roman, & Lisa Nabors（2008）. *Organizational Coaching: Building Relationships and Programs That Drive Results.* pp.101~103. Victor Graphics, Inc., Baltimore, Marylnd.

目標 O Objectives	在這次晤談中有什麼目標要說明的？ 我們如何讓目標是可以評量的？ 上一次到現在，有沒有目標是需要改變的？	在這次晤談中我們需要對目標加以澄清和說明 目標有了一些具體的改變 我想今天有更進一步的目標
替代方法 A Alternatives	你會用什麼方式處理這個議題？ 每一個選擇的利弊得失為何？ 在組織中，哪一種方法對你而言有最大的影響？ 哪一種方法能讓你最接近目標？	你可以用這些方法處理這個議題 我看到也了解這個方法的優點 我看到也了解這個方法的缺點 我喜歡這些解決方法及理由
抉擇 CH CHoice	你如何落實你要做的事？ 你何時要完成這個目標？ 我可以做什麼來支持你？ 從 1~10，你展開行動的承諾有多少？	我支持你的決定和理由 我鼓勵你設下完成的期限 我會支持你隨後所做的 我聽到你對計畫的承諾意願

(十一) 簽訂合約—探索議題—發展關係—教練脈絡—學習與發展—評量之循環圈模式（The CIRCLE Model）

這是一個教練的督導模式，由資深的教練來督導資淺的教練。由傑奇・阿諾德（Jackie Arnold）所發展出來的「循環圈模式」（以

每一個步驟的英文單字字首拼字而成，見圖 9.6）[13]，他將此模式具體應用在組織內部教練的督導上。

圖 9.6：循環圈模式

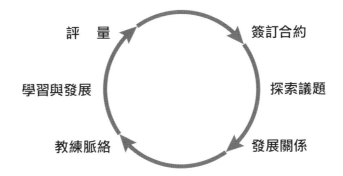

循環圈模式包括六個步驟：簽訂合約（**C**ontracting）→探索議題（**E**xploring the **I**ssues）→發展關係（Developing the **R**elationship）→教練脈絡（**C**oaching Context）→學習與發展（**L**earning and development）→評量（**E**valuating）。以下簡述每個步驟的內容。

簽訂合約：

在任何規模的組織中進行教練工作，這是至關重要的，你首

13　Jackie Arnold（2009）. *Coaching Skills for Leaders in the workplace: How to develop, motivate and get the best from your staff.* 2ed. p.157~159. Published by How To Books Ltd.

先要確定明確的合約。它也可以在任何過程中再修訂合約。這將確保教練是解決公司的要求和這些被教練者的需要。簽訂合約在一開始就和所有的簽署者（領導者、單位主管、受教練者）明確地聲明清楚，並確保所有被關心的事情都被清晰化和確保能允許安全的敘述。簽訂合約最好在坦率和開誠佈公的討論下進行，並要尊重每個人的需求。在教練的過程中隨時可以再修訂合約，以確保教練是解決公司的要求和這些被教練者的需要。

探索議題：

督導和教練要一起探討公司的問題，經由被教練者同意接受教練擬探討的領域。這一點很重要，以確保公司和被教練者的目標是整合一致的，且與所有利益相關者進行公開討論。所有被關注的實際進行的教練晤談都是保密的。有一些往上的報告，如果必要的話，它必須被受教練者所理解與接受。

發展關係：

如果遵循上述的準則，這將內置尊重，信任和坦誠的關係，更鋪平了未來的教練之路。在這個階段是相互評估，如果教練的夥伴關係是正確的契合，有更清晰的合約和協議，則在教練過程中，個人將有更多的信任。被教練者會在保密的情境下，樂意分享他們的成功和經驗。

教練脈絡：

　　這一步驟是督導要協助教練在其教練的工作場域中，澄清場域的脈絡和系統。這是要和所有的利益關係者，公開討論教練的關鍵領域。被教練者應該受到鼓勵，以整合這些領域的關鍵業務所討論出來的結果。協助他們確定具體的領導行為，以確保這些結果，對他們而言是有益處的。

學習與發展：

　　被教練者與教練一起發展一項行動計劃，是他們能探索並希望學習和發展的目標。督導鼓勵教練，反思和挑戰自己的信念和假設。

評量：

　　在商定的教練期間及次數結束前，會進行不同形式的評估。直屬經理或人力資源的教練，可以進行此一評估。督導要支持此一評估過程中的教練，並與各方保持有效的溝通渠道。評估可採取公開討論的形式，如 360 度反饋或問卷調查。所有的利益相關者的協議，是攸關教練計劃成功的關鍵。

(十二) 精確模式（EXACT Model）

　　由威爾森‧卡羅（Wilson Carol）所發展出來的精確模式，其名稱是由四個階段的英文單字字母所組成：

令人興奮的→積極的，鼓舞人心（**EX**citing→ Positive, inspiring），

可評價的→可測量（**A**ssessable→ Measurable），

充滿挑戰性的→延伸（**C**hallenging→ Stretching），

時間框架→在一個期限內（**T**ime-framed→ Within a deadline）的教練模式（EXACT Model）。[14]

此模式是透過一個過程，來幫助受教練者找出並確認與自己的價值觀相一致的目標（objectives）。這個目標可以被稱為「未來的目標」（goal）、「結果」、或「使命宣言」，或是任何可以用於被教練者和教練者的其他表達形式。

令人興奮的→積極的階段

此模式強調目標要聚焦在一個點上，超過一個焦點以上即會沖淡了目標。目標的敘述要簡潔，簡單幾句話，很容易記住。積極的目標工作是有一種神經性系統的原因：神經性系統會觸發大腦中所謂的網狀激活系統（Reticular Activating System, RAS）的面積。你有曾經買了一輛新車之後，在路上你會注意到，每個人都在駕駛同一車款的經驗？其實，在你買車之前，其他的駕駛該車款的車都在你周圍，只是你從來沒有注意到他們。

14　Wilson, Carol.（2007）. *Best practice in performance coaching: a handbook for leaders, coaches, HR professionals, and organizations.* p.42~46,48. MPG Books Ltd, Bodmin, Cornwall.

　　一種高爾夫冠軍選手會共同使用的贏球想像技術是：在你的想像中有個圖像，有進洞的一條拋物線，明確的球飛行的軌跡，擊中目標，從觀眾群中獲得歡呼的掌聲。這種技術是成功的原因是，潛意識無法區分事實與虛構：這就是為什麼我們一邊看嚇人電影，或為什麼我們閱讀小說中與死亡有關時會哭泣，總是讓我們的心情起伏不定。

　　通過想像贏得完美進洞的擊球，在大腦中創建新一個新的神經通路，同時存儲信息在潛意識裡成為記憶。心被欺騙而相信球員知道如何出手擊球，是一種比第一次擊球更為容易的重複行為。藉由探問受教練者把重點放在「未來現實」（如同成長模式的目標，及焦點解決模式），並詳細描述它，你就是幫助他們開拓大腦的神經通路，這將使他們更容易實現自己的夢想。

　　總之，此階段的目的是要確保你與受教練者能攜手合作，可以在未來三或六個月的工作，完全地與受教練者的價值觀和需求相一致，這將激勵受教練者實現他生活和行為的深層次變化，而不僅僅是達到受教練者起初所設立的目標。

可評價的階段

　　受教練者通常能夠拿出一個令人興奮的目標。當目標已經達到時，它有時仍難以確定具體的要點（有時候還是模糊不清的）。這是相當普遍的經驗，在一段 10 分鐘或從不同的觀點來探問受教練者，受教練者似乎無法拿出任何可以作為一個衡量的指標。如果有

具體衡量的指標出現，將更激勵受教練者達成目標。

常見的錯誤是受教練者在教練過程中，設立了一個目標，但卻不是終點。例如：「找出實施新的銷售驅動力方法」取代「我們的銷售目標是兩倍」；或「在員工會議上表達更多的意見」取代「我的建議被接受」。

詢問受教練者，當這些目標都實現時，會有什麼不同：是表達更多的意見多於員工會議的結果嗎？在你的生活／工作中，會有什麼形式上的差異嗎？你想要達成的目標是什麼？

下列這些問題，也可以幫助受教練者：你的教練如何知道，你什麼時候到達目標呢？請受教練者想像一下實現了這個目標：在你周圍會看到／聽到／感受到什麼？在達到目標之前，哪些要素是不會存在的？在達到目標之前，什麼是你能夠做得，什麼是你不能做的？在你達到目標時，生活／工作會有什麼樣的實際變化？

請記住！沒有一個具體衡量的目標只是一個夢想，而不是一個真實的目標。

充滿挑戰性的階段

受教練者往往在設定目標時，被他們自身所缺乏自我的信念和對失敗的恐懼所限制，下列這些問題和聲明，可以幫助如上所述受到限制的受教練者：如果一切障礙被拆除，目標會是什麼呢？如果你沒有達到目標，你不會去坐牢，或被砍頭，你真正想要的是什麼呢？你可以允許給自己的目標是什麼？

此模式的觀點認為，我們都受到童年時期及父母基因的影響，也活在刻意教導的規範或別人的宣言中。教練可以詢問下列的問題，以釐清受教練者自身的使命宣言：什麼是你生命中的使命宣言？你的使命宣言是你自己的，還是別人的？如果不是你自己的，那可能是？你現在知道什麼是你的使命宣言？

教練也可以用不同的問題，進一步深入探索使命宣言是如何建構而成的，例如：你是怎麼知道你的使命宣言？現在還有什麼是你知道的使命宣言？還有什麼是與你現在有關的其他的使命宣言？你喜歡的使命宣言是什麼？

時間框架的階段

理想的時間設限目標為 12 週：需要 6 個星期的時間，以打破舊習慣，同時需要 6 個星期，來建立一個新的根深蒂固的習慣。12 週有足夠長的時間，來達成一系列的目標，也足以維持其改變的動機。如果受教練者只能與你進行一個月一次的教練，則 6 個月的目標將會是更有效的。

最後，我們一起來回顧本章介紹的十二種教練模式：

- 組織教練的三種模式（績效教練、領航教練、整合教練）
- 成長模式
- 連結－評量－闡釋－行動－承諾－支持之教練模式

- 協同行動教練模式
- 現實模式
- 焦點解決模式
- 神入－認知－反思－摘要模式
- 情緒－現實－責任模式
- 處境＋思考＋空間＋反應＝結果之教練模式
- 近況－目標－方法－選擇的教練模式
- 簽訂合約－探索議題－發展關係－教練脈絡－學習與發展－評量之循環圈模式
- 精確模式

　　除此之外，也仍有其他的模式，並不限於本書所介紹的這十二種模式。我個人是以當事人為中心，從認知、情感（情緒）、及行為三個層面切入，以其所關切的議題為核心，聆聽當事人口語文字背後的涵義，並觀察肢體語言所隱藏的訊息，來引導當事人朝向目標前進，或可說是無招勝有招。

　　這些模式都是進行教練的概念架構，每一種模式都有它的核心理念與實務上的價值，沒有孰優孰劣的區分，端看你個人想要使用何種模式來進行教練。這與你的人格特質、思考模式、教練風格、及個人偏好有關。你也可以發展出屬於自己的模式，不必拘泥於某一種形式風格。如果你能精熟其中一種模式，並將它發揮的淋漓盡致，也是很好的一件事；或者你要擷取不同模式的優點，加以整合

亦無不可。

　　先問問自己，看了這些模式後，有沒有那個模式能吸引你的興趣，或者能觸動你的心思意念，接下來你所要做的就是練習，練習、再練習，直到熟能生巧為止。

（十三）整合模式的應用

　　前述的教練模式中，若你能善用其中一種，且能達到效果是很好的。若能根據被教練者的議題和需求，善用多種模式加以整合，達到加成效果，更有利於教練晤談的進行，同時達到教練的目標與效果。

　　在實務經驗中，我反覆驗證一個以「情緒－現實－責任模式」（ERR Model）為基本架構，融入「成長模式」（GROW Model）和「現實模式」（WDEP Model）的整合模式。教練或心理師面對當事人，不論來談的議題是什麼，都期盼在晤談過程中，不僅能快速切入議題的核心，也能讀懂和深度理解當事人的內在聲音和情緒感受。我將讀懂當事人內在的聲音和情緒感受，比喻為登堂且入室的關鍵鑰匙。如何讀懂呢？我們得先了解「經（體）驗取向治療」（Experiential-Approach Psychotherapy）的基本觀點。

　　經驗取向有許多重要代表人物，他們對這種心理治療方法的發展和推廣做出了重要的貢獻。以下是其中幾位代表人物及其觀點：

　　人本主義心理學的創始人之一羅傑斯是經驗取向心理治療的先

驅[15]。他提出了「非指導性」（non-directive）或「當事人中心」的概念，認為治療師應該提供一致性、無條件正向關懷、同理的理解和尊重，讓當事人能夠自我發展，解決問題，並找到自己內在的動力和資源，使其變得更有自信、主動、自主、一致、自由和成熟。

勞拉·波爾斯（Laura Perls）和佛列茲·波爾斯（Fritz Perls）是「完形心理治療」（Gestalt Therapy）的創始人[16]，他們強調治療過程中的「當下」經驗和個人責任，以及身體、情緒和思想之間的整合。「覺察」將擁有較高的專注力和覺察力，便是情緒健康的人，即使面對挫敗的情境，也有能力解決問題。

尤金·簡德林（Eugene Gendlin）發展出「感受覺知」（Focusing）的技術[17]，這是一種深入探索內在體驗和情感的方法。強調身體感知的重要性，因為身體是人的內在感受和情感的載體，通過聆聽身體的信號，我們可以更好地理解自己的情感和需求。

「心流」（Flow）理論的創始人米哈里·契克森米哈伊（Mihaly

15 參見 Carl R. Rogers（1951）. *Client-Centered Therapy: Its Current Practice, Implications, and Theory.* Houghton Mifflin. 及 Carl R. Rogers（1961）*On Becoming a Person: A Therapist's View of Psychotherapy.* Houghton Mifflin. 中譯版《成為一個人》。

16 Frederick S. Perls, Ralph F. Hefferline, Paul Goodman（1951）. *Gestalt Therapy: Excitement and Growth in the Human Personality.* Bantam Books.

17 Eugene T. Gendlin（1996）. *Focusing oriented psychotherapy: a manual of the experiential method.* New York: Guilford Press.

Csikszentmihalyi）認為[18]，心流是指在進行高度專注和挑戰的活動時，個人完全投入且享受當下的狀態。當人們處於心流狀態時，會感到時間消失，專注力極度集中，且感覺獲得成就感與滿足感。他認為，心流經驗有助於提升個人的創造力、激發動力，並促進個人成長與幸福感。

這些代表人物的觀點和理念共同形成了經驗取向心理治療的基礎，強調當事人在治療過程中的「經驗」。綜觀經驗取向心理治療的核心重點：專注於探索個人的情感、思想、和行為，並鼓勵當事人更深入地了解自己的內在經驗。內容聚焦在自我覺察、鼓勵情感表達、探索身體感知、重視當下經驗、探索無意識過程，這些旨在幫助當事人更深入地了解自己的內在世界，促進個人的成長和發展。晤談中重要的是治療師與當事人之間的真實、情感上的連結，透過信任的關係，在治療過程中實現個人成長和發展。

以下透過圖示來說明整合模式的應用：

ERR 模式（見圖 9.7）三角形的垂直線為縱軸，水平線為橫軸，斜切線為由情緒→現實→責任的變化程度。縱軸與橫軸的連接點視為座標（0，0）。為避免混淆和區分辨識起見，ERR 模式中的 E 是 Emotion（情緒），以 E1 標示；WDEP 的 E 是 Evaluate（評估），以

---

18 Mihaly Csikszentmihalyi（2023）. *Flow: The Psychology of Optimal Experience.* Harper Perennial. 中譯版《心流》第二版。

E2標示。ERR模式中的兩個R，第一個R是Reality（現實與事實）以R1標示；第二個R是Responsibility（鼓勵責任感和積極的行動）以R2標示；GROW的R是Reality（現狀檢核），以R3標示。W是Way / Will（方法／行動）以W1表示；WDEP的W是Want（渴望）以W2標示。

縱軸表示當教練本著尊重與理解的態度，協助當事人探索情緒與情感（E1）層面，使其接納自己的情感表現。換言之，當縱軸垂直短箭頭（a1）往下，表示當事人逐漸趨近現實（Reality, R1）層面，此時當事人愈能關注並了解自身的現況與事實；所以橫軸水平短箭頭（a2）往責任（Responsibility, R2）方向前進，表示當事人能漸進地接受自己的責任且付出積極的行動。換個視角從斜切線看，晤談的進展由 A 到 B。

圖 9.7：ERR 模式

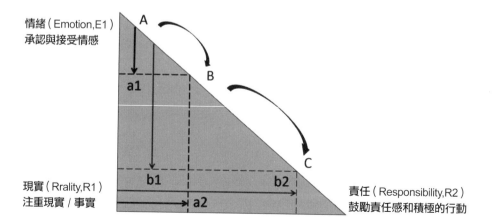

圖 9.8：ERR 模式＋ GROW 模式

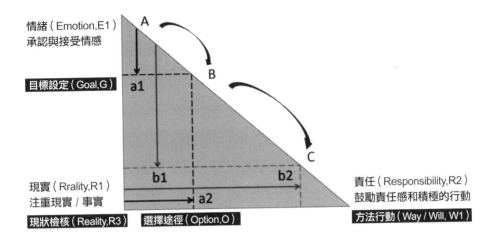

圖 9.9：ERR 模式＋ GROW 模式＋ WDEP 模式

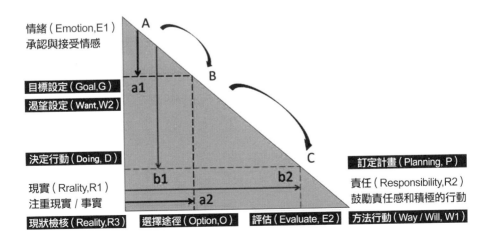

　　當教練更能深度的理解當事人的情感層面，當事人覺得被了解與接納，縱軸長箭頭（b1）表示能更快速地從E1進展到R1，同時橫軸長箭頭（b2）也意味著可以對自己有更多的程諾，且能承擔更大的責任（R2）。相對地達成晤談的目標就愈有可能性。換個視角從斜切線看，晤談的進展由B到C。

　　接著將GROW模式整合到ERR模式中（見圖9.8），如前所述，當教練處理當事人情緒（E1）層面後，可以進行晤談的目標設定（G）。目標設定可視為外在層面，例如：工作品質、決策能力、績效提升、與領導能力養成等。釐清與確認目標後，教練協助當事人檢視目前的狀況（R3），視同ERR的現實狀況（R1）。檢核現狀之後，教練藉由晤談技術幫助當事人，找出達成目標可能產生的不同的選擇或途徑（O）。一旦確認優先順序的選擇或途徑，即可產生行動方案與計畫（W1），即為ERR的責任（R2）。

　　最後將WDEP模式整合到ERR和GROW模式中（見圖9.9），當教練處理當事人情緒（E1）層面後，可以進行晤談的目標設定（G）。除了外在層面的目標設定外，也可以從內在的心理層面來了解當事人的心中的渴望（W2），例如：成就動機（Achievement Motivation）、需求（Needs）等。釐清與確認外在目標和內在渴望後，當事人可以決定為自己做些什麼？（D）。接著進行現狀（R3）檢核，視同ERR的現實狀況（R1）。檢核現狀（R3，R1）之後，教

練藉由晤談技術幫助當事人，找出達成目標可能產生的不同選擇或途徑（O），隨即針對不同途徑來進行評估（E2），例如：評估利弊得失、優先順序、時間設定等。經由當事人確認優先順序的選擇或途徑（O），即可訂定計畫（Plaining，P），視同GROW產生方法行動（W1），和ERR的責任（R2）。

　　藉由三個不同模式的整合，教練可將此整合模式視為一個概念架構和晤談指引，讓晤談有方向和進展可以遵循。切記，這不是一個固定的模式，教練在晤談過程中仍須視晤談狀況、當事人的反應、與主題的釐清與探索，敏銳覺察當下的狀況，彈性調整或來回地應用。例如：外在層面與內在層面的目標設定（G，W2），如同銅板的兩面，由外而內或由內而外都是可以的；或者檢核現況（R1，R3）後再回到外在目標（G）或內在渴望（W2）；亦或由選擇或途徑（O）到評估（E2），或評估（E2）後再回到選擇或途徑（O）。接著訂定行動計畫（R2，W1，P），此時意味著當事人能承擔起自己的責任，最後再回到晤談起初所設定的目標（G，W2），確認晤談結果與目標設定的一致性。

　　總之，整合模式應用得宜和恰如其分，有助於晤談過程更加順暢，更能達成當事人預設的目標。鼓勵你將整合模式的概念架構崁入腦袋中，在晤談過程中不斷地自我提醒，同時多方嘗試與持續練習，直到熟練為止，相信你會經驗到有效率和效能的晤談。

Part 4

Coach的
實務與技術

有了理論架構與概念，
再加上教練的技術，
猶如虎上添翼，教練的效果必然大增。
然而光有教練技術，還是不夠，
還要有正確的心態。

第 10 章

好教練必知的
內在地圖與測量工具

根據我多年的心理諮商及組織教練的經驗，
當事人的內在情緒，
若沒有被深度的同理或了解，
外在層面的效果就將大打折扣。

在你了解了教練的基本概念、理論觀點、及教練模式後，接著要考慮的是實務上如何運用。實務上的做法有很多種，也很具有彈性，端看教練如何根據企業的人才發展策略及計畫需求，來導入及設計教練方案。

我假定你是一位具備教練領導力的領導者，想運用教練的方式在你的組織內，以發展組織內重要管理者的能力，或許要先問問自己，導入教練對組織的發展與影響為何？導入的過程中要注意哪些事情？教練的過程中會發生什麼事情？我如何知道教練對組織是有幫助的呢？我要運用哪些教練的技術來提升人員的能力與績效？

以下我將說明教練進行過程中重要的相關議題，例如：教練的發展歷程是什麼？如何建立信任的關係？如何處理雙重關係的議題？如何設定教練目標？教練介入的層次與適當的時機？如何發展改變計畫？如何評估教練的效果？有哪些教練技術可以應用？

教練的發展歷程

教練是一段晤談與發展的歷程，有些重要的概念你需要了解，以下將逐一說明。

（一）教練歷程的三要素：

基本上，教練是一個互動的歷程，以達成解決績效的問題，或

發展員工的能力為目標。蘇珊‧阿樂維（Susan Alvey）認為[01]，教練歷程有賴於雙方的合作，並建立在三個組成要素上（見圖10.1）：技術協助（Technical Help），個人支持（Personal Support），和個人挑戰（Individual Challenge）。這三者之間以情緒作為聯結（Emotional Bond）。

圖 10.1：教練歷程的三要素

首先，教練協助當事人檢視目前的技能水準，共同找出有待發展的技術領域或範圍，設定目標以提升既有的能力。單就專業技術而言，不同的組織或專業領域，都有一套檢視專業能力水準的指標，很容易就能找出當事人目前的技能水準。教練採用績效教練方式，即能協助當事人發展技術能力的層次與水準。

其次，教練必須提供充分的個人支持，使當事人在被肯定與支持下，突破現況以展現其能力。組織中常見的是，當看到別人的缺

01　Susan Alvey.（2004）. *Coaching and mentoring: How to develop top talent and achieve stronger performance.* Harvard business essential.

點或軟弱，通常會不假辭色或不帶憐憫的對待當事人。組織中的競爭氣氛，常讓人不經意地對別人落井下石。教練對當事人的支持，通常可以激發當事人的內在力量，以面對環境中的責難或異樣眼光，帶出更大的能力。

第三，在當事人面向更高發展目標邁進時，必然面臨不同層面的障礙或挑戰，這時個人的心理特質就顯得非常重要。教練協助當事人帶著勇氣面對即將來臨的挑戰，唯有面對挑戰，才能跨越到另一個目標或層次。凡是有成就的人都面對逆境！古羅馬作家普利尼・楊格（Pliny Younger）：「順境造就幸運兒，逆境造就偉人。」古羅馬詩人霍勒斯・曼（Horace Mann）：「逆境造就人材，順境卻埋沒人材。」、「苦難顯才華，好運隱天資。」

最後，在前述三者之間是「情緒聯結」。這是什麼意思呢？多數當事人，甚至是教練，常被卡在情緒的聯結上。簡言之，當事人的內在情緒狀態，會影響個人的技術表現、面對教練的支持可能顯得軟弱無力、糟糕的情緒甚至削弱內在面對挑戰的能量。

身為教練，你需要對「情緒理論」（emotional theory）有深入的學習與了解。例如：情緒如何被引發出來、情緒的反應機制、大腦功能對情緒的影響、情緒對認知與行為的影響、情緒的類型、情緒表達的強度與頻率、健康情緒表達的方式、負面情緒能量如何轉化為正面的情緒能量、管理情緒的方法等。

為什麼在此我會特別強調了解情緒的重要？根據我多年的心理諮商及組織教練的經驗，當事人的內在情緒，若沒有被深度的同理

或了解，外在層面的效果就將大打折扣。若內在情緒能被處理（不意味著在此要進行心理諮商），通常認知的運作能發揮超水準的演出，教練的效果將大大的呈現。情緒猶如 1970 年代風靡台灣的史豔文布袋戲，劇中人物之一的「藏鏡人」，你知道它的存在，卻永遠不識他的盧山真面目。這也是為什麼教練要應用同理心的技巧之故。

　　情緒能引爆大量的能量，正面的情緒能量會帶來積極主動的反應與效果，負面的情緒能量會引發消極被動的反應與效果。然而多數的高階主管對情緒的能量與反應，是毫無所悉的，常常忽略員工（包括主管自己）的情緒反應對職場的負面影響。美國勞工部研究顯示：美國人離職率原因排名第一的是「得不到賞識，懷憂喪志離開。」另外美國蓋洛普研究指出：員工因不滿老闆而憎恨的人，罹患心臟病及中風的比率高出一般人的33%。懷憂喪志、不滿（當中有許多複雜的負面情緒）、憎恨等都與情緒有關。

（二）單次教練目標歷程

　　教練是一個永無止境的過程（unending process），每個新目標的達成，都形成了挑戰下一個目標的平台。約翰·伊頓（John Eaton）和羅伊·強森（Roy Johnson）認為 [02]，任何單次教練的目標，從目標到完成，都有六個基本階段的循環週期。（見圖 10.2）

---

02 John Eaton & Roy Johnson（2001）. *Coaching successfully.* P.7. Dorling Kindersley.

圖 10.2 教練的循環週期

定義（Definition）：決定績效目標。

分析（Analysis）：了解目前現實的狀況。

探索（Exploration）：探索達成目標的選擇。

行動（Action）：敘述任務何時會完成。

學習（Learning）：實踐雙方有共識的行動。

回饋（Feedback）：在下一次晤談前回顧進展。

（三）建立關係與信任感

　　記得小時候，我曾看過一部著名的電影《桂河大橋進行曲》（*The Bridge on the River KWAI*），影片以二次世界大戰為背景，1943 年同盟國封鎖了新加坡和麻六甲海峽通往緬甸仰光的水路，迫使日軍必須經由陸路補給其緬甸的軍隊。唯一的解決方式是建築一條由泰國通往緬甸的鐵路，才能符合日軍戰略上的需要。但橫跨兩地之間必須建造一座跨越桂河的大橋，才得以接通往緬甸的鐵路。影片

內容就由日本軍隊命令盟軍戰俘造橋開始。

　　日軍因為設計能力不足，造橋工程無法順利進行，眼看完工期限迫在眼前，齋藤大佐不得不與戰俘妥協，尋求協助。如果大橋最後沒有被炸毀，成了日軍征服南洋的捷徑。這條橋便成了戰爭輸贏的關鍵，日方希望藉由桂河大橋完成作戰目的，反觀戰俘則希望沒有這條橋，以阻退另一方的企圖。

　　「信任」好比一條連接兩邊的橋梁，有了橋梁才能讓兩邊往來，溝通也是如此，沒有安全的橋梁，就無法進行雙邊的互動與交流。這條信任的橋，還必須是雙向，而非單向一廂情願。信任關係之建立誠屬不易，非一朝一日所能建立，信任關係在於朝夕相處之下所培養出來的。所謂「日久見人心」，彼此愈來愈熟悉，就愈來愈了解。傑克・威爾許說 [03]：

> 若主管只一昧用棍子、胡蘿蔔駕馭屬下，沒有與屬下「交心」建立情感，恐怕關係也不能長久。

　　他也會和部屬博感情，他認為和部屬或同事發展一些工作之外的友誼是有必要的，並曾說：

03　傑克・威爾許（2008）。九封信給下一個領導者。接班人系列NO.4，頁25。
　　商業週刊。

上司和部屬的友誼，取決於堅定的坦誠。

他又說：

我對奇異的同仁談「坦誠」，講了二十多年。尤其像奇異
這麼龐大的官僚組織，透過坦誠，使員工敞開自我，才能
「合力促進」（Workout）組織的有效運作。[04]

「坦誠」就是建立信任關係最重要的基石。「誠」這個字，拆解
成一半為「言」加上「成」，「言」指的是張口伸舌說話，即兩人間
的交流、對談或溝通；「成」指的是做好或事務發展到一定的形態
或狀況。要建立一個堅固且互相尊重信任的專業關係是需要花時間
的，會談的任何一個階段，兩人的互動中隨時都在測試彼此對信任
關係的程度與信賴感，專業教練必須謹慎而為。

　　然而在講求效率，並與時間賽跑的企業，可能認為花時間建立
關係，是浪費時間而無法認同和接受。高階主管可能沒有太多的時
間去等待與部屬建立好的關係再來談工作績效，或是建立實質的內
部教練關係。但你會碰到一個弔詭的現象，不建立信任關係，就無
法進行有效且實質的教練。也許管理者會問：「有何方式可以縮短

---

04 傑克・威爾許著，羅耀宗譯（2005）。致勝：威爾許給經理人的二十個建
　　言。天下文化。

建立信任關係的時間？」我的答案是：愈是真心誠意地相待，愈能
客觀地接納對方，對議題有愈清楚的聚焦，將能在短時間內有效地
建立信任的教練關係。

　　如何建立良好的教練關係？我個人認為好的教練關係，是由
三個面向及一個核心共同構成。三個面向指組織、當事人、及教
練。一個核心是指倫理、信任與合約。我稱之為「黃金關係金字塔」
（Gold Pyramid Relationship，見圖 10.3）

圖 10.3 黃金關係金字塔

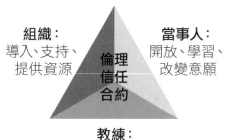

　　組織面向：意指組織要有正確的觀念，視教練為發展高階人力
的策略與方式。企業組織導入教練，提供人才發展與培訓。組織的
支持有多少，人才培育的成果就有多少。同時在教練過程中提供充
分的組織資源，以協助高階人力發展達成目標。

　　當事人面向：遴選高階人力發展與培訓的對象，不僅是具有潛

力的人才，更重要的是接受教練的當事人，必須要有開放的胸襟，主動積極學習的意願與態度，同時要有強烈的自我改變與自我成長的動機。

　　教練面向：教練的專業能力與素養要足夠，有教練認證未必表示擁有專業的能力與水準，但最起碼擁有認證是基本條件。教練更需要有一顆願意對人付出關懷的心，在教練過程中展現真誠的專業態度。真誠意指教練的內在與外在是一致，個人是完整統合的人。

　　一個核心指倫理、信任與合約。專業倫理是進行教練的最高指導準則，也是專業判斷的依據，使教練發展出傑出的品質與水準。其次是建立與維持信任的教練關係，沒有信任就沒有一切。最後合約的精神是彼此的共識，與一致的作法，它確保教練的進行與依循。

　　弗雷德里克·哈德森認為 [05]，在教練的發展歷程中，建立優質的「教練－受教練者」關係是最重要的，他提出建立優質教練關係的八個步驟，我融合他的觀點，加以修正為十個關鍵要素：

　　要素（1）：建立互相信任與坦誠的關係。

　　要素（2）：訂定教練的協議與合約。

　　要素（3）：從問題導向（problem orientation）轉移至願景導向（vision orientation）。

05　Frederic M. Hudson, Ph.D (1999). *The handbook of coaching: A comprehensive resource guide for managers, executives, consultants, and human resource professional.* p.26. Jossey-Bass books.

要素（4）：激發學習與改善的動機。

要素（5）：建構一個可改變的場景。

要素（6）：處理抗拒。

要素（7）：挑戰，探詢，面質。

要素（8）：當教練關係不斷的深化時，進入新的教練場景。

要素（9）：共同承擔教練後的結果。

要素（10）：結束教練關係，持續追蹤教練成果。

「雙重關係」議題的處理

雙重關係（Dual Relationship）的涵義是指教練與受教練者之間，在進入教練關係之前（後），除教練關係之外，另存的一種關係，它的種類包括商業往來關係、親屬關係、友誼關係、社交關係、上司與部屬關係、督導關係、行政關係、績效評鑑關係、親密關係與性關係等。在教練關係中出現雙重關係，將出現妨礙專業關係與專業判斷、影響教練效能、傷害當事人福祉等問題。

對外部教練而言，通常較少出現雙重關係的問題，如果有的話，教練會根據專業的倫理與判斷，避開雙重關係。若是由組織培訓內部教練，則可能引發雙重關係的疑慮。當內部教練出現雙重關係時，會帶來什麼樣的問題與影響？組織要如何避開雙重關係？進行內部教練時，有兩個必須思考及釐清的概念：一是實施內部教練方案的起心動念（動機）為何？二是如何確保在沒有雙重關係下仍

然可以實施內部教練？

　　所有組織的高階管理階層，必須明白接受教練方案，是用來改變與發展個人，使其能在組織內發揮能力，並對組織產生最大的綜效。接受教練方案絕不是因為一位部屬有問題，而要他去改正缺失，如此教練方案將成為「懲罰」的方案。發展是正面的，懲罰是負面的。正面發展能激發部屬的潛能，懲罰將導致部屬失去自主性與動力。

　　下面一個實例可以驗證前述的說明。去年在一場教練工作坊結束前的回饋與分享中，有位傳統產業的資深經理，分享了一段他的心路歷程：「我被公司指派來參加教練領導力課程，老實說，我心裡面非常的不爽快，我都有近三十年的年資，當經理也不是一天兩天的事，我以為我哪裡表現得不好，接受培訓好像是一種懲罰。但是參加培訓後，聽了陳教授講了一句話讓我感到釋懷了。你說接受教練領導力培訓不是懲罰，而是領導力的再精進，這是一種獎勵措施，才符合教練領導力培訓的精神。」

　　其次，上司通常被賦予對部屬的表現，進行定期或不定期的績效考核，這是屬於工作上的職責，與上下的工作關係。績效考核通常會有一連串的客觀指標，也可能有上司個人對部屬的主觀印象與判斷，更會涉及雙方內在的情緒感受與反應。試想想看，你是一位對部屬要打考績的上司，又如何能扮演保持客觀的教練關係。當有另一種關係存在時，可能會對教練關係造成干擾與影響，也將影響教練的客觀判斷。

　　換言之，雙重關係的出現極可能產生違反專業倫理的要求，導致失去專業的客觀性與判斷力、不當壓制當事人的潛在風險、造成雙方利益上的衝突、模糊了彼此的界限與工作權力、個人內在需求與組織發展目標的受損、工作關係與教練關係扭曲變質、教練過程變得複雜與晦暗不明，最後導致教練目標的落空。雙方未蒙其利，反受其害，不僅對個人與組織、工作表現及工作關係，造成嚴重的傷害，且間接影響組織內部的和諧，產生負面的組織氣氛，組織整體的戰鬥力下降，最後受害的仍是整個組織。

　　要解決內部教練的矛盾與潛在風險，一個有效的方式是採取「交叉式內部教練」方式來進行——就是教練與受教練者分屬不同的部門，沒有打績效考核的問題存在。不過，組織內部也經常會在一段時間後調整職務與位置，一旦雙方因工作或職務調動時，就必須結束教練關係。但是有兩個因素必須要加以考慮的，一是實施內部教練前，所有參與教練的主管都必須要接受完整的教練專業訓練，對教練的概念、應用、技巧等有充分的了解。其次，職務調整後應避免雙方立刻由教練關係變成上司與部屬的關係，最好是雙方沒有教練關係及直屬關係一段時間後（雙方在不同部門），才又回到工作關係。

　　最後一點必須提醒的仍然是保密問題。即便實施內部教練，沒有雙重關係的教練，仍需負有保密的責任。通常內部教練會因著教練關係，而聽到不為人知的不同部門內的消息或內部問題，內部教練仍需保持理性與客觀，也要清楚知道自己的責任限制，角色的界

限等，以避免引發不同部門之間的嫌隙與衝突。通常這需要藉由外部專業教練明確的訓練與教導後才能實施。

　　因此，企業組織要實施內部教練前，宜有嚴格且專業的外部教練進行培訓，確認各種可能面臨的問題，及解決的方法後才進行。實施的初期仍需有一段時間，由外部教練進行督導，以確認內部教練方案的實施沒有任何問題為止。

（1）外部教練與內部教練的差異

　　有一些想使用教練方式來帶領員工的主管，不約而同都會問到下列幾個問題：「當我知道更多員工的想法時，我是否要向更高階的領導者詳細報告一切？」，「當我更了解員工時，對我打員工的考績不是更方便嗎？如果我是員工的主管，又是他的教練，不是更方便領導嗎？」，「教練方式是領導能力之一，為什麼還要考慮雙重關係、保密限制等問題呢？」

　　外部教練與內部教練的三個差異：一是使用教練的目的，二是雙重關係，三是保密的議題。這三者之間是息息相關，關鍵在領導者是否清楚知道在組織內使用教練的用意，如何在組織內避開雙重關係的問題，及如何處理保密的矛盾。

（2）績效與考核vs.責任與發展

　　在企業組織內使用教練為工具的領導者，必須深切的記住：使用教練的目的在發展員工的能力與才華，讓員工為自己的工作負

起行動的責任，教練不是用來訂定績效目標或考核（不論是每季、半年、或年終）。領導者或主管為部屬或員工訂定績效目標，定期或不定期考核，是職責所在。教練面對當事人沒有績效與考核的問題，只有教練目標的訂定、執行的步驟與行動，及如何完成目標，最後檢視達成的效果。如果你誤用了教練作為績效與考核之用，將會衍生更多組織內部的問題，它會破壞你與員工的信任關係。

（3）工作關係 vs. 雙重關係

　　組織內的工作關係，有明確的角色界定、具體的工作項目與內容、及個人（部門）責任的區分與範圍。在明確的關係中，角色與責任清楚地界定與畫分。一旦你涉入了雙重關係（直屬主管＋內部教練），將在角色混淆與責任界限之間搖擺，不易在主觀與客觀之間保持平衡，或在理性與感性之間難以抉擇，或在發展與績效之間徘徊不定。擔任主管的人，容易看員工的缺點及未達成的績效，加以指正和鞭策；當教練的人，是要看當事人的優點，及其能成長的空間，加以支持與開發。擔任主管常常要面臨時間的壓力，於是要求部屬限期完成；擔任教練的人，有時卻要由足夠的空間與時間，讓當事人充分的學習與發展。

　　我舉一個實例讓你容易明白這個道理。外科醫師通常不會為自己的親人（尤其是至親）開刀。平日外科醫師開起刀來，憑藉專業知識與豐富的經驗，能駕輕就熟的完成開刀手術。然而面對至親開刀時，會有許多的顧忌與考慮，這時你不僅是「外科醫師」，也是

「親屬」的雙重角色，因情感的因素會影響專業的判斷與動刀。

　　二十多年前家母因罹患癌症，住在舍弟服務的醫院，因弟弟是醫師的關係，能獲得比一般人更完善的醫療診治與全面照顧。雖然舍弟並非家母的主治醫師，但進入加護病房時，卻是他要照顧的患者。家母在加護病房臨終前，在拔不拔管（因有氣切）、和急救與不急救之間強烈的掙扎著，他是專科「醫師」，家母也是他的「患者」，你知道他有多困難與徬徨，下一個平時可以輕而易舉的決定？！最後，全家人在病塌前，親見舍弟流著痛苦與不捨的眼淚，舉起那雙顫抖的手，親自將呼吸器摘除時，放聲大哭的景象，迄今仍令我難以忘懷。我想你會了解雙重關係所帶來的影響吧！

（4）職場倫理vs.專業倫理

　　職場倫理強調依循公司的治理信念、遵守外部法律與內部規章、重視團隊合作與敬業態度、嚴守組織業務機密。也就是前財政部長李國鼎先生，曾經提出的「群己倫理」觀念，及法鼓山推出的「心六倫」，當中有一項即是「職場倫理」。專業倫理則是針對某一專業領域中的人員，訂出之相關規範或依循準則，例如教練的倫理制定，以保障當事人權益為優先考慮。

　　或許此刻你心中由然生起一些疑問：教練能力不是領導者的能力之一嗎？難道不能兼顧績效與考核和責任與發展嗎？難道工作關係和雙重關係不能併行嗎？難道職場倫理和專業倫理不能融合嗎？請你先思考下列幾個問題，並試著檢視你心中浮現的答案為何？

- 你如何拿捏你的雙重關係與角色？何時出現主管角色，又何時出現教練角色？
- 當你的領導信念與教練價值衝突時，你作何選擇？你考慮的因素為何？
- 如果你是主管又是內部教練，你如何讓部屬或員工信任你？
- 當員工願意坦誠開放自己，他能不擔心你如何打他的考績？
- 你以主管的身分要求員工的績效，有辦法在教練期間，等待部屬或員工的發展？
- 當你知悉部屬或員工的內在想法與組織的要求不符合時，要不要上報更高階主管？你要保護他的權益，或保護公司的利益？

共同設定目標

你有全家人一起旅遊的經驗嗎？或者三五好友共同邀約旅遊嗎？不論你是與誰出遊，共同出遊的人，可以一起討論他們想去的地方、及如何去、花多少經費、用什麼方式前往、想參觀什麼等等。使這趟旅程能盡興且留下美好的回憶，雙方要討論出彼此都能接受的行程。

教練的過程好比一個旅程。教練與當事人可以一起設定目標，但目標的設定，可由當事人自己來主導，教練在旁協助引導及澄清。目標的設定來自當事人，此種主控權會激發出當事人完成目標

的動力，一旦有了實現目標的動力，教練的效果自然就會呈現。這種效果是「激發」出來的，而非「製造」出來的。

教練目標的設定，普遍依循「SMART」原則 [06]。把教練的目標，轉變為具體的目標。將理想的目標，轉化成可實現的步驟。「SMART」是註記符號：

"S"（Specific）代表具體、明確：你必須精確地定義目標。

"M"（Measurement）代表可評量：鑑別（identify）評估成就的標準。

"A"（Achievable）代表可實現：保證（ensure）受教練者擁有資源的需要，以完成目標。

"R"（Relevant）代表有意義的：檢核教練的目標對受教練者而言是值得的。

"T"（Timed based）代表限期完成：設定完成的日期。

06　John Eaton & Roy Johnson（2001）. *Coaching successfully.* p.31. Dorling Kindersley.

教練介入的層次與時間軸（Intervention Level and Time Axes）

　　教練如何決定什麼時間是介入的好時機？教練又如何決定從哪個角度或層次，介入受教練者關切的議題？我認為艾瑞克・哈恩和伊馮・柏格的觀點[07]，足以說明何時是好時機，及何時是介入的時間點？他們提出進行教練時，四種不同的可能取向（見圖 10.4）。

圖 10.4：教練介入的層次與時間軸

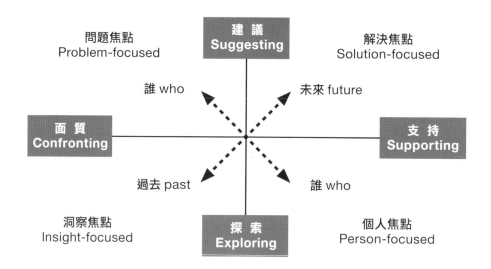

07　Erike de Haan & Yvonne Burger（2005）. *Coaching with colleagues : An action guide for one to one learning.* p.25. Palgrave Macmillan.

　　如上圖所示，縱軸由上而下，是表示採取「建議」或「探索」的介入方式；橫軸由左而右，是表示採取「面質」或「支持」的介入方式。圖中間由左下角朝向右上角 45 度傾斜軸，表示時間軸向由過去到未來；圖中間由右下角朝向左上角 45 度傾斜軸，表示層次軸向由個人層次到問題層次。

　　由縱軸與橫軸，及中間時間軸與層次軸的夾角，區分出四個不同的介入取向：

　　（1）介於「探索」和「支持」兩個軸向間，以鼓勵和了解的方式來催化受教練者，這種方式稱為個人焦點（Person-Focused）取向。從受教練者的觀點來觀察和支持受教練者。

　　（2）介於「探索」和「面質」兩個軸向間，以催化受教練者的方式進入更深的層次，這種方式稱為洞察焦點（Insight-Focused）取向。考慮受教練者獨立的觀點。

　　（3）介於「建議」和「面質」兩個軸向間，以建議和面質的方式來幫助受教練者，這種方式稱為問題焦點（Problem-Focused）取向。幫助受教練者找出問題的方向。

　　（4）介於「建議」和「支持」兩個軸向間，以選擇和正面回饋的方式來幫助受教練者，這種方式稱為解決焦點（Solution-Focused）取向。支持受教練者尋找出個人的解決辦法。

　　一位有經驗的教練者，能在短時間與受教練者的晤談過程中，

迅速且精準地評估議題處理的層次，並且能掌握處理的深度，隨時採取不同的介入策略及選擇介入的好時機。這個概念有助於教練在心思意念中，敏銳覺察自己在當下與此刻，是如何帶領受教練者往他的改變與成長目標邁進。

發展改變計畫

有了教練目標，卻沒有計畫與行動，都是紙上談兵。應用心理學領域普遍採用行為改變技術（behavior modification）的方法[08]，來協助當事人改變。行為改變技術是一門對行為加以評鑑、評估、及改變的技術，是一種客觀而有系統、有步驟的處理行為的有效方法。教練專業也可採行此種改變技術，以發展及催化當事人朝向目標前進。

在教練過程或組織內，欲建立部屬一個積極正向的行為時，要先評估具體可觀察的外顯行為，並根據可觀察測量或可操作的特徵，來界定某種觀念或事件（即操作性定義）。對行為下操作性定義時，要很仔細評估所要改變的行為，要有具體的目標及達成目標的方法，評估效果以確知是否達到所欲求的目標結果。

簡言之，一個有效而且容易成功的改變計畫，包含SAMIC五

08　有興趣深入研習的讀者可以參考：陳榮華（2009）。行為改變技術。五南圖書。

個特徵，就是簡單（simple）、可達到（attainable）、可測量（measurable）、立即可做的（immediate）、和當事人願意投入的（committed to）。

教練後的各種評估

　　我們如何得知當事人接受教練後，產生實質的改變，或看到教練的效果呢？一般而言，我們可以從量化（客觀的數據，如前、後測的對照）及質化（當事人主觀的回饋）的指標來衡量及評估。量化方式採用評定量表為工具，質化方式採用自陳量表為工具。不管採用哪種方式，其目的是在找出個人的優點及潛藏的能力，挖掘可發展與成長之處，不是要曝露個人的缺點。

　　「評定量表」（Rating Scale）的假設是，人格可以透過行為舉止表現出來，並藉由觀察來進行評估。意即以觀察的方式，對所發生的事件、行為或特質，給予一個評定分數的標準化程式。評定指由熟知受測者行為的第三者（如主管、同儕、朋友、家人等），依照長期觀察的結果，對受測者行為進行評定。

　　評定量表具有四個特點：具體且客觀、結果能量化、評定範圍是全面性的、省時且經濟實用。評定量表的方式有：一、數字評定：（關係取向←1 2 3 4 5→工作取向）。二、等級描述評定：有分成三等（優良、普通、缺乏），五等或七等不同方式。三、標準

評定：事先訂出一個評定標準，讓受測者選擇，以檢視受測者與評定標準之間的差異。四、檢選量表：使用辭彙表、形容詞、名詞、句子等方式，來評定受教練者的狀況。

　　量化的心理測驗，必須經過嚴格編製過程的測驗才考慮使用，尤其是檢視其信度（reliability）、效度（validity）及常模：

　　信度指測驗結果的「一致性」。指相同個體在不同時間受測結果的一致性或穩定性；一致性愈高，則信度愈高。換言之，測驗結果能反映出最接近真實量數的程度，即可反應測量結果的準確性；測驗結果愈精確，誤差愈少，信度愈高。

　　效度指某事物的「有效」程度。即事物運作所表現的過程與結果，能夠接近事實真相的程度。換言之，測驗能測出其所欲測定之功能的程度。即某測驗在使用時，確實能達成其目的者，方為有效。

常模解釋測驗的依據

　　自陳量表法（self report inventory）多以自我報告的形式出現，即對擬測量的項目特徵，編製若干陳述句，由受試者逐項填寫，是常用的一種自我評定問卷方法。此法不僅可以測量外顯行為（如態度傾向、職業興趣、同情心等），同時也可以測量自我對環境的感受（如欲望的壓抑、內心衝突、工作動機等）。其優點是表面效度佳、能直接反應個人所知覺到的與感受到的、編製及施測簡單容易、評估認知特質可以做為教練的策略。

　　質化工具是指所蒐集到的資料內容，需要考慮四個指標：

　　1. 可信性（credibility）即為量化研究的「內在效度」，是關注在教練能否充分而適當地呈現當事人的多元觀點。其目的在檢核資料的忠實程度，使教練的主題能被精準的描述。

　　2. 遷移性（transferability）即為量化研究的「外在效度」，是關切教練的效果，能否跨越時空的限制來進行有效的推論。其目的是藉由教練情境來類推到真實情境，以了解當事人實際應用的可能性有多少。

　　3. 可靠性（dependability）所指即為量化研究的「信度」，強調穩定性、一致性、和可預測性，經由複製來展現信度。但質化指標認為真實情境是瞬息萬變的，不太可能複製同樣的結果，因此接受質化工具的不穩定性，但尋求其它的方法來發現和解釋造成不穩定或改變的因素。

　　4. 可驗證性（confirmability）所指即為量化工具的價值中立與強調其客觀性。對內容的驗證，需考慮是否確實根植於所蒐集到的資料，而不是教練者本身的主觀判斷或想法。教練應該秉持客觀的態度，忠實地呈現資料本身，同時詮釋資料時，盡可能做到不隨意臆測、及不妄加推論或解釋。

　　教練在選擇測驗工具前，應先做好下列的準備：1. 了解受測者的需要，2. 與受測者討論及說明使用測驗的目的及過程，3. 讓受測者清楚施測的目的，4. 選擇適當的測驗工具，5. 詳閱測驗的指導手冊。

　　施測的過程宜注意下列事項：1. 是否有標準化的實施程序，

2. 準備舒適的施測環境，3. 觀察受測者在施測過程中的狀況與反應。

施測結果的解釋：施測容易，但解釋上通常不是容易的。最好是由受過專業訓練背景的人進行結果解釋，才不至於誤用。解釋是否得當，牽涉到教練的品質。請留意有些商業使用的測驗，並不嚴謹但常被拿來使用。

解釋結果應留意下列幾點：1. 結果僅供參考，而非定論。2. 結果僅代表過去到目前為止的狀況，不代表未來。3. 了解受測者對結果的看法。4. 傾聽與同理受測者的感受。5. 參考其他相關資料解釋。6. 對低分或負面結果要謹慎說明與解釋。7. 測驗資料非經當事人同意，不對外公開。

正式編制的測驗通常不是一般人能夠購買的，沒有專業背景或經過授權是無法購買或使用的。要維持教練專業水準的話，教練應遵守正確使用測驗的準則，小心地使用心理測驗，澄清並確認施測的目的，慎選適宜的測驗工具，對結果進行專業而客觀的解釋。

以下簡介幾個教練常使用的工具，如多角度評量回饋（360-Degree Feedback）、梅布二氏類型指標（Myers-Briggs Type Indicator, MBTI）、加州心理量表（California Psychological Inventory, CPI）。

（一）多角度評量回饋

風行自 1990 年代的新管理工具，在《財星》雜誌排名 1 千家公司中高達 90% 的組織，採用多角度評量回饋系統，作為考核及

發展的工具，堪稱當代最重要的發展工具之一。受評對象通常是組
織中的高階的主管。施測是針對整個團隊而非個人，參與的人數從
四至五位到二十五位不等。所謂多角度評量回饋，是指評量的看法
和意見，來自不同的面向的人，包括：自我評量、部屬、家人、直
屬主管、內部顧客、朋友、平行的同事、外部顧客、以前的同事等
（見圖 10.5）。

圖 10.5：360 度評量回饋對象來源

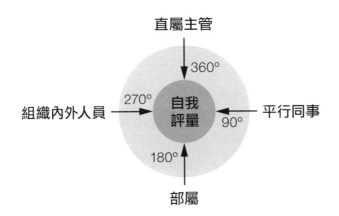

　　以觀察評量的角度而言：第一層是受測者對自己及直屬主管對
受測者的看法（360 度），第二層是平行同事對受測者的看法（90
度），第三層是部屬對受測者的看法（180 度），第四層是其他組
織內外的人員對受測者的看法（270 度）。

評量來源有[09]：1. 第三者報告（如考核、面試資料、特殊目的的意見、360 度考核的老闆、人力資源專家、同儕、部屬）。2. 自陳報告：動機，氣質，價值，能力，行為，績效（自我評價、一對一面談、談話溝通）。3. 評估工具（心理測量工具、評估工作、業務模擬演練、角色扮演練習）。4. 直接觀察。

托諾（Tornow，1993）認為[10]，這項評測工具有幾項功能：1. 強化主管的覺察能力與發展，2. 組織績效評鑑，3. 組織續承接班人計畫（Succession Plan）選任人員之用途，4. 促進組織變革，5. 了解自評與他評的一致性。

這項工具的主要特色，在避免傳統測驗的主觀評論，藉由他人測評和自我測評之間的差異和一致性，一方面找出可以改進與發揮的空間，另一方面增進自我了解與自我覺察。

在應用多角度評量回饋，有幾點需要事先考慮的[11]：

1. 施測的對象是誰？為什麼要給這位對象施測？選擇那些知道你的教練風格的人或者是最近或之前的教練夥伴是最理想的人。

2. 想想看有哪些人會協助受測者完成這份測驗，有些人可能欣

---

09 Tony Chapman., Bill Best., & Paul Van Casteren.（2003）. *Executive Coaching: Exploding the myths.* p.54. Palgrave Macmillan.

10 引自林俊宏（2009）。360 度回饋（360-Degree Feedback）之概念與應用。104 人資學院實務講座系列。

11 Tony Chapman., Bill Best., & Paul Van Casteren.（2003）. *Executive Coaching: Exploding the myths.* p.269. Palgrave Macmillan.

賞你的開放，願意提供回饋；但有些人可能會懷疑你的動機，而假裝誠實地回答他們想要寫的回饋。

3. 確保你的受測者，他們的個人資料將被匿名和保密，除非你有不同的安排，但也要對他們說明如何處理。

4. 想想看當你看到最終的測驗報告時會做些什麼？你會與那些提供回饋給你的受測者一起分享結果嗎？你會與你的老闆一起分享這份結果嗎？

5. 想想你要如何處理測驗的回饋內容？你有沒有一些支持系統呢？

若評量僅限一些標準化的項目，而且是強制性，以找出缺失為主，受測者會有很大的威脅感。僅有 40％的組織能將多角度評量系統與發展計畫結合。如果缺乏後續的追蹤或持續的行動方案，往往對主管造成「心理層面的衝擊」（Psychological Storm）。多角度評量尤其對表現不佳的主管，會對回饋的資料通常感到驚訝，因為結果常與自己，或由其他人對他的想法有距離，甚至會覺得委屈，好像自己不被了解，或感到自己在別人面前，盡是負面的看法。自尊心強的主管，有時難以接受別人給予的負面評價。

不可避免的每個人多少會對多角度評量的結果，感到些許的不舒服或難堪。受測者得知來自不同的人士，對自己的印象或觀點時，很難不當一回事。因此受測者面臨要學習重新看待自己，努力作調整或是嘗試改變行為，這樣的挑戰真的不容易，這時需要教練

來協助與引導。前曾述及領航教練是從讚賞的角度來引導，協助當事人保有他的自尊，以鼓勵產生動力，讓當事人願意面對未來，採取更有效及積極的做法。

（二）梅布二氏類型指標（MBTI）

梅布二氏類型指標人格類型（1963）是以榮格（Jung）的「心理類型」為理論的發展基礎，其假設是：有些人關心自己所注意的事，及如何就自己所看到的做出決定；有些人則關心自身以外的問題。人對覺察的偏好是與生俱來的，不必經由環境的互動學習。將態度分為外向（專注外在客觀的表現世界）與內向（專注內隱概念與觀念）。

之後由美國的人類觀察家凱瑟琳‧庫克‧布里格斯（Katharine Cook Briggs）與女兒伊莎貝爾‧布里格斯‧邁爾斯（Isabel Briggs Myers）研究並加以發展，他們融入處理事情，應付外在事務的兩種態度：覺察和判斷。梅布理論是一個可以讓個人觀察這個世界，並根據自己的覺察，做出決定的方法（Myers，1993）[12]。因為人的心智活動，大部份都是在覺察和 / 或判斷：（見圖 10.6）

---

12 Myers, I. B.（1993）. *Gifts differing*. Palo Alto, CA：Consulting Psychologists Press。

圖 10.6：MBTI 類型向度

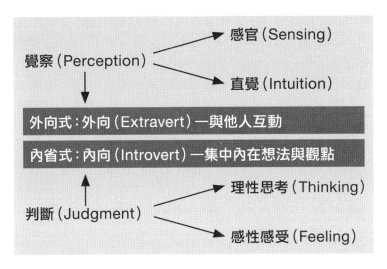

　　覺察（perception）[13]：又分為感官（Sensing）是藉由視覺和聽覺的過程，再加上嗅覺、味覺和觸覺等而完成；直覺（Intuition）：是一種無意識的運用，是與生俱來的，不必經由環境的互動學習就已具備。

　　判斷（judgment）：又分為理性思考（Thinking）：係指就觀察的想法或事件做出分析，進而客觀地下結論或判斷；感性感受（Feeling）：是一種主觀的反應，通常和個人的價值觀有連帶關係。

　　另外一個因素可用以瞭解個人是如何使用覺察和判斷，那就是外向式（表示外向一與他人互動，E）和內省式（表示內向一集中內

---

13 Richard S. Sharf 著，李茂興譯（1998）。生涯諮商：理論與實務。頁178-187。弘智文化事業有限公司。

在想法與觀點，I）。內省式是根據個人內心世界的興趣來進行覺察和判斷；外向式則是對外在的世界進行覺察和判斷。

MBTI 主要目的在瞭解受測者的人格特質、潛在特質、職業適應、職業發展等，從而提供合理的工作及人際決策建議。組織利用它改善人際關係、團隊溝通、團隊建立、組織診斷等多個方面。在世界五百大的企業中，80% 有 MBTI 的應用經驗。在實務應用上要留意的是，MBTI 幾乎很少被單獨使用，它必須和性向、興趣及成就的評估一起運用才可以。

以下就每一個向度，逐一簡略說明：

覺察（Perception）：

喜歡工作有彈性。

喜歡把事情留待最後才全部完成，以便能有最後更改機會。

可能會把那些令人不快，卻不得不作的事情拖延一陣子。

針對事物、狀況或人物的彈性處理。

隨時喜歡新的建議或點子。

延遲決定，同時一邊尋求選擇。

對狀況的改變很能適應，若內容不夠多樣化，就覺得礙手礙腳。

外向―與他人互動（Extravert）：

喜歡多樣化，是個行動派。

對耗時甚長，進度緩慢的工作缺乏耐心。

對工作上的活動很有興趣，也對別人的做事方法很感興趣。

動作往往很快，有時缺乏考慮。

藉由討論想出新點子。

喜歡有人在身邊。

藉由談話和做事了解新的任務目標。

感官（Sensing）：

資訊接收，喜歡觀察，重細節與具體內容。

喜歡利用經驗和標準方法解決問題。

喜歡將以前學到的經驗拿來運用驗證。

可能不相信或忽略自己的靈感。

對事實真相很少會出錯。

喜歡以實際的角度來做事情。

喜歡先把他們的工作細節提出來。

偏好持續性的作法，偶而調整修飾一下。

總是按部就班地進行工作。

直覺（Intuition）：

無意識運用洞察力，覺察事件意義與關係，重視未來，抽象或有想像力。

喜歡解決複雜的新問題。

喜歡學習新的技能甚於使用它。

會跟著自己的靈感行事。

可能會忽略事實真相。

喜歡以創新的角度來做事情。

喜歡先把他們的工作大綱提出來。

偏好改變，有時候是徹底的改變。

做起事來很有爆發力。

判斷（Judgment）：

對工作詳加計畫，並能照計劃行事的話，就會表現很好。

喜歡把事情安頓處理好，並能完成它。

也許不會注意到那些需要著手進行的新事物。

只要他們對某個事物、狀況或人物做成決議就會很滿意。

很快地做成決定，終止動作。

若有工作架構和進度表的支援，就會覺得得心應手。

著重計畫的完成。

內省─內在想法與觀點（Introvert）

喜歡安靜專注地做事。

喜歡不受干擾地進行長時間的計畫工作。

對他們工作背後的事實真相很感興趣。

在行動前往往要花很久的時間思考，有時未必會採取行動。

經過深思熟慮後才想出點子。

喜歡獨自工作不受干擾。

藉由閱讀和深思熟慮來了解新的任務目標。

理性思考（Thinking）：

客觀分析，重因果關係。

運用邏輯分析做成結論。

希望同事之間能相互尊重。

可能在不知情的情況下傷害到別人的感情。

所作的決定往往與個人無關，有時不太注意到別人的需求。

意志很堅決，在適當的時候也會提出批評。

注重情境中的原則。

若是工作順利就會覺得很值得。

感性感受（Feeling）：

主觀感受，重內在情感與情緒的感知。

利用價值觀作成結論。

希望同事間融洽相處並互相支持。

喜歡讓人開心。

所做的決定往往受到自己或他人喜好的影響。

很有同情心，不喜歡告訴別人不愉快的事情，甚至能免則免。

注重情境之間的價值觀是什麼。

若能滿足人們的需求，他就覺得很值得。

根據上述類型向度，可以得到 16 人格類型命名及生命主題（見表 10.1）[14]，16 人格類型又可依守護者（SJ：尋求安全穩定）、技藝者（SP：尋求感官刺激）、理論者（NT：尋求理性知識）、理想家（NF：尋求自我認定）等分成四大類型。以下逐項說明這 16 種人格類型的特質，及適合擔任的職務類型（僅列舉說明而無法一一詳盡列）。

表 10.1：MBTI16 人格類型命名及生命主題

守護者（SJ）		技藝者（SP）		理論者（NT）		理想家（NF）	
尋求安全穩定		尋求感官刺激		尋求理性知識		尋求自我認定	
ESTJ	督導者	ESTP	促進者	ENTJ	指揮官	ENFJ	教導者
ISTJ	視察者	ISTP	工藝者	INTJ	策劃者	INFJ	諮商師
ESFJ	提供者	ESFP	表演者	ENTP	發明者	ENFP	得勝者
ISFJ	保護者	ISFP	創作者	INTP	建築家	INFP	治療師

ESTJ（督導者）：

人格特質：實際、務實、講究事實。對商業和機械技術有天

14　吳芝儀（2000）。生涯探索與規劃：我的生涯手冊。頁，43。濤石文化事業有限公司。

份。對抽象的理論沒興趣，喜歡學習直接速成的應用方法。喜歡組織、經營活動，通常是個優良的管理行政人員，個性堅決，很快能付諸行動，對平常的細節頗注意。

　　適合職務類型：行政管理人員、財務經理、經理人員、業務員、監督管理人員。

ISTJ（視察者）：

　　人格特質：嚴肅、安靜。因為專注嚴謹的態度而能獲得成功。很實際、有次序、講究事實、有邏輯觀、很務實、很可靠、做事有條不紊、負責任。對該完成的事情，自己會下決心做到，並穩定地朝向該目標前進，不畏任何的阻礙或干擾。

　　適合職務類型：會計、審計師、工程師、財務經理、景觀、鋼鐵工人、技術員。

ESFJ（提供者）：

　　人格特質：熱心、受人歡迎、謹慎、天性喜與人合作，也是個活耀的成員。喜歡合諧，擅於營造氣氛。總是對別人很好，如果對他有鼓勵或讚美，工作會做得更好。主要的興趣在對能直接影響到人們生活的事物上。

　　適合職務類型：美容師、健康工作者、辦公室經理人員、秘書、教師。

ISFJ（保護者）：

人格特質：安靜、友善、負責、認真、全心奉獻、完成義務。無論身處任何計畫中，都是穩健的支柱。做事周詳確實，不辭辛勞。他們的興趣通常不在技術上。對必要的細節很有耐心。忠心、體貼、知覺敏銳，關心別人的感受。

適合職務類型：保健人員、圖書館員、服務工作者、教師。

ESTP（促進者）：

人格特質：善於立即解決現場的問題，喜歡行動，對任何迎面而來的挑戰，都能欣然接受。喜歡機械事物和運動，總是和朋友相伴。適應性強，容忍度高，很實際，對答案的追求鍥而不捨。不喜歡冗長的解說。善於處理真實的事物，凡可以運作、處理、拆卸、組合的物件都喜歡。

適合職務類型：審計員、木匠、行銷人員、警官、推銷員、服務工作者。

ISTP（工藝者）：

人格特質：冷漠的旁觀者—安靜、保守。以一種帶有距離的好奇心態和出人意外的幽默感來觀察、分析人生。往往對事情的緣由和影響很有興趣，也對機械事物的運作方法和原因感興趣。另外也喜歡使用邏輯方法來組織事實。擅長切入實際問題的核心，找到解決之道。

適合職務類型：建築工人、技工、安全服務人員、統計人員、手藝工作者。

ESFP（表演者）：

人格特質：好交際、肯包容、友善，喜歡所有的事物，因為自己快樂也為別人帶來歡樂。喜歡行動，主動掌握事件，知道事情的動向，且積極參與其中。發現記取事實的經驗遠比高談闊論要容易多了。適合處於需要豐富常識及實用技能的場合。

適合職務類型：幼保人員、採礦工程師、秘書、監督管理人員。

ISFP（創作者）：

人格特質：羞怯、乖巧友善、脆弱、仁慈，對自己的能力很謙虛。不喜歡爭論，也不免強別人接受自己的意見或價值。通常不喜歡當領導者，寧當忠實的追隨者。做事往往輕鬆自在，能享受當下此刻的感覺，絕不因過分的匆忙或費力，而破壞了那份閒情逸致。

適合職務類型：職員、音樂家、戶外工作者、畫家、證券業職員。

ENTJ（指揮官）：

人格特質：坦白、有決斷力、活動中的領導者。可以發展和實行複雜精密的系統，以解決組織上的問題。對需要論證或說話技巧

的事情都很擅長，如公開演說、見識淵博，喜歡增加自己知識庫中的內容。

適合職務類型：行政管理人員、信用部經理人員、律師、經理人員、行銷人員、操作研究員

INTJ（策劃者）：

人格特質：擁有意志和動機來實踐完成其想法和目標。對外在事物具長遠的眼光，並能迅速找到其中的意義。在有興趣的工作領域中，有很強的工作組織能力，並達成任務。對事物抱持質疑、批評的態度，個性獨立有決斷力，對能力和表現的要求很高。

適合職務類型：電腦分析師、工程師、法官、律師、操作研究員、科學家、社會科學家。

ENTP（發明者）：

人格特質：行動快、有發明天份、擅長很多事情。能鼓勵同伴，機敏、坦率、直言不諱。可能會為了好玩的緣故而爭論問題。足智多謀，擅於解決具挑戰性和新奇的問題，但可能忽略一般例行的工作。興趣一個接一個替換。對自己極力想要得到的東西，善於用邏輯性的理由來搪塞。

適合職務類型：演員、新聞工作者、行銷人員、攝影師、業務代表。

INTP（建築家）：

人格特質：安靜、保守。特別喜歡理論或科學上的追尋探索。喜歡用邏輯、分析的方法解決問題。主要興趣在於觀念和想法，對宴會和閒談只有一點點興趣。有非常明確的興趣。想要從事的職業，必須能盡情發揮利用自己的興趣。

適合職務類型：藝術家、電腦分析師、工程師、科學家、作家。

ENFJ（教導者）：

人格特質：有求必應、很負責、真正關心別人的所思所求，處理事情總能顧慮別人的感受。能輕鬆又熟練地提出建議或帶領團體的討論。善交際、受人歡迎、有同情心。對讚美或批評都能有所回應。喜歡幫助別人開發潛能。

適合職務類型：演員、神職人員、顧問、諮商心理師、家庭經濟學家、音樂家、教師。

INFJ（諮商師）：

人格特質：成功的原因是不屈不撓的精神和原創力，並急欲想要做出一番眾望所歸的成績。他們在工作上盡最大的努力。他們靜默堅強、謹慎、關心別人、尊重自己的原則。為人所敬重和追隨，因為他們對大眾的福祉有堅定的信念。

適合職務類型：藝術家、神職人員、音樂家、心理醫師、社會

工作者、教師、作家。

ENFP（得勝者）：

人格特質：非常熱情、勇敢、很有發明天份，富有想像力。只要有興趣的事都會做。對任何困難都能找出其解決之道，隨時準備幫助別人解決問題。能即席發揮自己的能力，不需要事前的準備。對極力想要得到的東西，總是能找出牽強的理由。

適合職務類型：演員、神職人員、諮商心理師、新聞工作者、音樂家、公關人員。

INFP（治療師）：

人格特質：安靜的觀察者、理想主義者，很忠實。認為外在的生活必須和內在的價值觀相融合。很好奇，能很快看出一些事情的可行性，在想法的實踐上往往扮演催化者的角色。適應彈性力很強，除非其價值觀受到威脅，否則很有包容性。想要了解人們及能夠滿足人類潛能的一些方法。不太在乎自己的財務或周邊的環境。

適合職務類型：藝術家、編輯、心理醫師、心理學家、社會工作者、作家。

如何應用 MBTI：

- 必須和性向、興趣、及成就測驗一起運用才完整。
- 不照字面意義來認定類型定義，這是一般特性的描述。

- 主要過程 vs. 輔助過程：根據每個類型代碼的最後一個字母來
  決定。
- 偽裝類型：環境的影響會扭曲或偽裝天生的類型發展。透過
  學習，有些人表現於外的是一種類型，而內在的真實類型卻
  是另一種。
- 以教練為主，MBTI 為輔助。
- 以仔細傾聽受教練者的談話內容為重點。

（三）加州心理量表

　　加州心理量表（California Psychological Inventory，CPI）又稱加
州人格量表，顧名思義是用來測量人格。此量表來自美國加州大學
心理學家哈里森·歌傅（Harrison. G. Gough）博士的人格理論。在
組織管理的應用，可以預測出領導者的潛能、工作績效、及創造性
潛能。量表的內容分為四大類 18 個分量表：一、人際關係與適應
能力，二、社會化、成熟度、責任心和價值觀，三、成就能力和智
力，四、個人生活態度的傾向。

人際關係與適應能力：
（1）支配性：領導能力及社會主動性等因素。
（2）進取能力：測量與地位有關或會導致地位變動的個人特質。
（3）社交能力：外向性、社交性及社會參與等特質。

（4）社交風度：個人與社會互動情境下的自在性、自發性及自信心；

（5）自我接受：自我價值感、自我接納及獨立思考的潛力。

（6）適意感：煩惱與抱怨的程度，及自我懷疑的傾向。

社會化、成熟度、責任心和價值觀：

（7）責任心：堅持性、可靠性等人格特徵。

（8）社會化：社會成熟度及正直性的程度。

（9）自我控制：自我調適、自我控制的程度，及免於衝動與自我中心的程度。

（10）寬容性：寬容、接納及不含評價性的社會信念與態度。

（11）好印象：希望創造好印象，關心別人對他的反應的程度。

（12）同眾性：反應符合本測驗所建立的常模組織的程度。

成就能力和智力：

（13）順從成就：當環境要求服從的行為時，有助於成就表現的特質。

（14）獨立成就：當環境要求獨立自主時，有助於成就表現的特質。

（15）智力效能：智慧所能有效發揮的程度。

個人生活態度的傾向：

（16）心理感受性：對別人的內在需求、動機及經驗的興趣與
　　　敏感程度。

（17）靈活性：思考與社會行為的彈性和適應性。

（18）女性化：興趣的男性化或女性化程度。

　　　男性化特徵：客觀、理智、講求實際；

　　　女性化特徵：有耐心、同情心，關心決定對他人的影響。

教練技術

　　在進入教練技術之前，我們需要檢視一下，為什麼「有人的地方就會有溝通的問題」存在，不管是在組織內部、不同部門、不同產業、不同職級、政府與民眾、學校行政部門與老師、老師與學生、夫妻與親子、手足與妯娌、同儕或朋友之間。三十年來我有機會深入社會、企業、政府、學校、非營利組織，不管是演講、訓練、工作坊、團體、或高階人力發展課程，許多與我接觸的人，不約而同的向我反映，溝通仍是最大的問題，也是他們最大的困擾。

　　這些人多數都曾接受過溝通訓練的課程，為什麼還覺得很困難？為什麼已具有溝通的概念，還陷入此種困境？

　　在介紹這些技術前，有三個重要的概念，需要進一步釐清與說明：一是心態優於技術；二是任何技術的使用，在此時此地（here and now）下最有效；三是沙漏式資料蒐集法。這是我三十多年心

理諮商及二十多年來在企業界的經驗所得，這些經驗是我獨特的創見，與大家分享，我的目的是，幫助你更有效能的使用這些技巧，在你的教練專業或展現你的領導力。

（一）心態更重於技術

　　有了理論架構與概念，再加上教練的技術，猶如虎上添翼，教練的效果必然大增。然而光有教練技術，還是不夠，還要有正確的心態。舉例來說，一把利刃交給歹徒，它就成了殺人的利器；反之，交給廚師，它就成了佳餚的器具。端看使用者的動機與心態。我喜歡看武俠電影，而周遭的許多朋友都喜歡練功（看武俠小說），琅琅上口的不外是金庸、古龍等人寫的膾炙人口的小說。

　　小說中的情節，簡單來說不外是好人與壞人之間恩怨情仇。壞人通常想盡辦法尋找並取得武功秘笈，然後上山苦練，武功練成後，下山四處找人比畫，其目的是希望有朝一日，一統天下，稱霸武林，登上盟主寶座。若不幸負傷而歸，又再度尋找武功秘笈，上山再度練功。結局通常是還未登上武林寶座，就已經練功到走火入魔，而毀於自己的手裡。

　　好人習武的目的，在修身養性、強身助人。遇到衝突情境，通常不輕易出手，非到必要時才會出招，絕不輕易傷人。他的目的在濟弱扶傾，行俠仗義。因著他的義行，素孚眾望，就算不登上武林盟主的寶座，依然得到眾人的景仰與尊崇。

　　好人與壞人之間，為何有此截然不同的結局？問題在於壞人的心術不正，導致走火入魔；好人即便出招，卻又點到為止，蓋因已致「人劍合一，劍隨意走」的境界。

　　一位優秀的教練，能有實質的教練績效，絕不僅於擁有純熟的技術，實出於對當事人真誠的關心、完全的接納與包容、客觀且公平的善待當事人、考慮組織與當事人的需要、在組織的目標與當事人的需要之間尋得平衡點、引領組織與當事人達成最後的教練目標。切記，教練的心態不對，又技術使用不當時，也會損及教練的信任關係，傷害組織及當事人的權益。教練的態度更甚於教練的技術，我想你可以深切體會我的表達與用意。

（二）此時此地（Here and Now）的應用

　　對於此時此地的應用，即便是專業的教練，大多數懂得這個概念，但檢視其教練過程的對話，卻不難發現不易做到，也不知道該如何應用。我與一些教練分享心得時，他們對此時此地的應用感到困難與困惑。這得要從教練歷程來解釋，我會配合一些圖示，讓你明白及掌握此要領。

　　教練與當事人在晤談情境中，藉由溝通與對話，展開教練的互動歷程（見圖 10.7），不管當事人談到過去或未來，教練的焦點仍專注於「當事人在此時此地」的認知或感受（圖中雙向箭頭）。例如，教練說：「在優先順序的考量下，有哪些最重要的事情是你要

先執行的？」、「在決定與不決定之間，**當下**有哪些困境是可以突破的？」、「**現在**你對這件事有什麼省思或感受？」

圖 10.7：教練當下（此時此地）的情境

教練晤談中，難免會談到過去的經驗、狀況、處境等，不少當事人會侃侃而談，深怕教練不了解其過去，會詳談許多過去故事情節；經驗不夠的教練，也想多了解當事人的過去，蒐集足夠的資料，以便提出教練的策略與協助計畫，因此會一直詢問有關過去的事（見圖 10.8）。雙方在晤談初期，可能因此耗費過多的時間，在談論「彼時彼地」的故事，而忘了當下兩人在「此時此地」。

教練過程並非不能談到過去，重點是要將談論的過去，拉回到當下（圖中迴轉箭頭），以此時此地的眼光，看待過去的經驗。教練可以這樣問：「以你**現在**的眼光與智慧，你如何看待過去的經驗？」，「如果你現在重新做一次**過去**的事，你會做哪些不一樣的選擇或決定？」，「當你在談論**過去**時，**當下**有哪些新的想法或感受？」、「你談到**過去**曾有的經驗時，你**現在**怎麼看當時的你？」

圖 10.8：在此時地談論過去的彼時彼地

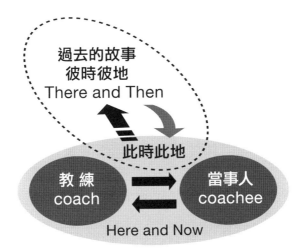

圖 10.9：在此時地談論未來的彼時彼地

　　教練過程不只談到過去，也因設定教練目標而會談到未來（見圖 10.9）。談到未來願景，必然會談到行動計畫、執行策略或執行步驟，儘管如此，仍要回到此時此地。

　　教練可以拋出這樣的問題：「**未來**如果你達到目標時，表示你**現在**會採取哪些行動？」、「如果**未來**仍有一些困境需要突破，你**現在**要做那些準備？」、「你**現在**可以做些什麼，讓**未來**的績效倍增？」

（三）沙漏式資料蒐集法

　　有一些對教練專業有興趣學習，但專業成熟度尚不足的生手教練，常會問我一個問題：如何才能蒐集到完整的當事人背景資料？我要花多少時間蒐集他們的重要資訊？怎樣判斷已經蒐集足夠完整的資料？是否要聽完當事人所有的陳述後，再來蒐集資料？

　　我在心理諮商與教練領域的實務工作中，發展出一個資料蒐集的方法，我稱之為：「沙漏式資料蒐集法」，經過我反覆的驗證，證實它非常管用。運用這個方法，你不需要全面性地蒐集資料，或聽完當事人所有的陳述，但是你仍然會蒐集到足夠的資訊。也許你會好奇地問：「怎麼可能？」、「怎麼做到的？」下列步驟幫助你明白及使用這個方法。

　　步驟一：先看沙漏的上半段（見圖 10.10），沙漏口的上方有許多的小圓球，這些小圓球代表當事人所釋放出來的訊息，教練要專注在重要的關鍵訊息上（如何聽到關鍵訊息，在稍後傾聽技巧上

圖 10.10：沙漏式資料蒐集法

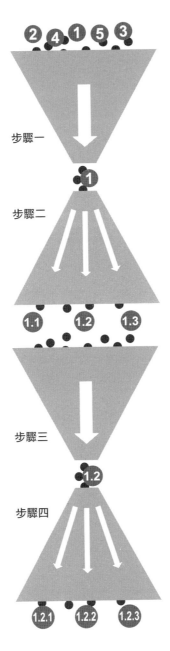

我會進一步說明 5K 的傾聽法），辨識與確認你所聽到的線索，一旦你掌握最重要的訊息時（如編號 1），就由此訊息切入，深入了解其內容，其他的訊息暫時擺在一旁。深入了解內容，就是蒐集資料的過程。

步驟二：當你將編號 1 的主題抓下來後，將由此主題向下延伸出更豐富的訊息內容（如編號 1.1，1.2，1.3）。之後，如同步驟一抓住重要的關鍵訊息（假設 1.2 是重要訊息），就由此訊息切入，深入了解其內容，其他的訊息暫時擺在一旁。

步驟三：你將編號 1.2 的主題抓下來後，將由此主題向下延伸出更豐富的訊息內容（如編號 1.2.1，1.2.2，1.2.3）。之後，如同步驟一抓住重要的關鍵訊息（假設 1.2 是重要訊息），就由此訊息切入，深入了解其內容，其他的訊息暫時擺在一旁。以下依此類推。

有趣的是，每一次向下深入探索前項步驟中的任何訊息，都有可能再回到上一層或更上一層的其他議題中，補充先前暫時擺在一旁的議題或訊息。如此反覆來回地晤談後，自然而然地你會蒐集到相關議題的訊息。當然這些訊息都可能與任一議題有關，也逐漸形成一個脈絡。經由此過程中，由上而下的深入各方面的訊息，你能將訊息加以歸類，同時統整出當事人的整體脈絡。簡單來說，脈絡就好比一棟建築物的樑柱，樑柱是支撐的主結構體的重要關鍵。

這是一個蒐集當事人資訊的方法與架構，步驟與步驟之間是流動與彈性的。能否敏銳覺知何者是關鍵的訊息，是此法能否運用成功的最重要關鍵。身為教練的你要能培養專業教練的敏銳度。

　　在本書的最後一章，我們將介紹教練的基本技巧 [15]，這些技巧在教練的場景中可用，也可以應用在生活中的各個層面。

　　切記，你必須透過不斷的練習與調整，才能熟練這些技術。我鼓勵你在應用這些技術時，隨時檢視並問問自己下列問題：你是如何使用技術？在什麼場合中應用？你使用任何一種技巧時的意圖為何？使用技術的時機點？任何一種技術使用後，當事人的反應為何？這些技術帶來哪些效果或影響？對你的人際關係又有哪些助益？

15　本節所介紹的幾種基本技巧，部分整理自 Clara E. Hill 著，林美珠、田秀蘭譯（2006）。助人技巧：探索、洞察與行動的催化。學富文化事業有限公司。有興趣的讀者可以將本書視為延伸閱讀材料，有詳盡的介紹及演練活動。

第 11 章

問與聽的功夫：
好教練的最佳本領

「最嚴重的錯誤，不是提出錯誤的答案，
而是針對錯誤的問題作答。
我們需要的不是正確的答案，而是正確的問題。」
——彼得‧杜拉克

(一) 眼觀四面：專注技術（Attending Skill）

　　教練使用專注技巧，代表的是對當事人的支持、帶給當事人一種希望的感覺，在教練的專注下，將鼓勵當事人宣洩其感受、同時增強當事人改變的意願。專注是指「身體上」的傾向對方，代表教練願意接近當事人，關心當事人，專心在當事人身上。

　　專注的行為類型包括數個不同的動作，例如：眼神接觸、臉部表情、空間距離、副語言、舉止神態、超語言。

　　掌握專注的技巧，可以讓教練或主管，專心注視在當事人身上，也更容易貼近當事人，藉由肢體的互動，拉近彼此的距離：

（1）眼神接觸：

　　視線接觸意指凝視、直視溝通者，但不是一直盯著對方看，不移動視線，如此反而帶給對方壓力。視線接觸可以滿足心理需求，也可以檢視溝通效果，傳達出親密、有興趣、提供回饋、表示了解、及調節說話序列。更重要的是，眼神接觸也展現出積極尊重的態度。

（2）臉部表情：

　　表達基本情緒、表情的移動賦予口語生命及活力、微笑可以鼓勵探索。臉部表情：指以面部肌肉來表達情感狀態或對訊息的反應，即所謂的臉部金三角（包括眉毛尾端兩側的點，所構成的水平

線，再由眉毛尾端兩側的點，向下巴正中央各畫一條斜線），在臉部金三角內有眉毛、眼睛、鼻子，臉頰肌肉、嘴唇、及下巴（例如：以「眉飛色舞」來形容喜悅之情）。

　　臉部表情又區分三種不同類型：封閉式的臉（closed face）：皺眉的臉，表示深思、煩惱、生氣。中立式的臉（neutral face）：只動動嘴巴，表示「我不在乎你」。開放式的臉（open face）：揚眉齊額的臉，表是喜歡與關心。教練應該擺出何種臉譜？我想你知道答案。

（3）空間距離：

　　空間的距離存在個別及文化的差異性。霍爾（E. T. Hall, 1968）描述美國中產階級者的距離區域：親密的（0~18英吋）、個人的（1.5~4呎）、社會的（4~12呎）、公眾的（12呎以上）。東方人的文化與個人的特質，在空間距離上較之西方社會更大。

（4）副語言（Paralinguistic）：

　　非語言的聲音（肢體聲音：呻吟、喊叫、嘆息、笑、哭）、非文字（「喔」、「阿」、「嗯」等）、說話干擾（口頭禪）、輕微的認可、中斷與沉默。

（5）舉止神態（Behavior and demeanor）：

　　點頭、身體姿態、手勢、互動同調，例如：

　　‧手勢：是以手、手臂和手指頭的移動，來描述或加強語氣。

- 姿勢：指肢體的位置和移動。如前傾、站起來。姿勢的改變也是一種溝通。
- 站姿：直直的站著（表示權威）、腳分開與肩膀同寬（表示穩固）、一腳輕微踏在另一腳前（表示移動）、雙手舒適地擺在身體兩側手指放鬆（表示自然與舒服）、頭部打直，下巴稍微抬高（表示注意）。
- 坐姿：直坐並且微向前傾、背部離開椅背、膝蓋靠攏、將手置放於舒服且方便作手勢之處。
- 手勢切忌：一手握另一手腕，交叉胯部前、雙手深深插入口袋中、雙手背在背後、雙手交疊胸前。
- 姿態：指肯定自信的態度。高達20％的人在和陌生人接觸時，可能顯現自信不足或高度的緊張。

（6）超語言：

- 聲音的特色：音調（聲音的高低）、音量（聲音的大小）、頻率（聲音的速度）、音質（聲音的質感）
- 口語干擾：指會中斷或介入流暢談話中的語音。例如，「嗯、喔、這個嘛、那個、你知道的」等等。

（二）傾聽技術（Listening Skill）

義大利諺語：「智慧是由聽而得，悔恨是由說而生。」英國諺

語：「智者善聽而不言。」老天爺給我們兩個耳朵，卻只給我們一張嘴，意思是要我們多聽，少說。「聽」，這個字眼將其拆解，左邊是耳朵為王，就是要以耳朵傾聽為主，右邊上為「十目」意思是要多觀察，右邊下為「一心」是要我們專心傾聽。簡言之，人與人互動溝通，就是要專心一意，留心觀察，專注傾聽。

曾在美國總統柯林頓（President Bill Clinton）任內擔任國務卿的華倫·克里斯多福（Warren Christopher），是一位行事非常低調，卻擅長談判的政府官員，被媒體稱為「隱形」（stealth）國務卿[01]，他有一句名言：「仔細聆聽別說話，是我的祕密。我很早就察覺，多聽比多說好。」

台積電創辦人張忠謀也曾指出[02]：

溝通能力是兩面的，別人與你溝通時，你也要有能力回應。聽、說、讀、寫都很重要，通常「聽」是最不受重視，但也是最重要的，有成就的人與別人最大的不同，就在於他聽的通常比別人來得多。我和同事談話，就能了解他是否真的聽懂，因為我講話速度比較慢，常常有人會自以為已了解我要說什麼而打斷我談話，但後來發現90%是錯的，這就是不夠虛心，所以聽是非常值得培養的能力。

01 田思怡、林河名（2011）。克里斯多福癌逝。聯合報，A13綜合版。
02 張忠謀（2002）。「提升國家競爭力 —— 大師講座新世紀的新人才」。行政院人事行政局。

瑞士語言學家費迪南‧德‧索緒爾（Ferdinand de Saussure, 1857-1913）是結構主義語言學理論學者，他在其著作《普通語言學教程》（*Cours de linguistique générale*, 1916）一書中 [03]，將語言行為分為兩個部分，一是實際說出來的「話語」（parole），另一是隱藏在表面話語之後的「語言」（langue），後者比前者更重要。教練在進行教練時，不單是聽到受教練者口裡說的話語，同時也要聽到語言背後的含意，這是專業教練要具備的基本能力。傾聽的目的是能對說話者表示：

（1）給予支持（在情感與情緒層面的支持，在認知層面不評價或論斷）。

（2）注入希望（讓說話者感受到，有人能了解他的處境與此刻所表達的語意，使當事人燃起對所談事件的希望感）。

（3）鼓勵宣洩（當有人專心在傾聽時，無形中說話者會不由自主地談）。

（4）增強改變（在傾聽下增強當事人持續改變的意願）。

傾聽的真義是指「抓住並了解當事人溝通的訊息，不論是口語或肢體的，清楚或模糊的。」例如，主管問部屬：「上週交辦的事情，進行的如何了？」部屬答：「差不多了」。「差不多了」這句話是模糊的，不知道具體的內容為何？具體且清楚的回答應該是：

---

03 蔡錦昌（1999，2001）。語言學的人類學意涵。

「已完成 90% 的進度，剩下未完成的事是有關……，預計兩天內完成，後天上午 10 點前送到您桌上。」

聽該聽的重點：5K 的傾聽法

　　不少人誤以為安靜的聽完當事人，長篇大論敘述自己的故事，就是傾聽，事實不然。真正的傾聽是專注在當事人的表達訊息，你不需要完整聽完當事人所陳述的細節，而是要傾聽「5K」[04]：關鍵事件（Key Events）、關鍵人物（Key Person）、關鍵時刻（Key Moment）、關鍵轉折點（Key Turning Point）、關鍵字（Key Words）。口語訊息是指溝通時表達出來的內容，教練要能在交談的瞬間，立刻辨識出當事人口語內容是來自認知、情感（緒）或行為層面。還要統整事件，並將焦點放在事件的整體脈絡上，以清楚掌握教練的議題。以下三點是要留意的：

　　（1）肢體語言是自發的，會呈現較多的情感狀態；肢體語言也傳達深度與真正的情感，比語言訊息更令人相信。相關的研究指出，肢體語言表達的重要性，例如柏德・惠斯托（Bridwhistell, 1973）認為任何對話中的社會意義，用語言方式來傳遞的不超過 35%。克納普和霍爾（Knapp & Hall, 1992）的研究顯示，人們在交談時可能有 50-60% 的時間注視對方。對說話者而言，一般的視線接

04　陳恆霖（2022）。唔談的力量，頁 51~52。大寫出版。

觸量約40％，對傾訴者而言約近70％。梅瑞比恩（Mehrabian）等人的研究指出，有7％的情緒訊息是由語言方面傳達，大約38％的情感內容是由「聲音」（如音速、音調、音頻）來傳遞。而情感內容最常用的傳達方式是臉部表情，約占55％。

（2）從當事人的角度來了解其經驗到的一切。除非你接受很好的專業訓練，否則你可能認為你會站在當事人的角度，來了解他的狀況。只要從你與當事人對話的回應內容來分析，就會知道你是否真正做到了從對方的角度的了解當事人。

（3）重點在於教練要專注於「當事人」，而不是去想接下來要說什麼或下一步的計畫。

　　身為一位教練，你必須要展現專業的素養與能力，能傾聽到隱含在口語背後的意涵，這並不容易。即使是生手教練，也經常會遺漏來自當事人口語所表達的深層意義。教練不只聽到當事人的敘述，也不僅是聽到如故事般的情節內容或過去的發展事件經過，更重要的是從「**認知**」的表達內容中，傾聽到內在的聲音──「**情緒**」層面的感受，並觀察到受教練者的「**行為**」舉止與反應。

　　有句英國諺語云：「不必說而說，是多說，多說招怨；不當說而說，是瞎說，瞎說惹禍。」顯見聽比說來得重要。教練有效的傾聽，也能使受教練者感受到被支持與被接納，將能引導當事人朝向更深度的探索。

如何做個積極的聆聽者？

你有心成為一位積極的聆聽者，就要謹慎地留意說話者表達的內容。以下提供一些有效傾聽的關鍵性原則，如果你能掌握這些原則，將有效地促使晤談能順暢地進行。

（1）營造一個不受干擾，並能專心傾聽的溫暖環境。

（2）多聽少說：引導受教練者多談一些個人的狀況。

（3）控制自己的衝動，多點耐心等候對方充分表達。

（4）整理並檢核出對方表達內容的關鍵要點與意義。

（5）能敏銳地感受到口語訊息背後隱藏的情緒狀態。

（6）僅僅針對客觀的訊息內容不加評論地給予回應。

（7）對受教練者任何表達內容都要給予高度的同理。

（8）對不確定或模糊的訊息以問問題方式加以澄清。

（9）運用檢核方式確認雙方對彼此互動的理解程度。

有效聆聽的具體方法

我整理出一些有效的方法 [05] [06]，這些做法包括態度、肢體語言、及技能等三方面：

---

05 Harvard business essential.（2004）.*Coaching and mentoring : How to develop top talent and achieve stronger performance*.p.28. Harvard business School Press. Boston, Massachusetts.

06 William Bergquist, PhD.（2007）. *Organizational coaching : An appreciative approach resource book*. p.146

一、態度方面：

（1）展現並找到有興趣的範圍。

（2）避免先入為主或主觀臆測。

（3）專注事實，勝於口頭表述。

（4）先仔細傾聽，後評估反應。

（5）鍛鍊頭腦，保持心智開放。

（6）具備靈活，有彈性的態度。

（7）在互動中，共同承擔責任。

（8）避免直接且快速跳到結論。

二、肢體語言方面：

（1）保持視線接觸。

（2）適時地微笑。

（3）敏銳覺察肢體語言。

（4）避免分心，專注說話內容。

（5）控制自己的情緒與肢體語言。

三、技巧方面：

（1）判斷說話的內容，而非傳遞的方式。

（2）對想法和情感做出適切的反應。

（3）統整說話者的思考脈絡。

（4）支持展開行動的想法。

（5）評估事實與證據。

（6）不要中斷談話，除非要澄清觀點。

（7）在必要時，才做記錄。

（8）不斷地練習傾聽的技巧。

貝格斯特博士認為 [07]，有效的聆聽關鍵是重要的，他指出不當的聆聽者與傑出的聆聽者之間是有很大的差異（見表 11.1）。

專注與傾聽對教練過程中的助益

我們可以使用簡易的三點量尺 [08] 來檢核專注與傾聽後的效果。透過「三點量尺」的檢核，教練從受教練者的口語與肢體動作中，就能看見教練是否能有效地進行晤談：

（1）當專注與傾聽無效時，受教練者可能遠離教練，表現出坐立不安，不舒適，或者分心。例如，如果是男教練向後傾坐著，同時兩腿張得開開的，有些女性受教練者可能會將之解釋為具性暗示的邀約，會將眼光移往別處，變得非常不舒服。如果教練撥弄頭髮

07　William Bergquist, PhD.（2007）. *Organizational coaching : An appreciative approach resource book*. pp.90~102.

08　改寫自 Clara E. Hill 著，田秀蘭，林美珠譯（2006）。助人技巧：探索、洞察與行動的催化。學富文化事業有限公司。該書中針對不同的技術都有三點量尺的檢核，有興趣的讀者可自行參閱。

表 11.1：不當的聆聽者與傑出的聆聽者之差異

不當的聆聽者	傑出的聆聽者
1.對乏味的主題，容易失去興趣。	1.機會：當事人的說詞，對聆聽者來說有何意義？
2.訊息傳遞薄弱時，容易失去興趣。	2.根據當事人說話的內容做出判斷。
3.容易受到個人內在（外在）情緒影響，做出不客觀的評論。	3.在通盤瞭解實情後，再針對議題做出回應。
4.僅僅傾聽表面事情，包括不重要的部分。	4.專注於核心議題。
5.僅採用一種方式做筆記。	5.依據當事人說話的內容，採用不同的方式作紀錄。
6.表現出漠不關心，注意力不集中。	6.試著讓自己保持在警覺的狀態
7.容易受外在事物干擾而分心。	7.嘗試各種方法，讓注意力集中。
8.抗拒艱深的議題，僅專注於簡單的主題。	8.利用艱深的主題，磨練自己的心志。
9.對當事人情緒用語，內心容易起波瀾。	9.對於偏頗的內容，內心仍能保持平靜。
10.當事人語調緩慢時，容易打瞌睡。	10.對當事人說話的內容，能舉一反三、融會貫通，並能聽懂弦外之音。

或玩筆，有些受教練者可能會分心並覺得懊惱，也許會覺得教練沒有尊重他們。

（2）當專注與傾聽是中度適宜的，受教練者就可能繼續交談，但可能不覺得完全的舒適。

（3）當專注與傾聽做得非常好，受教練者會覺得晤談的過程是舒適的，並會覺得教練者能傾聽和關心受教練者，受教練者會覺得

有安全感，同時會不斷地就教練議題談論下去。

(三)改變的力量：同理心技術（Empathy Skill）

　　"empathy" 一字的 "pathy" 來自道路 "path"，"em" 是在裡面。簡言之同理心就是走別人的路。走別人的路，去對方走過的地方，你才能真正體會那個人的感受。就是西方諺語 "put yourself into others' shoes"（換位思考之意）。

　　卡爾・羅傑斯曾云：「我們以為我們在聽，但很少有以我們真正的理解及同理心來聆聽。然而，此種非常特殊的聆聽，是我所知道的最強大的改變力量之一。」

　　同理心是一個能敏銳覺察他人感受的技巧。它是一種很容易明白與了解的技巧，但卻是非常不容易熟練的基本技巧。由「懂」到能「做」出技巧需要一段時間的練習。只要你能掌握同理心技巧的運用，教練的效果就會大大的提升。

　　在我的實務經驗中，透過演練的過程，多數的學習者才能體會出，這不是一個簡單的技巧。因此，教練在沒有專業訓練下，千萬別自恃你可以將同理心技巧發揮得淋漓盡致。然而，同理心的技巧能運用得當，你將發現同理心是一個強而有力（powerful）的技術。相反的，如果你以同理心為掩飾，企圖操控對方，將會嚴重破壞彼此的關係，畢竟信任關係毀於一旦，也將造成毀滅性的傷害，大大降低教練的效果。

1. 同理心的概念

　　同理心這個名詞，就字面上的意義而言是容易理解的。簡單來說同理心就是：設身處地站在對方的立場想，也就是西方人所說的 "fit in shoes"（合腳）。對對方的景況不妄下評斷、不要太主觀、不要去臆測。同時能像「平面」鏡子般忠實的反應出對方的狀況，使當事人透過你的回應，看到自己未覺察的一面。

　　為什麼要像平片鏡子般呢？請看圖 11.1，假設鏡子是教練，照鏡子的人是受教練者，只有平面鏡子能忠實反映出照鏡子的人；如果面對的是傾斜的鏡子，你的身影會被拉長（百貨公司服裝部門常用這種方式，讓你穿著想要購買的衣服，看起來顯得身材修長，增加購買慾）；如果面對的是廣角鏡面，鏡中人物的四周會變形失真；同樣的面對凹透鏡面，你的身影也會失真。

圖 11.1：教練像鏡子

平面鏡子　　　　傾斜鏡子　　　　廣角鏡子　　　　凹透鏡面

（最右張圖片來源：flickr. CC. ／作者 Fdecomite）

　　亞瑟‧喬拉米卡利和凱瑟琳‧柯茜（Arthur P. Ciaramicoli & Katherine Ketcham）對同理心有其獨特的看法[09]，他認為做一個能施展同理心的人，比擁有同理的技術更重要，同理心包括準確地理解他人的情緒，並在回應時重視每個獨一無二的個人與情境。同理心是一種能深入他人的內心與靈魂，了解他們的思想、感知、情緒的能力，但也同樣能揭露潛伏在人類靈魂最幽微的隱密處裡的欺騙與背叛。

　　釐清一下「同理」與「同情」是截然不同的，多數人為此感到混淆與不解，也可能誤以為同情就是同理。同情是站在自己的立場，以自己的角度看待對方，同情對方常是帶著隱含的評價，評價出於自己對對方情況的判斷或解讀，它可能讓自己以為有憐憫，卻可能隱藏「我好，你不好」（I'm ok, you're not ok）的感受，或者「我尊，你卑」的心理地位。如果你誤以為同情就是同理，反而會破壞教練關係，而不是建立信任的關係。

　　我將個人的觀點，與他們對同理心與同情心的區別，整理出一個脈絡，讓你清楚地對照這兩者之間的差異（見表11.2）。

　　身為一個優秀的管理者，當你能善用同理心，並站在部屬的角度，讓他們了解公司的願景、目標或政策，使員工樂意去學習職務上的絕竅（know-how），藉此讓他們保持對公司的向心力，與其對

---

09 陳豐偉，張家銘譯（2005）。同理心的力量。麥田出版。

表 11.2：同理心與同情心的差異

同理心（同理的傾聽）	同情心（同情的傾聽）
能建立尊重、信任與積極的關係，在關係中有清楚與明確的界限	產生貶抑、鄙視與消極的關係，在關係中模糊與混淆的界限
是天賦的才能，激勵我們表現出感同身受與利他的行為	是一種情緒，被動地分享其它人的恐懼、悲傷、憤怒與歡樂
是理解與回應他人獨特經驗的能力	是曲解與獨斷他人經驗的方式
先放下自我的世界觀，貼近對方才能完全參與他人的經驗	與自我過去的經驗連結，事先下判斷，未能尊重對方的思想與感覺的獨特性
以別人之心去體驗和承受痛苦	與別人一起感受或面對痛苦
焦點在於他人身上，目的是希望讓對方感覺自己的獨特經驗是被理解的	焦點在自己的身上，被動地承受對方的經驗，接受對方的情感表達
聚焦在現在，在目前正在發生的事，在這特殊的時刻	同情心回到過去，因為有共通的經驗而產生了一般性的理解
客觀看待對方，並與他人生命經驗產生高度的連結	主觀看待對方，並與對方的生命經驗產生不同版本的對照
聚焦在成長與改變之處，永不放棄對方，重視正面的優勢，驅動心靈的復原力	聚焦在失敗與挫折之處，拋棄對方，擴大負面的缺失，忽略內在的復原力
激發出對生命的熱情與行動力，自我覺察能力不斷地提升	抑制對生命的盼望並失去生命的動力，陷入更為混亂的思緒中
出現感恩、謙遜、容忍、寬恕、憐憫與愛	出現抱怨、自傲、不耐、惋惜、可憐

組織的堅定承諾。領導者付出寶貴的時間，去找出部屬的能力和目標之間的關聯，他們會因你的同理而願意努力付出，你將會得到來自部屬們的回報。

2.同理心技術的層次

　　教練晤談過程中同理心的反應層次，必須根據教練的發展階段、及與當事人信任關係的深淺程度，來決定使用初層次同理心技術或高層次同理心技術（見表 11.3）。

表 11.3：初層次同理心與高層次同情心的差異

重點	初層次同理心	高層次同理心
回應內容	能回應當事人「明白表達」、「具體清楚」的感覺與看法。	能回應當事人的敘述中「隱含未現」、「語意模糊」的感覺與想法。
適用時期	教練初期、或教練與當事人良好關係尚未建立之時。	教練中、後期，或教練與當事人已建立信任關係之時。
原因	順應當事人的思考方向，反映當事人的感覺與想法，讓當事人感到被支持、被了解，所以能夠幫助教練與當事人建立良好的關係。	此技術有助於當事人了解自己未知或逃避的感覺與感受，除非兩人已有良好關係，否則容易引發當事人的防衛，而妨礙了教練的進行。

　　要注意的是：使用初層次與高層次同理心的差別，並非顯示教練同理心能力的高低。在教練的初期，即使教練已先一步看到當事

人問題的癥結，或是察覺到當事人的逃避、隱瞞行為，仍然只能使用初層次同理心。在教練的中、後期，有時候為了配合當事人的狀況，仍然可以配合使用初層次同理心。

卡克夫和貝倫森（Karkhuff & Berenson）將同理心回應分為五個層次。喀恣達（Gazda）等人再將五個層次同理心回應歸納成四個層次，並設評定量尺：

層次一（1.0）：沒有專注與傾聽當事人語言與非語言行為，故回應的內容，不能反映當事人表面或隱含的訊息，對當事人問題的探討沒有幫助。

層次二（2.0）：回應的內容，只反映當事人表面的想法與感覺，而且反映的情感並非關鍵性的感覺，因此對當事人問題的探討沒有幫助。

層次三（3.0）：回應的內容，能夠完全反映當事人的想法與感覺，沒有縮減或過度推論當事人表達的內涵，但無法反映當事人深層的感覺。

層次四（4.0）：回應的內容，能夠反映當事人未表達的深層想法與感覺。這種回應，可以協助當事人覺察與體驗先前無法接受或未覺察到的感覺。

3. 同理反應的內容

教練同理受教練者表達的內容，包含三個層面：認知與想法

（cognitive）、情感和情緒（feeling，emotion）、及行為（behavior）。教練對來自當事人談話內容的反應，要敏銳三方面的訊息：（1）認知面（想法）：指個人內在的想法、觀念、價值觀等。例如：員工不罵不成才。船到橋頭自然直。人是有潛力的。（2）情緒面：隱含的七情六慾、感覺、情感等以情緒為字眼的表達。例如：沒有達成績效讓我覺得很「挫敗難過」。主管的作法讓我感到「憤怒」。我被老闆賞識，覺得很「高興」！（3）行為面：指外在可觀察得到的行為舉止或動作，如做了或沒做什麼……。例如：今天早上我「放下手邊工作」趕去「開會」。昨晚我「熬夜」「修理機台」。我接連數天到處「找貨」「採購」，連「吃飯」的時間也沒有。

4. 同理心練習的步驟

　　欲熟練同理心的技巧，可以由下列四個步驟，逐一來練習，直至熟練為止：

　　步驟一：練習專注。練習心理專注與生理上的專注。

　　步驟二：積極傾聽。傾聽「口語」及「肢體」語言的訊息。

　　步驟三：適切反應。以情緒同理為主。通常人對自我情緒的覺察較不敏銳，有許多的情緒感受放在心裡，也被認知所取代。當教練能同理當事人的情緒面時，能讓當事人接觸到情緒、覺知情緒、感覺情緒，進而覺察情緒；同時當事人會感受到教練真正了解他，能懂他，教練關係會因此更加信任而穩固。

　　步驟四：注意反應。觀察同理後的反應狀況。

　　亞瑟・喬拉米卡利和凱瑟琳・柯茜明確地指出[10]，同理的傾聽協助我們避免細瑣，無謂的談話。以開放的心胸傾聽是一種謙卑的經驗，你不會陷入「一定要試著找出答案」的互動方式。教練在晤談過程中，要做到盡你所能地理解受教練者的觀點、背景、特質與動機，然後正確評估對方。反之，也自我評估當下的狀態，包括自我的價值與信念、情緒反應的感受、及自我的需求、偏見或刻板印象。

5. 掌握同理心技巧的要領

　　常有人問我，同理心怎麼做才對。我的回應是同理心反應，沒有做對或做錯的問題，只有同理準確的深淺和精準程度之別。

　　我以射箭來做說明，正中靶心分數最高，完全沒有射中靶面則沒有分數，由靶心向外，分數愈來愈低。換言之，正中靶心表示同理愈準確，當事人愈有反應，離靶心愈遠，當事人愈沒有反應。

　　教練愈準確同理，一定會聽到當事人說：「對啊！……」、「嗯！……」、「是，……」、或點頭示意，這是準確同理反應的觀察指標，當事人會繼續侃侃而談。如果教練無法準確同理對方，你可能會聽到當事人說：「不是！是……」當事人會糾正你的說法。同理的愈準確，愈能深入當事人的內在，當事人的回應就愈明確也愈多，當事人之所以會繼續往下說，是因感受到教練能深度的了解他，愈感受到被了解，愈覺得被接受、被支持。

---

10 陳豐偉，張家銘（2005）。同理心的力量。頁68,100。麥田出版。

教練必須要掌握以下的要領：

首先，要能感受並抓住深埋或隱藏在當事人內在的感覺和意義。這個定義聽起來簡單易懂，但要能熟練此技巧，得要勤加練習不可，要練習到一聽到當事人口語表達的內容時，就能直覺並立刻反應出當事人內在的感覺和意義。

其次，要盡量使用假設性語氣。為什麼？使用假設性語氣的用意，是避免教練有先入為主的主觀偏見、刻板印象、預先論斷與做出評價。假設性語氣是將確認的權力交還給當事人，讓當事人來掌握交談的主動權。當當事人有所反應後，可根據當事人反應的內容，與教練的內在專業判斷進行比對與檢核，以確認教練是否能精準地掌握當事人談話的要旨與內在的想法和感受。

例如以「似乎」、「好像」、「也許」、「是不是」、「如果」、「假如」、「能不能」、「要不要」、「可不可以」等語句為起始句。在應用上可以針對當事人口語表達的內容，區分為認知、情緒、及行為三部分。下列的練習程式，讓入門的教練可以很快地上手：

• 認知部分教練的回應：

「聽」起來……你＋假設性語氣（好像……）。當事人是以「口語」來表達他的想法、信念或價值觀，是屬於認知層面的內容。教練用「聽」來了解當事人的口語表達。所以用「聽起來……」。

• 情緒部分教練的回應：

「感覺上」……你＋假設性語氣（似乎……）。教練以「同理」的方式來「感受」（敏銳覺察）當事人內在的情感或情緒狀態。所以

用「感覺上……」。

　　・行為部分教練的回應：

「看起來」……你＋假設性語氣。當事人「做了」什麼行為或「沒做什麼」行為，是可以透過「眼睛」來觀察，所以用「看起來…」。

　　上面的程式好比是練功的武者，起初你需要看著武功秘笈依樣畫葫蘆，一招一式地來回比劃。一旦你熟練上述的方式，並能及時反映後，就不需要以此公式來回應。換言之，不必看武功秘笈，也能熟練的出招。

6.同理心的應用方式

　　同理心的應用可以很有彈性、很有創意地表達。下列是一些彈性的用法，你平常多練習就愈熟練：

　　・透過「單字」或「詞」來表達，例如：考績未達標準，讓你覺得很「嘔」！似乎你對工作的瓶頸感到很「懊惱」。

　　・透過「成語」來描述，例如：面對可能的升遷，你似乎覺得「心有餘而力不足」！升官又加薪讓你感覺「喜事連連」！

　　・透過「經驗」的敘述，例如：你覺得目前的工作壓力很大（表示憂心、緊張、有壓迫感）。似乎你覺得「老闆對你很不公平！」（表示生氣、不滿）。

　　・透過「行為」來表達，例如：這個月的團隊績效不如預期，

428 Part 4 Coach 的實務與技術

你恨不得找個洞鑽下去（表示羞愧、沒面子）。看到你的業績出乎預料的好，興奮地手舞足蹈的樣子（表示高興、快樂）。

‧透過「價值觀」的表達，例如：當上主管後，好像你覺得「以身作則」是很重要的。部門員工的表現不如預期，似乎讓你覺得「員工沒教好是主管的責任」。看來你處理事情似乎是用「船到橋頭自然直」的態度來面對。

7. 同理反應的變化方式

在你能熟練同理技巧後，如同投手在比賽時，會搭配投出變化球，教練可以跳脫前面的練習程式，以下就是更有彈性的變化方式：

- ‧「聽起來你覺得……」
- ‧「聽起來該不會是……」
- ‧「我聽到好像是你……」
- ‧「我聽到你說……所以你……」
- ‧「你的感覺似乎是……」
- ‧「也許你覺得……」
- ‧「如果我是你，我會覺得……」
- ‧「我猜你是否覺得……」
- ‧「似乎你又……」
- ‧「那種情況讓你覺得……」
- ‧「根據你的說法，好像你認為……」

- 「看樣子你很想……」
- 「看起來你好像蠻疲累的……」

　　最後的提醒，專注、傾聽和同理心的技巧，在教練晤談的任何一個歷程中，都隨時需要使用的，尤其是教練晤談的焦點愈深入，愈需產生覺察時，就更需要深度的同理。我舉一個簡單的比喻你就會明白，就像摔柔道，為了避免受傷就必須在下面鋪一層軟墊，摔的力道不大，只需一層薄薄的軟墊，但摔得愈大力，軟墊就愈要厚實，才不會將人摔傷。這層保護的墊子就是同理心。

(四)關鍵的力量：問問題技術（Questioning Skill, Inquiry Skill）

　　《禮記・學記》卷十八：「善學者，師逸而功倍，又從而庸之；不善學者，師勤而功半，又從而怨之。善問者，如攻堅木，先其易者，後其節目，及其久也，相說以解；不善問者反此。善待問者，如撞鐘，叩之以小者則小鳴，叩之以大者則大鳴，待其從容，然後盡其聲；不善答問者反此。此皆進學之道也。」

　　此文意指善於學習的人，老師很安閑，教育效果反而加倍的好，學生更把功勞歸諸於老師教導有方；對於不善學的人，老師教得很辛苦，效果卻僅得一半，學生反而歸罪於老師。善於發問的人，好比砍伐堅硬的木頭，先從容易下手的軟處開始，慢慢的擴及

較硬的節目，時間久了，木頭自然分解脫落；不善發問的人，使用的方法剛好相反。善於回答問題的人，有如撞鐘，輕輕敲打則響應得小聲，重力敲打，則響應的聲音就很響亮，打鐘的人從容不迫，鐘聲纔會餘音悠揚傳之久遠，不善答問的人剛好相反，這都是增進學問的方法。

《禮記・學記》點出「善問」的重要性，由簡入繁、循序漸進。對照目前最有名的搜尋引擎 Google 執行長艾瑞克・施密特（Eric Schmidt）是如何善用發問的技巧，他說：「我管理公司是靠『發問』，不是靠『回答』。問答會啟動對話，對話會刺激創新。如果你想要一個創新文化，那你就多發問。」

問問題可以在晤談一開始時，也可以在晤談歷程中的任一時刻，也可以在結束晤談時。提問的重點不在找到一個答案，更重要的是幫助受教練者整理思緒、發現問題、產生覺察、帶出行動力、達成目標。教練如何提問？教練提問時，不在思考該用什麼樣的問題，而是根據受教練者當下的回應內容來提出問題，幫助他進行反思，並獲致覺察。

彼得・杜拉克說：「最嚴重的錯誤，不是提出錯誤的答案，而是針對錯誤的問題作答。我們需要的不是正確的答案，而是正確的問題。」問問題的目的在於澄清、聚焦、鼓勵宣洩、指出不適當認知、指出並強化感覺。它的意義是以開放式問句，邀請當事人澄清或探索想法、感覺的問句。讓當事人對自己的情境或問題進行多面向的探索。教練不問特定的訊息，也不在限制回答的性質為「是」

或「不是」，或一兩個字的反應，即使當事人可能做出這樣的反應。開放式問句可被修飾為問句（如：你對那件事的感覺看法如何？）或是直述句（如：告訴我你有哪些不同的想法？）的方式加以應用。開放式問題具有以下的功能：

- 延伸想法，激發當事人思索什麼是重要的。
- 讓當事人能充分表達內在的看法與觀點。
- 不帶偏見時，顯示你尊重當事人的意見。
- 讓當事人用自己的話，表達他們的見解。
- 蒐集資訊，增進彼此了解，建立和諧關係。

讚賞式問法

讚賞式問法出自於凱斯西儲大學（Case Western University）大衛·庫柏理德（David Cooperrider），在其著作 "Appreciative Inquiry：A Positive Revolution in Change"（2005）的觀點，它的基本假設，是從力量、成功、價值觀、希望、夢想的角度去思考。是一種超越現狀與真實，從未來反向回溯到當下。視未來及當下之間為一個發展與成長的歷程。基於「肯定」及「欣賞」所產生的詢問過程，使當事人逐漸地澄清及明白，目前的處境及未來的方向與目標。

因此，讚賞式提問的焦點，在目前表現不錯之外，未來還可以做些什麼，怎樣才能做得更好，以超越現況。引導當事人或團隊去找出「可能性」，而非「不可能性」，以激發出改變的動能。所以讚賞式問法是將重心維持在改善與持續的「學習上」，而非抱怨和出

氣的「情緒反應上」。

掌握問問題的要領：

（1）問句要短而簡單，清楚易懂，直指核心。

（2）聲音的語調要低，要表達出關心和親近當事人。

（3）說話的速度要放慢，問句要經過仔細地斟酌或修飾，以避免如同審問（案）。

（4）避免一次問好幾個問題，以免妨礙當事人的思緒，失去聚焦的功能。

（5）焦點在當事人身上及當下，而非轉換到第三者或其他事物身上。

（6）避免問「為什麼？」除非有必要。

當事人通常是「當局者迷」，會讓當時人覺得受到挑戰而出現防衛，也可能讓當事人覺得受到評價。通常直接問「為什麼……」這類的問題時，只能要到答案，而問不到背後的理由。我們可以用下列不同形式的開放式問句提問：

（1）鼓勵聚焦主題：「你今天想談哪些重點？」

（2）探索不同面向：「這次的經驗和過去有什麼不同呢？」

（3）鼓勵探索想法：「當你下決策時，會考慮哪些因素？」

（4）鼓勵澄清現況：「你在目前的困境中扮演什麼角色呢？」

（5）鼓勵探索感覺：「如果你如願達成你的目標時，會有哪些感覺？」

（6）邀請列舉實例：「如果你真的決定這麼作，有哪些情況會超乎你的預期呢？」

（7）鼓勵探索結果：「上次你試著去作，結果發生了什麼事？」

問對問題有很多好處，麥克・馬奎德（Michael J. Marquardt）[11] 指出，問對問題對組織的益處為：讚賞和激勵員工，緊密的團隊合作，強化創新與思考，決策制定以及改善與解決問題，更好的組織變動適應性和接受度。對個人的益處則是：更懂得傾聽與溝通，更有能力處理衝突，更強的團隊領導力，更強的自信及自我認知，更懂得開放及更具彈性，更強的學習與發展意願，更強的自我及他人覺察。

好問題的優點是：讓人專注並竭盡心力，創造深度的自省力，挑戰理所當然的假設，激發勇氣和力量，引導突破性思考，激發正面及有力的行動，打開通往解決途徑之門的鑰匙，讓人更看清楚狀況，讓人敞開心胸，思考得更透徹，思索假設的做法及行動。

假設教練問了當事人問題後，對方出現沉默時，教練該如何因應？有三個方法可資運用：一、檢視彼此對教練關係的信任程度；二、在當下沉默是有意義的：當事人因著教練的提問，重新整理與思考其問題或現況，或在困境中發現新的選擇，或者過去沒有想過

---

11 麥克・馬奎德著，方吉人譯（2010）。你會問問題嗎：問對問題是成功領導的第一步。臉譜。

類似的問題；三、教練要自問：「我有沒有問到好問題？」、「我有沒有問到關鍵性問題？」

開放式問題與封閉式問題（Open Question & Closed Question）

　　教練過程中，多數時候教練以開放式問題為主，封閉式問題為輔（非必要時使用）。以下提供這兩者差異的對照（見表 11.4）。

表 11.4：開放式與封閉式問題對照表 [12]

開放式問題： 產生參與和思想交流	封閉式問題： 導引出「是」或「否」的答案
使用開放式問題，用意在於： · 探索替代方案： 　「除此之外，你還有其他什麼選擇？」 · 發現態度或需求： 　「你覺得你的進展（步）如何？」 · 邀請闡述： 　「什麼是你在職務培訓上的主要問題？」	使用封閉式問題，用意在於： · 重點的回應： 　「你滿意你的進展（步）嗎？」 · 確認對方說什麼： 　「所以，你的大問題是安排你的時間？」 · 雙方一致同意： 　「那我們同意你目前的績效不會帶你到你的生涯目標？」

---

12 Harvard business essential.（2004）. *Coaching and mentoring : How to develop top talent and achieve stronger performance.* p.26

漏斗式提問法

如何善用探詢技巧？我提出一種稱為「漏斗式提問法」（見圖11.2），這是結合「聚合性問題」（Convergent Questions）與「發散性問題」（Divergent Questions）兩種方式。我先說明者兩者的差別，再敘述使用的方法。

圖 11.2：漏斗式提問法（聚合性問題與發散性問題）

聚合性問題

聚焦

延伸、擴大

發散性問題

「聚合性問題」能將互動時的詢息加以聚焦，來幫助當事人對議題有更深入的思考與探討（如同漏斗的上半部是上寬下窄）。以探尋的三個 "I" 結合聚合性問題，可以從這三方面詢問不同的面向和問題，舉例如下：

- 資訊（information）提問：
「你覺得它是正確的理由有哪些？」
- 意圖（intention）提問：
「你想採取這個行動的用意是什麼？」
- 方法／途徑（ideas）提問：
「你會用什麼方法解決目前的問題？」

「發散性問題」能把已聚焦的議題，進一步深入探索事實、延伸想（做）法、擴大思考面向。通常會以假設性的方式來進行題問。例如，「假如」的問法，可以幫助對議題進行廣泛的思考（如同漏斗的下半部是上窄下寬）。同樣以探尋的三個 "I" 結合發散性問題，可從這三方面詢問不同的面向和問題，舉例如下：

- 資訊提問：
「假如你的問題得到釐清，是出現哪些你想要的資訊？」
- 意圖提問：
「如果你一定要達成目標，你的企圖是什麼？」
- 方法／途徑提問：
「假如你已經有了答案或解決的方法時，那會是什麼呢？」

使用漏斗式提問法，仍然可以全面且整體的掌握當事人教練的議題或目標的整體脈絡，有助於教練歷程的進展，具體且結構式的

搜集資料。如果你能熟練這種方式，將能有效率的進行教練，也能有效率的善用教練時間，整體的教練品質會提升。

如何問一個好問題？

　　我設計一個可供教練或領導者，在平時練習如何設計好問題的思考步驟（見表 11.5）。此步驟能讓你有條理、層次分明、並能聚焦在教練議題上，達成教練目標與效果。練習時，請根據受教練者的情況，依下列步驟及練習表來進行問題設計。古諺：「養兵千日，用在一時。」你平日多做練習，在真實的教練情境中，就能運用自如，得心應手。

（1）先找出教練歷程中呈現的主要或相關的議題。

（2）從 5W1H（who? what? when? where? why? How?）、組織與個人、巨觀與微觀，及其他的不同面向切入（如表左邊欄位）。

（3）根據不同面向來設計問題，想問什麼就寫下問題（如表中空白處）。請記住：以「開放式問句」方式寫下問題。

（4）問自己：寫下的問題能否達到教練的目標？（能，就保留；不能，就刪除。）

（5）設計完問題後，再修飾文字的表達。（想想當事人能理解你的問題嗎？）

（6）排列問題的優先順序。（教練的時間有限，先談最重要的問題）

（7）教練問問自己：我會如何回答這些問題？

（8）想想當事人可能的回應，再問自己下一步要如何做？

表 11.5：設計好問題的思考步驟

問　題　↘	議題一：×　×　×　×	議題二：×　×　×　×
1. 何人		
2. 何事		
3. 何時		
過去		
現在		
未來		
4. 何地		
5. 為何		
6. 如何		
7. 組織		
8. 個人		
9. 組織 + 個人		
10. 巨觀		
11. 微觀		
12. 其他		

(五) 換句話說：重述技術（Restatement Skill）

最早提出重述技巧的羅傑斯（1942），他認為助人者要像面鏡子或回聲板般，沒有評價地讓當事人聽到他們自己所說的話。因

為當事人對他們的問題常覺得困惑、矛盾、不勝負荷（所謂當局者迷），正確的重述會讓他們得知從別人聽到的角度來說問題是什麼（旁觀者清的回應）。

　　教練必須試著將他們傾聽到的內容轉化為口語文字，並在教練過程中扮演主動積極的角色，教練不去假設對當事人所說的都全盤理解，這樣當事人才可以經由教練的重述，回頭檢視自己先前所聽到內容的正確程度，或反思自己是否已清楚表達想說的內容。

　　重述的目的在使教練過程中的議題，能進一步獲得澄清，讓議題更為聚焦，使當事人感受到被支持，當事人一旦感受到被支持與了解，無形中也鼓勵表達其想法，同時宣洩其情緒，當事人就會進一步表達個人目前的狀況與對未來的期望。

　　切記！重述不是「錄音重現」，或像「鸚鵡學語」一字不漏地重說。重述是重複或覆述當事人「方才」說過的，或是「早先」說過的話。通常用「較少的字」、或「稍多一點的字」，但與當事人「原意相似」，而且更為清楚、具體和明白。

　　舉例說明：

　　當事人：「公司認為我是有潛力的人才，打算將我調到國外分公司去歷練個幾年。我很高興有此機會可以歷練和學習，但小孩還小，獨留內人一人照顧小孩，又相隔兩地。公司似乎沒有讓我選擇的餘地，非得成行不可。」

教練：「一方面高興機會難得，另一方面背後有隱憂，但
是聽起來別無選擇，一定要去是嗎？」

(六)一言以蔽之：摘要技術（Summary Skill）

摘要的意義是指：教練在進行一段晤談後，將兩人晤談內容的
要點，加以整理與歸納（包括現況與未來、情感與想法、障礙與突
破、進展與成長等等），回應給當事人。教練也可以邀請當事人，
將兩人談話的內容，作重點式的整理，再表達出來。重要的是，摘
要的內容必須能反映當事人自己所敘述的觀點。（見圖 11.3）

圖 11.3：摘要技術示意圖

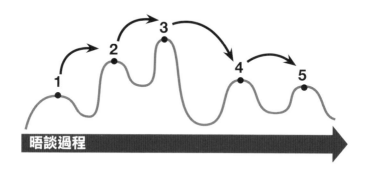

摘要的功能在於：協助當事人統整有關的訊息。澄清對當事人
議題的深入了解。協助當事人產生新的想法或行動。設定處理問題
的目標、步驟、方法。使不同的主題或階段的轉換更為順暢。

　　至於使用摘要的時機，有下列幾個情況：一、晤談中由一個主題轉進另一個主題時。二、每次晤談開始時，摘要上一次的晤談重點。三、每次晤談結束前，讓當事人清楚晤談的重點。四、當次教練進行一段時間晤談後。五、由某一晤談階段進入另一階段。六、晤談陷入膠著而沒有進展時。七、當事人進退維谷，需要一個新視野時。

　　摘要技術的使用有別於其他的技術，教練可以摘要會談的重點，也可以邀請當事人自己來摘要，由當事人的角度與觀點，來思考或澄清晤談中的重點。

　　重述與摘要技術適用於當事人在認知層面上的議題，認知導向的當事人，喜歡探究與分析他們對議題的看法，情感導向的當事人傾向於被同理後，再回到認知層面來思考。

(七)激勵的力量：回饋技術（Feedback Skill）

　　在教練過程中要適時地、正確地使用回饋。建設性回饋的特徵必須是「具體的內容」、「明確的事實」、及「客觀的回應」。

　　貝格斯特博士認為 [13]，好的回饋應具備下列的特徵：

---

13 William Bergquist, PhD.（2007）. *Organizational coaching: An appreciative approach resource book*. p.162.

（1）描述（descriptive）重於評估（evaluative）。

（2）具體（specific）重於一般概念（general）。

（3）聚焦於行為（behavior）而非個人（person）。

（4）考慮接受者與給予者雙方的需要。

（5）朝向目標行為（toward behavior）比能做什麼（can do something）還重要。

（6）是徵詢（solicited），而非強加（imposed）。

（7）適時（well-timed）回饋。

（8）資訊分享（sharing of information）優先於給建議（giving advice）。

以下是提供教練者給予當事人回饋的口訣 [14]：

（1）要展現出真誠的態度。

（2）提供適（及）時地回饋。

（3）要避免一般的抽象概念。

（4）要符合現實或實際的現況。

（5）焦點在行為，而非特質、態度或人格上。

（6）聚焦在進步的表現。

（7）回饋的焦點在未來的發展或目標。

---

14 Harvard business essential.（2004）.*Coaching and mentoring: How to develop top talent and achieve stronger performance*. P.42. Harvard Business School Press. Boston, Massachusetts.

　　教練過程中，不只教練會給受教練者回饋，反之，受教練者也可能給教練回饋。不管是由教練或由受教練者給予對方回饋，都要把握一些原則。

　　教練給予受教練者回饋的原則有：
- 在信任關係的前提下，直接表達教練所感所想。
- 確認受教練者已準備好接受任何的回饋。
- 教練需確認回饋的內容是有益於受教練者。
- 回饋的表達要具體，明確，符合客觀的事實。
- 回饋能幫助受教練者洞察所作所為的影響。
- 回饋的內容能幫助受教練者省思與覺察。
- 回饋能激發出受教練者有效的行動力。
- 教練要隨時檢視自己使用回饋的適切性。

　　反之，教練接收受教練者回饋的原則有：
- 真誠且謙虛接收任何來自受教練者的回饋。
- 確認接收回饋的內容是清楚且明白的。
- 對模糊的回饋請受教練者進一步澄清。
- 檢視並確認受教練者回饋的目的與意圖。
- 注意受教練者回饋時的非口語訊息。
- 回饋教練對接收受教練者回饋的想法與感受。
- 接受回饋有助於受教練者的進展與成長。

(八)綜合技術實例說明

從「知道」到「做到」、從「聽到」到「聽懂」，是兩條最遠的路，這兩點做不到，第三條「心」與「心」的距離難以縮短。教練技術熟練的應用捷徑是練習、練習、再練習。

以下提供六個企業教練實例讓你能應用技術來入手。第一個案例是外部教練實例，傳統產業總經理如何面對疫情後「突破企業經營管理的障礙」。第二個到第六個案例是內部教練實例，分別是「提升資深工程師的領導職能」、「化解當平行關係轉變為上下關係的矛盾衝突」、「解決部屬工作績效與家庭照顧兩難的議題」、「一對一績效面談教練技術統合應用」、「秉持『態度柔和、原則堅定』讓員工有尊嚴的離職」。

所有案例都經由教練與當事人同意並確認，同時隱匿公司與個人的資料。期盼你藉由實例的呈現，瞭解企業教練和教練領導力的應用要領，以提升你的教練晤談能力。

實例 1. 突破企業經營管理的障礙

一位傳統產業公司的總經理，在 COVID-19 疫情後這幾年，公司面臨全球消費習慣改變，加上市場變化快速所產生的影響，憂慮公司現階段營運狀態，無法迎合市場變動，想要對公司未來的營運規劃，進行檢視並找到改善的具體作法。總經理同時接受我的教練領導力培訓，未來要應用在公司內部，讓公司的營運更為順暢，激

勵並開發部屬的潛力，讓公司的績效倍增。

　　我針對他的議題進行17分鐘的教練。我利用逐字稿進行解析，說明我在教練過程中的引導意圖及如何解決議題。逐字稿中的C表示教練，E表示受教練者（總經理）。框線內是我的解說。我也請E針對自己所說的話進行5K的解析，檢核E對技術的了解與學習狀況。結束晤談後，我請E回饋教練晤談當下的感受。事隔一個月後，E當面興奮地告訴我，他回去後實際執行的情形，有了很好的成果，他的回饋分享呈現在逐字稿之後。以下是逐字稿對話的內容。

C1：我剛聽到你說：「我來接受教練」，那個聲音蠻大的，你準備談什麼？（聚合性問題）

E1：我想談公司的未來。

C2：公司的未來指的是什麼？（聚合性問題／信息提問）

E2：就是未來的企業要走的方針、方向。

C3：具體來說，你有一些什麼樣的想法嗎？（聚合性問題／信息提問）

> C1~C3：開門見山聚焦晤談議題。

E3：因為疫情過後，就很多事情都改變了，包括客人的市場銷售模式也有很大的改變。（C：嗯哼）有發現在市場上他們的起落很大，就是以前可能會覺得是進口商他就是獨大，可是現在發

現他們其實面臨很多中小客戶都關了，沒有實體店面。同時電商整個竄起來，電商的規模又不如進口商那麼大，所以我們就要去想，如果以電商來講，當然它的通路很廣，也因為成本就是透明化，這樣在出口的產品量很大，面臨很大的競爭。

C4：所以內在的憂慮是什麼？（聚合性問題／信息提問）

E4：內在憂慮是怕未來的商品，沒有辦法迎合市場的喜好跟價格定位錯了，可能銷售就會沒辦法如預期這麼好，因為畢竟在開發的部份要花很多時間。

C5：你的意思是指在考慮商品的價格的同時，也要考慮的是顧客要不要 Buying。（E：對。）從你剛剛談到市場上的改變，這幾年環境的確變動非常的大，所以你在對未來做思考的時候，談到的是方向跟方針（認知同理）。這個方向跟方針在你的腦袋瓜裡頭，有沒有一個粗略的方向，還是你還在思索？（聚合性問題／意圖提問）

E5：稍微有去思考。

C6：是，你思考到的是什麼？（聚合性問題）

E6：思考是想要將產品先做好。產品做好了，研發在新的商品研發部份，想要把它拉伸起來，可是覺得這個部門一直很頭痛。

C7：所以，你現在要談的是怎麼讓部門提升。（認知同理）

E7：對！

C8：換個說法，就是 R&D 人員你怎麼 Promo 起來，或是激勵他們創新。（認知同理）

E8：嗯！

E3~E8：透過認知同理來釐清議題的具體內容，並了解 E 的痛點與想法。

C9：那現在這個團隊卡在哪裡？（聚合性問題／信息提問）

E9：人員沒辦法穩定。

C10：所以憂慮的是人數不夠？還是……？（發散性問題／信息提問）

E10：是人數不夠，然後新來的待不久，就是一直在流失。

C11：R&D 團隊人員一直在流失（重述）。如果可以滿足的話，你需要有多少 R&D 的人？（聚合性問題／意圖提問）

E11：我覺得至少要五個。

C12：目前有幾位？（聚合性問題／信息提問）

E12：現在哦！主管跟副手大概三個而已。

C13：主管跟副手三個。（重述）

E13：對，就是說主管跟助理的角色。

C14：然後新人也進不來。（重述）

E14：也找不到人。

C15：你面臨的是缺工而且人也進不來，這是一個現實的限制（認知同理）。目前各行各業也都面臨這個問題，特別是傳統產業，你們也是傳統產業？（聚合性問題／信息提問）

E15：是。

C16：傳統產業現在找不到人才，其中一個原因是很多人才都被高
　　　科技公司吸引去了，這是個現實的問題（**認知同理**）。換句話
　　　來講，就是說水進不來水庫，同時水庫的水又一直流出去。
　　　我們來反向思考一個問題，如果在現實條件下只有主管跟副
　　　手三個人，你可以做些什麼來提升他們的能力？（**發散性問題
　　　／方法・途徑提問**）或者是你希望R&D在新產品研發上，可
　　　以看見什麼東西是你想要的？（**聚合性問題／意圖提問**）

E16：他們現在已經忙到頭昏腦脹，以現有的工作來講，已經把他
　　　們綁住了。

C17：他們的Loading太重了。（**行為同理**）

E17：對！他們已經沒有思緒，再專注地去研發；另外一個問題是
　　　沒有一個研發的頭，他會離職是因為他沒有找到一個可以跟
　　　他做研發討論的團隊，就是一直被雜事干擾，因為研發要管
　　　的東西太多了。

C18：那樣是管太多了。（**重述**）

E18：是，很多雜事來干擾他們太多了。

C9~E18：以同理和提問瞭解現實狀況及面臨的困境。C16
以水庫的隱喻說明團隊的困境。接續提問以跨越問題點，
讓 E 思考未來可能的解決方案。用兩種不同的提問，目的
是要了解接續晤談的重點往哪個方向前進。要留意的是，

> 若經驗不足就很容易掉入過去利用哪些管道徵人，又跳進問題的分析中。

C19：目前研發團隊運作不彰，如果研發是頭、銷售是尾，太多雜事且管太多的情形（**認知同理**），公司能做什麼讓他們可以降低 Loading？反向思考，就是你可以給他們什麼樣的工作環境，或者至少你要先留人？思考有沒有可能去做組織裡面的調整，哪些事情是可以暫時去掉的，哪些是可以保留的，才有可能留人？（**發散性問題／方法‧途徑提問**）

> C19：從公司管理的整體角度來摘述困境，接著用「以終為始」的提問，讓 E 思考與探索未來的可能性作法，朝向解決的方向前進。

E19：很難的！（表情顯得無奈）

C20：怎麼說？

E20：從以前到現在累積太多 R&D 必須要去完成的一些文件建檔，可是員額都有限，沒有一個能很專注把它處理好，做一個完整的建檔。所以，我們到現在還是常常缺這個文件，缺那個頭，缺那個什麼測試報告，很亂！

C21：這就表示你們原來在基礎的工作面上，資料蒐集是有缺失。（**認知同理**）

E21：有缺失，而且還前後不一致。（反映出真實的現況）

C22：這也是一個大工程，因為你需要去補足這些資料（行為同理）。這些是 R&D 在處理嗎？有可能有一些其他的行政人員去做？（發散性問題／信息提問）

E22：沒有。人員很短缺。

C23：這三個人中有沒有專人可能是可以處理這一塊？（聚合性問題／信息提問）

E23：不太可能，因為只要其他事情找他就會被調動，會隨時去調動人員。

E19~E23：C19 提問後，E 反思過去公司內部困難的現實限制，點出了問題的癥結點。經驗不足的教練，有可能會在這一段晤談中，找過去的原因並分析問題，這可能花費更多的時間討論過去的情形。教練只需簡略了解，就要從過去轉向到未來。

C24：好，這樣就變成你的公司卡在這個瓶頸了（認知同理）。如果你希望未來有一些改變，希望在幾年後有改變？（聚合性問題／意圖提問）

E24：三年。

C25：希望三年能夠改變到什麼理想的狀況？（聚合性問題／意圖提問）

E25：就是 R&D 可以很獨立的去作業，可以很放手的去設計。因為有時候想太多反而卡住。

> C24-E25：接續 C19 的做法「以終為始」的同理和提問，來了解 E 能改變現況的時間。此方式避免跳進問題，而是藉由三年時間設限，來引導並找出針對未來目標的「解決方法」。

C26：你的獨立運作指的是什麼？（聚合性問題／信息提問）

E26：就是他們自己有自己的腳步，比如說整理內部資料也好，還有外部的設計跟未來的新產品規劃，或是舊產品去調整。這些就是不要一直是被拖著走，他們有一點是自己都快淹沒了，然後腦袋也不清楚要怎麼做，就覺得每天都好像很多雜事。

C27：好像 R&D 是一個很重要的部份，要先處理才能發展。（認知同理）

E27：嗯～。

C28：如果未來三年後，你希望他們可以獨立運作並放手設計，從現在開始，你在公司內部要做什麼調整或做什麼工作來安排或區分，才有可能達到？（發散性問題／意圖提問）

> C26-C28：藉由同理和提問，讓 E 更深入且具體描述達成

> 目標的理想狀況，並引導 E 思考可能的解決重點和方法。
> 這引導就是「尋找可能性」。

E28：應該是在工作的界線。

C29：好，工作界線指的是？（聚合性問題／信息提問）

E29：就是，嗯，不要打火的樣子，不要好像在救火。他們該怎麼做，就是讓他們有自己的規律去做，而不是會怕有其他事物干擾。就是不要一直有外界來牽扯進來，這個部份是最大的干擾。

> E28~E29：E28 反思問題的癥結點。C29 引導並釐清癥結點的具體現況。教練仍然要留意不要陷入太多過去事實的描述，又隨著 E 的故事走入迷霧中，忘記回到當下及未來。E29 釐清並說明現實狀況的困境根源。

C30：組織內部的運作狀況有緊急和不緊急、重要和不重要的區分。如果一直打火，那表示你們都一直在做緊急處理的事情。如果要做到不緊急但重要，就是回到整體的公司管理工作，包括職務的規劃跟規範。假設現在你是公司的工程師（工程師非指研發人員，而是用比喻的方式，讓 E 思考從重整或調整公司的角度，來思考其扮演的角色），要重新去 modify 公司，未來的這三年，你可以從哪裡開始做？比方說，第一年

你可以做什麼？第二年你可以做什麼？第三年可以做什麼，才可能到達你期待的狀況？（發散性問題／方法・途徑提問）

> C30：從時間管理的角度，協助 E 反思管理的重要關鍵－優先處理重要但不緊急的事情，易言之，就是建立管理制度、職務分工、改善流程等。隨即再以提問進行探索，找出未來三年依序的可能解決方案。

E30：我可能會先從資料完整開始建立起。

C31：好，這是第一步驟，還有呢？（發散性問題／方法・途徑提問）

E31：第二個就是會盡量減少外部的設計案子，或者是說案子去考量該接不該接。

C32：減少外部設計案子。還有呢？（發散性問題／方法・途徑提問）

E32：就是……嗯~（思考中）可能在設計的部份也要提升吧。

C33：提升設計能力。（重述）

E33：對，設計能力。對！（語氣增強）

C34：設計能力要提升，你要給他們一些訓練吧，但訓練不會是到第三年的。

E34：不會，平常就需要訓練。

> E30-E34：讓 E 反思可能的解決方案有資料建檔、減少外部設計案子、提升設計能力、和給予訓練。藉由提問逐步引

導 E 自己找到解方。這種視 E 為自己的專家，C 扮演「不知曉」（unknow）的焦點解決學派觀點。C34 是提醒 E 有關訓練事宜。

C35：好，思考你現在主管跟副手3個人。如果用 A、B、C、的順序，這幾個人中，建立資料完整性有誰可以做？（聚合性問題／信息提問）

E35：嗯。助理吧。

C36：所以是 A。只有他夠了嗎？（聚合性問題／信息提問）

E36：就慢慢累積，因為人員不足。

C37：好，那減少外部設計案子是你能夠決定，還是他們可以決定？（聚合性問題／信息提問）

E37：我可以決定。

C35~C37：找出可能解決問題的其他人選，同時釐清工作權責，了解 E 的實際權責。這也是了解並釐清工作界線。

C38：你希望能夠減低多少的負荷量？（聚合性問題／意圖提問）

E38：30%。

C39：30% 的量要把它降下來，需要有一個評估的標準，這部份誰適合做？還是一起做？（發散性問題／方法・途徑提問）

E39：應該是要跟他們討論。

C40：member當中誰是最適合跟你一起討論的？（聚合性問題／信息提問）

E40：主管啊。

C41：以你現在對他的理解，你覺得在設計能力的提升，有哪一部份可以再加強？（發散性問題／方法‧途徑提問）

E41：他們缺少市場對應，沒有設計出市場要的風格，沒有很多的點子出來，就是有點卡住。

C42：你要提供什麼機會，讓他們瞭解市場需求？（發散性問題／意圖提問）

C38-C42：讓 E 思索降低干擾的目標與可能的做法。再藉由 C42 的提問突破卡點，深化並尋求進一步問題解決的方法。注意不要陷入 E41 談到的卡點，避免又掉入過往問題的陳述中。

E42：其實我覺得他們害怕踏出來，因為怕。因為不敢承擔設計出來的產品，到時候要開模什麼的，這種費用如果失敗，他們不敢去承擔，說：「這是我設計的。」

C43：他們害怕，所以綁手綁腳。

E43：對，他們害怕。

C44：那你願意承擔風險嗎？（聚合性問題／意圖提問）

E44：我願意，可是過程中他們會一直被指責。

C45：哦，他們怕被指責又不敢承擔。我們曾討論過建立團隊安全
　　　感的議題，有給你一些啟發嗎？（發散性問題／信息提問）

E45：有有有有～。

E42~E45：E42 談及實際狀況的卡點，「害怕和承擔責任」
實則反映出團隊成員缺乏心理安全感。C44 提問的意圖是讓
E 反思工作關係和工作權責的歸屬。同時，點出工作關係中
呈現的問題是雙方面的相互影響，若僅從單方面的立場，
有可能將所有的問題歸咎到團隊的成員。C45 藉由提問協助
E 思考如何建立團隊安全感，讓部屬們可以勇敢放手嘗試並
承擔責任，不會受到指責與歸責。

C46：你怎麼讓他們從原本的害怕，轉到不害怕？（聚合性問題／方
　　　法・途徑提問）

E46：就是盡量讓他們放手去做，給他們支持。

C47：所以你要「授權」給他們。（行為同理）

E47：對！

C48：授權可以由小到大，思考一下，哪些小事情你可以先開始
　　　做，不是得等到第三年，而是第一年就開始，然後逐漸到達
　　　目標。請你回去思考哪些事情是可以授權？哪些事情是你可
　　　以讓他們覺得「我們是 We」，而不是變成「我自己想的」，
　　　結果他們都被責罵？（發散性問題／意圖提問）

E48：對。

C49：當他們被罵就害怕了，或者「縮住」，這個團隊就被卡住。
　　　（行為同理）

E49：對！對！

> C46~E49：以解決方法為導向，藉由提問讓 E 思考未來建立
> 團隊安全感的改變作法。C48 藉由提問提醒 E 以團隊為思
> 考重點，在權責歸屬與分工下，可以調整及改變的部份。

C50：好。談到這邊，整體來看，有讓你想到什麼嗎？

> C50：以信息提問準備結束晤談，讓 E 分享晤談的反思。

E50：想到說……從那個癥結處的地方，就是在授權的部份，讓他
　　　們怎麼樣更有安全感去踏出，他們真正當初想要設計的，而
　　　不害怕接不接受。（這句回應是很好的反思）

C51：所以這是根源。

E51：嗯。

C52：那第二個要做的是？（發散性問題／方法・途徑提問）

E52：嗯，第二個應該是在跟部門之間的拉扯，對，就是被其他部
　　　門拉去救火的部份，要怎麼去劃清界線說：「不要來干擾我
　　　們的進度。」

C53：所以還需要部門之間的溝通協調。（行為同理）

E53：對！

C54：還有嗎？

E54：（思考中……）主要這兩個就已經很難了。

> E50~E54：讓 E 在反思中確認卡點並強化未來的做法。E54
> 雖然表示「很難了」，同時也意識到面對困境要勇於突破。

C55：如果從今天開始到年底，讓你重新思考未來一年要提升主管
　　　設計能力，那麼你需要做授權，跟處理工作界線。年底之前
　　　你要怎麼去做規劃，可以朝向把這三個整合起來？（**發散性問
　　　題／方法・途徑提問**）

E55：開會討論分工，就是找他們全部的人一起來討論，要怎麼去
　　　針對這三個部份去解套，然後去做計劃。

C56：你打算花多少時間做這個規劃跟設想？（**聚合性問題／意圖提
　　　問**）

E56：一個月內就開會。

C57：現在是 10 月中，你希望 11 月前先做規劃。

E57：嗯。對！

C58：然後呢？

E58：規劃後就是跟團隊討論。

C55-E58：引導 E 進入晤談後的具體做法與時程，是 E 自己找出的行動計劃。此為晤談結束前的重要一步，強化行動力和執行力。同時預留下一次晤談時，追蹤實際的執行成果與 E 的調整與改變。

C59：嗯～好。談到這邊，你覺得你能夠有所突破嗎？（信息提問）

E59：會。

C60：你可以突破百分之多少？（聚合性問題／信息提問）

E60：至少先30％吧！

C61：好好，至少先跨出去30％。

E61：對！對！

C62：這已經是很大的進步了，對嗎？

E62：對。

C59-E62：藉由提問了解 E 改變的決心與行動的程度，鼓勵並強化後續的行動力與執行力。

C63：談到這邊還需要再談嗎？（信息提問）

E63：不用了，這樣很好，先有一個脈絡出來就好。

C64：好，那我們就先談到這邊。

E64：OK，謝謝。

　　我認識的這位總經理，管理公司的方法是劍及履並以效率著稱，同時具有以人為本的概念，對於產業的發展趨勢非常關注，常常參加各類研習，增強專業深度及跨領域的知識。本次教練過程及後續作為，都看出他的領悟力及行動力。以下為當事人接受教練後的回饋與反思，及後續行動成果的分享（原文照登）：

　　　　晤談過程中藉由教練的提問跟反思，讓我看到更深入的卡點。教練的引導也讓自己看到平時沒看到，也沒想到的細節處，原來大處需要從小細節處來著手進行。以前會比較糾結在人員不足，所以事情做不好是常態；現在會停下來思考人力不足所造成的影響，及如何調整執行才能達到期望的目標。近期將有年度的營運會議，我會在當下將此部份提出來跟大家共同討論。

　　　　會談結束後回到公司不到一個月，我馬上召開年度業務討論會議，主要針對當下和未來的狀況做討論。過程中談到主要的癥結點，讓開發部門提出來做更深入的討論和改善。我看到開發部同仁的眼神中，泛發出一絲絲感動的眼神，透露出他們終於被同理和受到尊重的感受。

　　　　同時，我也對於業務之間的工作調配做了大步的調整。結束會議時大家都帶著一種未來會更好的希望感，原來在教練過程中，從微小細節處去同理跟尊重是那麼重要和有效。真的很感謝老師的親自教練，讓自己在短短的晤

談，由內在深處的煩惱，轉向重見光明之處，未來我更知道要如何應用同理和提問，帶著尊重的態度去帶領團隊。

實例 2. 提升資深工程師的領導職能

這是一位服務於傳統製造業的高階主管，參加由我授課的專業教練認證班，在第六天課程結束後，將所學實際應用在公司內，與一位技術本位出身的老師傅（資深工程師）王大（文中人物皆已使用化名，公司內部相關資訊皆已隱匿修飾。）的教練晤談，教練在過程中完全不帶責備的語氣，以正面的態度與技術，簡短時間的晤談，展現溝通的效果，足以作為組織內部教練的參考。

王大在現職公司年資 6 年設備工程師，過去職務經驗約 26 年，是一位技術本位的資深工程師。5 個月前王大負責帶領一位新進人員小林學習，其教導過程中因言詞過於直白嚴厲，小林曾考慮離職。高階主管找王大晤談，了解其帶領新進人員的過程及雙方溝通方面情形。

以下是逐字稿對話的內容，C表示教練，E表示受教練者，S表示督導（我在逐字稿的括弧內，以**粗體字**給予C回饋，並說明E的狀況，同時在回應中加入一些指導意見，讓C的引導和技術使用更為完整。）另外，我邀請高管C自行分析其所學習到的教練技術，目的是增進C的自我反思，以提升其教練領導力。

C1：王大，你好，早上有跟部門主管確認過你的時間，讓你過來辦公室，也好久沒跟你聊聊。

E1：陳經理，有什麼事，你都可以問，我都會跟你說。

C2：謝謝你，你們部們 6 月來的新人小林當初是安排讓你帶，辛苦你了，主要想聽聽看你在這次帶小林有什麼心得或是建議，可以提供後續作改善的。（S：C 以正面回饋與邀請 E 談話，主動說明來意並聚焦主題，用關心的態度了解其想法和作法，而非直接挑明缺失。）

E2：（靦腆笑著說）沒有啦！你太客氣了，公司安排什麼工作，我都嘛可以做，有錢賺啊！

C3：多謝你的配合啦！

E3：我跟妳說，我在帶新人很嚴格，新人要能受得了，我年輕時學技術那個師傅也是都很兇，所以我也覺得要求是應該的。（S：「要求是應該的」這句話隱含工作信念。）

C4：你帶新人很嚴格（重述）是指？（S：這是好問題，引導 E 將抽象概念具體化）

E4：就是很多基本功都要學會，像車床、銑床，然後尺寸要看好，像我們那個小林，就被我罵了好幾次，有幾次跟他說先用游標卡尺量，然後跟圖面對照；有時候研發工程師的圖也是有可能畫錯，不然工件組不起來，就算是組起來尺寸會干涉，最後會白做工啦！（嚴肅的表情）

C5：聽起來你對技術作業有相當的標準要求，跟著你學習應該可

以學得很扎實的功夫（台語），在過往的經驗中，<u>你帶過的新</u><u>人對於你的教導的有過什麼樣的回饋</u>？（S：C先給予讚賞式回饋，再藉由提問了解E的經驗，很棒。）

E5：對啊！我就是一步一腳印走過來的，才能在這行做這麼久，至於新人的學習效果（語調緩慢稍有思考），唉！小林他一開始很乖會跟我說話，<u>後來在工作的時候，好像話就變少了</u>，後面就看起來<u>不快樂了</u>，現在被調去跟其他同事一起工作，好像有<u>活過來一樣</u>。（S：感覺E以好態度，帶著平實和坦承地回應。）

C6：<u>你有觀察到小林話變少、看起來不快樂</u>？（S：這句回應一開始加上：「專業堅持是你走的遠的主因，非常欣賞你對品質的要求。」給予肯定和讚賞的讚賞式回饋。之後再提問，更顯正向溝通。此提問讓E有機會回應他自己與部屬之間的互動）

E6：對啦！（C觀察到E思考中，突然靈光乍現般，語調拉高）應該是我罵他，罵太兇了，我也<u>不是故意的</u>，就個性比較急，看到做不對的我就受不了。（S：E反思自己對部屬的要求方式，很坦誠的回應）

C7：王大，我有感受到<u>你對工作的要求標準</u>，這確實是不容易的職人精神，但這種精神往往對現在的年輕人，怎麼去傳達也是在考驗我們。（S：先同理在給予正向回饋，接著表達對後進做法的提醒，非常棒的回應。）

E7：你說的沒錯，我也想把我會的教給新人或是其他同事，可是他們有時候就講<u>不得</u>（S：與E6所說的互動有關），不懂得老闆

　　請我們來是把事做好能讓公司賺錢，我們也才有薪水領。

C8：至於責備的話，用詞上不要有用人身攻擊方面的用句，除非是我們雙方都能接受的，有時嚴重一點會涉及被我們罵的當事人會去投訴或提訴訟等等，得不償失的，沒必要。（S：這句回應一開始加上：「你是出於好意，也有正確的工作態度」，先給予讚賞後，再善意提醒E溝通不良的後果和影響，很棒。）

E8：是喔！我罵他是豬ㄟ，還有白癡，這麼笨，這樣不就慘了，怎麼辦？（S：E在C的引導下，表現出很古意又直爽的態度，且在晤談中有反思，經由C的提醒，開始擔心起來了。）

C9：我們平常的表達，尤其在針對同事間工作搭配上，遇到意見、做法不同，說清楚講明白，告訴當事者不對的是什麼？會有什麼影響？同時也要讓他能理解我們說的，雙方有共識，其實這也是一種教導，教會當事人如何辨識錯誤的發生會造成的影響，或發生錯誤可能的風險，也讓當事人對問題能有感同身受，這會比大聲斥責來的有效。（S：C帶著善意直接教導E，並藉由提問讓E反思。再加上「如果你把罵人的這幾句難聽的話，重新修飾你要怎麼說？」藉由提問讓E有更深的反思，並練習正向溝通。）

E9：不好意思ㄟ（頻頻點頭），我都沒想那麼多，我可以問你嗎？那個新人有說過我什麼嗎？（S：E開始擔心部屬對他的評價，顯然也有點在意。）

C10：王大，如果有機會，你願意跟新人說清楚講明白嗎？（S：C

用假設性語氣來引導並徵詢E的意願。沒有掉入E9是誰說的回應。）

E10：好啊（眼神一亮）！只是這樣真的可以嗎？（S：E未嘗試過新做法，反應出疑惑。）

C11：我們只是就事論事，想把問題解決，當然當初安排你帶領新人學習，在工作執行之外，雙方面的溝通與工作狀況的追蹤，在安排上可以定期的找你們來了解，是否有需協助或調整學習。（S：C表達安排帶領新人的善意和計畫，是對E的重視，同時在旁協助，關心並檢核成效。這句是非常好的正向回應。）

E11：很謝謝！（開心的說）有時候我太急了，如果你今天沒找我，我可能會一直被討厭。（S：C反思自己的個性，沒有隱藏自己對下屬的不當態度，也沒有在C面前責怪小林。顯見E的坦率，有很好的工作態度，只是缺乏溝通的能力。C藉由此機會來提升E的帶人能力。）

C12：安排新人來跟你聊聊，可以怎麼開始呢？（S：C藉由提問導入行動上的改變。很棒的回應，這就是教練。）

E12：嗯（思考），首先，我會先跟他說，他其實很不錯，學的很快，有幾次我罵得很不禮貌，很抱歉！如果我的小孩在外面工作，像遇到我這種個性罵人，也會很生氣。（S：E反思自己，也能用正向回應的態度，並作換位思考。）

C13：可見你理解了將心比心，己所不欲勿施於人的感受。（S：C

使用成語的同理非常棒。若再加上「你能用正面及欣賞的態度面
對他，而且為你過去的對待方式跟他對不起，非常值得肯定，這
也是你展現了前輩的氣度。」讚賞式回饋，更能激勵 E。）

E13：唉呀！知錯要能改。（S：E 有反思。有反思就能帶出改變與行
　　　動。）

C14：很棒的！逐步完善我們所能做的每個當下。（S：C 引導朝向
　　　正面的改變。若再加上一句「回去後第一步可以做什麼？」更能
　　　激勵 E 並聚焦後續的行動。）

E14：唉呀！老了啦！我只希望能做到退休，謝謝啦！

C15：你還有什麼想跟我說的嗎？（S：提問前可加上認知同理：「安
　　　穩做到退休是你的期待。」）

E15：對了！我想請問一下，不知道可不可以說？

C16：直說吧！有什麼讓你疑惑的。（S：坦率地回應）

E16：就是現在工作安排是不是都要給年輕的做？（S：E 心中有疑
　　　惑，想要得到解答。）

C17：工作安排給年輕的做，指的意思是？（S：C 能將抽象概念具體
　　　化，先了解 E 心中的想法，很好的引導。）

E17：妳知道歐洲油膏機第一台是我組裝，然後去歐洲交機，現在
　　　第二台就交給阿傑跟小林，我覺得這樣的安排，感覺公司不
　　　重視我們這些老的。（S：「不重視老的」，隱含 E 心中的擔憂
　　　和疑慮，通常是退休前會有的心態。公司若重視資深工程師的經
　　　驗傳承，彰顯其對公司的貢獻與價值，能公開表揚或安排經驗傳

承的機會，讓資深者有榮譽感，是值得的做法。）

C18：這次歐洲油膏機第二台的執行人員安排，你感覺不被重視。
（S：很好的同理，後面若加一句「也沒有得到應有的尊重」，會
讓 E 感受到 C 真的懂他的心情。這會拉近工作關係，這就是帶人
帶心的回應。）

E18：對啊！不是我覺得都要給我做，只是這幾年主要設備都是我
在負責，突然這一台不是我做，好像我做不好才不給我做，
啊就不被重視啦！（S：這是 E 內在深層的隱憂，能表達出來，
顯示晤談過程中被理解和尊重，及對關係的信任。）

C19：這幾年主要設備都是由你負責，聽起來公司是很重視你的，
也相信你勝任無虞！（S：這句回應一開始加上情緒同理：「你
擔心表現不佳而不被重用，因而產生失落感，失去工作意義和價
值。」接著讚賞式回饋，是很棒的回應。）

E19：可是這台就不是啦！啊！沒關係啦！這次讓他們去歐洲（揮
揮手示意讓他們去）。（S：留意 E 似乎還有點在意。）

C20：感謝你的承讓，這次人員的安排你的看法呢？（S：這句回應
一開始加上：「好像還有一點耿耿於懷。反過來想，你的經驗可
以傳承，讓年輕人有機會表現，更能凸顯你的高度與價值，是很
好的楷模。」先給予 E 同理和讚賞式回饋，會讓 E 感到被理解和
尊重，及正向鼓勵與支持。C 的提問以員工為中心，先了解 E 的
想法，是很好的回應。）

E20：嗯，阿傑好像也待 10 年了吧！他比我在這個公司久，他做也

是可以。（S：表示E平日關心也了解其部屬的狀況，主動推薦人選。）

C21：哇！你也注意到他待在公司有點年份了，聽起來安排他來執行這台設備，你也是認同的。（S：C給予正向回饋）

E21：對啊！說實話他都長期在做小囉囉的工作，給他負責也很好。（S：顯示E願意提攜後進並給予機會，非常正向的態度。）

C22：每個人所執行的工作對團隊、對客戶期待都很重要，這次的安排也是考量讓同事們都有機會學習獨當一面，同時也是安排年資短的，像你才剛帶訓過的小林，趁這次也考核他的工作。（S：這句一開始加上讚賞式回饋：「聽到你善意的表達，感受到你的無私，氣度與包容。」能激勵E。同時C能清楚表達安排的用意，從團隊的觀點來共同學習和成長，是很棒的回應。）

E22：也是啦！大家都要有機會。（S：E表示認同，展現正面的態度。）

C23：很好啊！你也認同大家都要有機會，當然在執行的過程，也是需要你協助，一起看頭看尾（台語），我們是一個團隊，集結大家的力量，相互間都要有共識與目標才能完成客戶期望。（S：C重視E的經驗與價值，能引導E將個人的視野，擴及組織和團隊的共識與合作。這回應非常精彩。）

E23：對啊！客戶需求最重要，可是我們那個設計畫的圖，實在是問題很多，講都講不聽，都沒在改，下次一樣的東西又錯。

（S：E 表達還有一些隱憂。）

C24：設計畫的圖都錯，講都講不聽（重述），是不是每次的異常
　　都有開立異常單處理呢？（S：再加上「哪一部分講了沒有
　　改？」－針對沒改善的部分具體了解，有助於釐清問題所在。或
　　者：「如果你是年輕人，會期待資深工程師怎麼教？」－以換位
　　思考的方式，協助 E 如何與部屬溝通和互動。）

E24：呃！（遲疑的語氣）有時候沒開。（S：E 有點心虛的坦率回
　　應。）

C25：有時候沒開異常單，在每次的錯誤發生，我們怎麼能讓下一
　　次更好呢？（S：C 沒有以責備的方式指出 E 的工作疏忽。在晤
　　談過程中，藉由同理和提問，讓 E 反思自己能改善之處，將焦點
　　聚焦在未來，帶出行動與改變。非常棒的回應。）

E25：好，我知道了，以後我會寫，但是你要跟設計說要改圖啦！
　　（S：E 期待 C 的協助。）

C26：謝謝你的配合，在週會時異常單的落實開立與解決，我們把
　　它放入討論議題，一起檢討。（S：接續 E25 提問：「你跟設計
　　師說，和要我去說，有什麼不同？」－提問釐清，考慮責任歸屬
　　和能力培養。C 主動表達後續行動，表示對 E 的重視與支持，這
　　回應能激勵 E。顯示 C 能示範團隊合作的態度。）

E26：好喔！好喔！

C27：王大，我們剛聊了蠻多的，你對今天所談的，還有什麼沒說
　　到的嗎？。（S：預告將結束晤談，藉由提問瞭解有否遺漏其他

的重點，很好的回應。）

E27：沒有了啦！很謝謝妳，跟我講這麼多，我知道你很忙，還浪費你的時間。（S：E帶著謙和和感激的態度。）

C28：時間如果用在對的人、對的事、對的地方，就值得了啦！（S：C藉由讚賞式回饋做最後的提醒。）

E28：哈哈！我以後會再急起來罵人，想想我也會退休，讓年輕的有學習經驗也應該的，還有以後有什麼工作上的問題，我會開異常單。（S：E主動回應經驗傳承和改善作法，展現積極正面的態度。）

C29：非常謝謝你願意多嘗試也多學習。（S：很好的回饋）

E29：不會啦！活到老學到老。（S：展現積極學習的態度。）

C30：那我們就聊到這邊，謝謝了

E30：不會啦！是我要謝謝！

　　以上是高管教練和資深工程師之間 34 分鐘的晤談。高管從頭至尾沒有一句指責的話語，帶著誠懇及關心的態度，實際了解工程師帶人的情形。工程師也展露出謙和及真誠的態度回應。內部教練應用同理、提問、讚賞式回饋等技術，讓工程師有所反思及行動。老臣在公司有時是守舊和保守，可能成為公司的頭痛人物，當高管能給予尊重與善加引導，借重其經驗，將成為公司的重要資產。

　　以下是這位內部教練應用教練領導力晤談後的心得與反思（原文照登）：

　　觀念跟認知差距是我在晤談一開始，會擔心當事人不能認同的。在晤談過程中就事論事，呈現具體客觀的事實，盡量以當事人能理解的語句，一字一句委婉且慢慢地說，當事人也能理解。我唯一擔心的是，問題提出後，當事人會再有新的議題，考驗著我的反應。

　　在跟著恆霖老師學習教練領導，短短的時間，顛覆我多年來在工作場域，管理與領導溝通的思維與方法，每次的晤談不外乎是有目的與目標，怎麼透過教練技巧，引導組織裡一位當事人或多位當事人，能跟我有一樣的視角，對人同理、對事明理、正向鼓勵當事人，並使其感受到犯錯不可怕，有心理安全感，且能及時反省修正觀念與做法才可貴。

　　我珍惜每一位在身旁一起工作的夥伴，手把手帶領他們不僅在技術傳承上，也一同往前邁向更上一層樓的精神情感。在變革中的組織團隊，教練領導力的方法，像是船隻航行於充滿迷霧的海上，一明一滅的燈塔光源，指引我們如何做、怎麼做會更好。有效且好的溝通方法不怕被知道，善用並讓組織裡的成員都能感受到有別於傳統的責罵方式，好好說並能換位思考且做到同理，架構起組織的溝通與教練領導文化，會是公司產品之外的另一個文化特色——教練領導。

以下是內部教練徵得工程師的同意，邀請他寫下接受教練晤談後的感受（原文照登）：

教練能對我清楚的說明，並了解原因的同時，也解決我的疑問。很多知識我不一定懂，像跟人的溝通我比較傳統。但是時代不同，以往主管教導的方法是「不打不成器，嚴師出高徒」。現在我覺得要好好地說，也是可以把問題找出來並解決。在公司裡，我們覺得很被尊重，我在跟同事之間的溝通也能先好好說，重點在問題能解決，我想這對公司是會有很大的幫助，一起合作完成任務。

整份逐字稿的內容，看見內部教練在晤談中，如何將所學應用在公司，我的回饋如下：1.晤談過程非常專注並聚焦議題，提問清晰且俐落。2.對當事人的非語言訊息的敏銳觀察，非常仔細與傳神。3.教練能善用讚賞式回饋來激勵當事人。引導當事人能反思並提出改善作法。4.在實作中看得出來內部教練，能將平時所學應用在與部屬的晤談中，看到教練深具潛力。5.若有下次的晤談，可以協助當事人從教練所展現出來的示範與教導中，轉化到資深工程師與小林或其他同仁之間的溝通，建立其教練領導能力。

實例 3. 化解當平行關係轉變為上下關係的矛盾衝突

一位在服務業的高階主管，是我專業教練認證課程班的學員，他將所學的晤談技術應用在公司，與一位剛升任主管的部屬，進行內部教練晤談，將晤談內膽寫成逐字稿，接受我的督導。短短三次的課程，我看見他的學習潛力被釋放出來，其個性風格也融入在教練過程中。

以下逐字稿中，我請他將當事人（以E表示）的談話內容，註記5K傾聽法；同時在自己（內部教練，以C表示）的談話中，註記技術分析。我（督導，以S表示）會在C回應的前或後加上一些示範，讓C的表述更為完整，也標示出在E的回應中隱含的信息，藉由督導提升C教練晤談的效能。

教練的對象是剛升任主管的部屬（E），E和之前的同事B，由平行關係轉換為上對下關係後（E為上司／同事B為部屬），出現管理與溝通上的問題。E升遷為副課階主管，該部門下有6個單位，6個單位各自還有主管負責。E由主管升遷為副課階後，原本只管理2個單位，變成管理整個部門。E針對其中一個單位的主管B的管理方式不認同，出現溝通上的問題。高管藉由教練晤談來協助E解決帶領團隊管理的議題。

以下是逐字稿內容：

C1：今天有什麼想談的事情嗎？

E1：我覺得部門裡面各單位的負責主管要確實負責起監督的責任。

C2：現在的管理比較鬆散嗎？（S：C 以提問了解實際狀況。）

E2：我管理的單位不會。

C3：以目前來看的話，部門轄下各單位，妳沒有辦法介入的點是？（S：換個提問：「能負起監督責任是盡責的表現，你的標準是什麼？」先同理再提問，以釐清 E1 的管理信念。）

E3：因為他們各自單位界線畫分的很明確。比如說【X 單位】跟【O 單位】的兩位實習生，一開始進來的時候狀況非常糟糕，披頭散髮，頭髮綁不好，我都一直不斷不斷跟她們講，妳們那個頭髮散下來要夾上去，不要每次迎賓都讓人家感覺妳披頭散髮。【X 單位】的負責主管 D 調整好她的實習生，會拍照問我說這樣子可以嗎？

C4：以妳目前反應的東西，跟妳現在的職階，妳覺得多久時間可以把她們整合起來，到達妳的標準？（S：本句開頭加上：「似乎你不滿 O 單位的主管沒有盡責，認為主管要督導實習生做好專業形象管理。」先同理再提問。）

E4：多久喔？如果以新人來講，最晚一個月，我就可以把她調整好。如果一開始就到我原本就在管理的【#單位】，大概 1～2 星期，就可以訓練出完全依照公司的標準。

C5：現在有什麼樣的方式，即便是新人一開始到【X 單位】跟【O 單位】去報到，都可以像妳原本就在管理的【#單位】一樣，把新人訓練到符合公司標準？（S：一開始先說：「你有把握能在最短時間內完成。你認為 X 跟 O 兩個單位主管的完成度表現如

何？」同理後提問釐清與了解E的想法。）

E5：亡……當然我覺得還是需要各單位主管去配合後續的一些要求，但是我覺得（停頓一秒）～嗯（停頓一秒）～【O單位】的B，比較不會去要求跟管理……。

C6：妳覺得現在自己在現在的部門裡面，包含整個【X單位】、【O單位】、【＃單位】、【＠單位】、【％單位】……6個單位，妳的掌握度1～10，自己掌握了幾分？（S：或可以聚焦在B說：「目前B的做法和你的看法有多少落差？」藉此提問了解實際狀況。）

E6：（沉默7秒）7分。

C7：好，7分。那後面需要多久可以到達10分？（S：C應用後現代量尺技術來檢視所需時間）

E7：沉默不語……（S：C7問了好問題，E的沉默可能是在思考，或以前沒有想過的，或者也許是因為需要B的配合，卻無法掌握B的作為，所以很難回答。）

C8：換個方式好了，妳覺得妳現在的主管，妳是她職務代理人，妳覺得她對整個部門的掌握度1～10分，妳覺得有幾分？（S：掌握度來了解實際情況）

E8：如果對外講的話是10分，但是我現在私下跟你講的話是8分，因為有些人不會老實跟主管說出內心的想法。

C9：（S：先說：「內外有別」，）問題是在哪裡？（S：C接續提了好問題聚焦脈絡。）

E9：其實我覺得主管她的用意其實是好的，但是有時候有些人，我覺得她本來其實是可以繼續留下來的，但是因為主管她，就是留不住。就是長得漂漂亮亮的那個女生。

C10：現在回歸到妳的這個部分，以現階段的現況是掌握到幾分？（S：C聚焦議題沒有被引導到第三者，這回應很棒。）

E10：7分。

C11：妳預計什麼樣的方式，可以到8分？（S：C的提問由小進步開始，符合後現代學派觀點，很好）

E11：其實以往我們都會在開早會的時候，訓練很多人的儀態，因為現在各單位都缺人，沒有人會下去開會，所以開會的永遠都是只有【＃單位】跟【％單位】，是我自己要求，其餘單位要做的多好，我沒有辦法。然後久而久之，她們已經習慣了她們目前的一些儀態，就是這樣，因為沒有人跟她講，這個我很難……。

C12：妳的問題是現在是7分，要到8分，這中間的落差是什麼？（S：在提問前先同理：「你說很難，似乎有點鞭長莫及，是卡在哪裡？」同理後繼續跟進聚焦議題，檢核現況。）

E12：嗯……落差是什麼喔？

C13：是什麼讓妳卡住，讓妳沒有辦法到8分。（S：持續聚焦，很棒。也可以在C12提問。）

E13：單位主管願不願意讓我去訓練她們的人，【O單位】不會願意！

C14：他不會願意的原因是什麼？（S：此提問可能將焦點轉移到第三
　　　者和分析過去的原因。若回應：「如果沒有B的配合，你的掌握
　　　度就會卡關，似乎只能莫可奈何，看著乾著急，你怎麼面對管理
　　　團隊的挫折和卡點？」先給E同理後，以提問聚焦在E。）

E14：一方面是<u>我需要單位主管的配合</u>，但是……嗯……我有時候
　　　得到的都是，<u>B跟部屬說：『妳要不要去詢問副課長』，『妳
　　　這樣子指甲的顏色副課長會同意嗎？』B怎麼會不知道那樣可
　　　不可以？</u>我覺得B可以直接去跟那個人說，妳那個指甲顏色
　　　是不可以，不是這樣嗎？幹嘛來問我可不可以，這樣好像是
　　　<u>永遠都是只有我一個人去抓現場人員的服裝儀容</u>。<u>是我一個
　　　人去要求妳的講話態度應該不能怎麼樣</u>。我現在遇到是，<u>我
　　　好像是糾察隊</u>。（情緒激動，講話快速）

C15：妳現在的狀會感覺起來會有點心有餘而力不足。（S：C的情
　　　緒同理很棒，若要做到更深層同理，可以回應：「你對B的管理
　　　作風感到不滿和生氣，自己的管理要先做好，他自顧自己做好
　　　人，你卻當壞人。」）

E15：對。（氣音，聲音無力像嘆氣）

C16：妳想要把這個管理的部份，比如說儀態……（被當事人打
　　　斷）。

E16：對。（點頭）

C17：或者是對於她們現場應對這些東西去要求，可是心有餘而力
　　　不足。因為妳現在面對到各個單位她的主管……（當事人馬

上接話）。（S：C持續同理並回應現況，讓E覺得C能了解其處境。）

E17：B如果不講（指的是部屬犯錯不指正），而是只有我一直在講，其他人會覺得我是在針對她們，但是如果全部主管的說法是一致的，管理起來會更好。

C18：聽起來這個方式是非常好的。妳提到一個很重要的就是有一致性的共識。（S：持續給予同理。若在開頭給予行為同理則回應：「團隊管理有一致的作法，大家都好做事。」）

E18：對。

C19：一致性的共識，建立在公司規定之上，在公司標準規定之中，沒有辦法做到的原因是什麼？（S：C提問釐清可能的原因。）

E19：大家都不想當壞人。

C20：妳的意思是說現在就只有妳是壞人，因為妳去糾正她們。（S：C有很好的認知同理回應。回看C15督導回饋：你卻當壞人。）

E20：嗯。

C21：糾正她們是本來妳就一直在做的事情，今年階級又被公司提高為課階，管理【O單位】也是名正言順。現在卡住妳的是什麼？（S：C聚焦議題提問釐清現況。）

E21：嗯……主管的做法沒有一致性。（S：E反映出現實的狀況。）

C22：聽起來這個一致性是『兩個人』之間的溝通。（S：C先給予

E同理，若接續著提問：「有哪些方法可能是達成一致性的作法？」讓E思考問題解決的方法。）

E22：嗯⋯⋯但是因為我其實有跟B講過，但是B回我說：「我都說過幾百遍了」、「我都已經說過很多次了」（C補充說明：意思是B有管理，是部屬或新人一直講不聽）。B這樣回我，我都聽過很多次。她永遠都是這樣的回應。我就說，妳還是要一直講啊，就像染頭髮，妳就是要一直講一直講，不是這個人頭髮褪掉以後，再去染一個我們沒辦法接受的顏色。可是部屬已經染了，她其實要染頭髮之前，B可以告訴她就是要以黑色為主。包括我【#單位】的部屬都會問我說：「為什麼我不能染頭髮？」我就說我們在妳面試的時候，就說過妳不能染頭髮。（S：B的無奈反應出需要提升領導管理職能。C要學習如何協助B提升管理職能。當E具備教練領導力，就能由上而下建立內部教練能力，長久持續下去就能建立企業內部教練文化。）

C23：如果妳現在是正課長的位置，妳會怎麼去要求？（S：C以提問帶出行動。）

E23：但是B本來就會比較聽正課長的話，我跟她說的時候，她永遠都會說：「我都已經說過了」、「我已經講啦」（S：回看E22）。但是我不知道正課長跟B講的時候，會不會講的那麼細？她比較大範圍去管理。一直以來都是我這邊在去做管理的。

C24：聽起來是在溝通上面有問題。（S：接續著說：「你升了副課，你的管理風格還保留著原來當主管時的細節度。你這麼好的經驗怎麼傳承給 B，讓 B 可以接受？—先給予 E 回饋帶出省思，接著提問帶出行動。）

E24：有時候高管在問我一些【O 單位】的事情，<u>我沒辦法回應</u>，是因為有時候我問了 B，B 都會說：「她要自己跟高管報告。」我就想說，妳直接跟我講就好啦，我從妳的資料夾去撈一些資料，我就可以跟高管回報了。但是有時候我再多細問的時候，她就會說：「我自己會跟高管說。」她休假就再也不接我任何電話了。這樣子我也很難去……。就像那天簽呈的事，我一直打電話給 B，B 就是不接電話，<u>我不知道要從哪邊去介入去做這件事情</u>。所以我才請 Z 打給 B，B 就說她再自己處理這件事情，這樣導致我沒辦法去管，沒辦法去介入目前正在進行這種事情。（S：從兩句底線話語隱約反映出 E 使不上力的無力感。C 可以反思，當 E 與其帶領的部屬由過去的平行關係轉變為目前的上下關係，常有隱晦不明的問題，例如：平行關係時兩人之間的關係如何？曾有過節嗎？轉變為上下關係時，有否吃味或忌妒的情緒？或對方現在是否不滿被太多細節的要求？這些都是 C 可以深入思考的。）

C25：回歸到整體的……（C 補充：當下反思要煞車，先做同理。）（S：C 當下有覺知，很好。）我覺得如果是這樣子，妳一定會覺得都很<u>受挫</u>，因為妳已經想要跟她溝通……（當事人馬上

接話）

E25：對，她每次都跟我說，她要自己跟高管講，我就會卡在那個地方。我也跟她說：「妳要不要就直接跟我說，妳把資料放在什麼地方，我去找」，她就說：「沒關係啦，副課長妳很忙，我自己再跟高管報告。」（C補充說明：E模仿B講話聲音，整句尾音上揚，凸顯一副我就是不給妳，看妳能奈我何的樣子）。（S：E的話語中有反思，這點正是E需要被教練提升之處。同時C對E敏銳地專注觀察非語言訊息。）

C26：有時候會這樣，我們在溝通的時候，如果可以把「原因」講在前面，取代結果，再加上語氣調整，同樣一句話，換個方式說，會不會讓人感覺比較舒服？妳現在講的這件事情感覺應該是冰凍三尺非一日之寒。（S：本句話一開始若先情緒同理：「她那副德性一定讓你很生氣和無奈。」讓E的心情被了解。之後C間接善意提醒，再加上提問以帶出行動：「以你對她的了解，如果要能突破一小點的卡點，可以從哪裡開始？」）

E26：嗯。

C27：這樣的一座冰山怎麼可以讓它慢慢的有進步能融化下來？（S：很好的提問，C26也是個切入點。）

E27：我再跟B談。

C28：我覺得妳可以。（S：加上提問尋找可能性：「如果換個方式，你會怎麼談？」）

E28：像之前你有教過我怎麼跟她溝通，我回去的時候，第一次

跟 B 對話的時候沒有用到，我只有跟她說：「妳們【O 單位】如果有調班情況，要跟我說！」B 的回應就是「喔」、「好喔」、「嗯」，就是那種死態度。過了一兩個小時，因為我跟她搭班，我就跟她說，妳知道我為什麼要跟妳說這個嗎？因為我開店迎賓有包含【O 單位】人力，有時候如果真的迎賓出現問題，我很難臨時去調度人，如果說妳早點把人力給我，就是妳跟我講人力調動，我其實可以儘早安排，要不然妳也不希望匆匆忙忙，妳是被告知是去迎賓的她說：「歐～副課長妳是說哪天？」我說已經很多天了。她就說：「這個月有嗎？」我說上個月很多天。她說：「好，那我下次會注意。」（S：從劃線的話中仍然感受到 E 餘怒未消。之後，E 開始能從自己的角度回應內在的想法和感受。）

C29：（S：先給予：「我聽到你學以致用非常好」。）聽起來妳有先把「因為」講在前面的話，她好像比較可以聽的進去。

E29：嗯……（嗯了 2 秒）。對啦，但是這個沒有辦法維持很久。（S：反映出 E 的急切感。然而，行為改變需要時間。）

C30：沒有辦法維持很久的原因？（S：C 的提問會回到過去事件，分析原因和找原因。以終為始的提問：「如果能達到持久的改變，你可以做什麼讓 B 繼續保持正向的改變？」請 C 反思這兩種問法有何不同？對接下來的晤談會有什麼影響。）

E30：我們這樣子的好好談話模式都沒辦法維持很久，這不是第一次這樣。所以我才會講說，有些事情真的是沒有辦法好好的

跟高管回報，是因為我不知道她資料放在什麼地方？

C31：（S：先行為同理：「你經常碰壁」。）我可以理解，妳目前一直處在這樣子的耗竭狀況。妳很想要做事情，可是對方不配合。（S：接續著說：「所以你很無奈，也不知道該如何帶她。」——持續的情緒和行為同理。）

E31：嗯……（很用力的「嗯」了一下）

C32：導致它會陷入一個比較惡性的循環裡……（當事人馬上接話）（S：C的同理很到位。）

E32：嗯，我們部門就是惡性循環。

C33：如果要改善這個惡性循環，妳覺得關鍵是什麼？（S：C聚焦提問讓E反思。）

E33：我只能再找B溝通。

C34：妳今年升遷後，變成B的主管，妳覺得可以用什麼樣的方式去對部屬說話，她會比較聽得進去？（S：C進一步以計畫提問。引導E帶出行動，這是好問題。）

E34：就是要跟她講，我這麼做的出發點是　了什麼，我才會這麼做，並不是為了我，或要針對妳或妳管理的部屬，我是為了整個部門的形象是要一致性的，所以我的要求，其實我們是希望大家會可以更好。不要因為妳個人的講話而讓別的同事可能不舒服，這不是我們想要的，因為我也是希望同事可以好好的、平和的相處。（說話開始變慢）（S：這幾句底線話語，反應出E內在的管理信念。而語調變慢是有意義的，從E28

開始看到 E 的內省與反思。）

C35：我聽下來，其實我覺得妳的學習能力是很快的。因為妳有感受到，如果自己能放慢說話速度，降低個人跟個人之間對立感的時候，她好像比較能聽得進去。（C 補充：故意停一下，測試當事人是否要接話）（S：C 能仔細觀察並當下正面回饋）

E35：沉默。（S：C35 的回應可能讓 E 在心中默默接收 C 的回饋。）

C36：還有一個重點就是，妳現在開始理解了溝通的順序，妳把「因為」拿來前面講，「因為」什麼原因，所以我要跟妳討論這件事情，感覺她能聽得進去。（S：很好的回饋。）

E36：對，我覺得我跟 B 已經在公司共事 18 年，待了這麼久了，我覺得 B 會知道我今天講這句話的用意是什麼。我會覺得我們不需要這麼多拐彎抹腳，不用講這麼細，其實我會覺得 B 應該要懂的，但是對於 B 我就是要講得很細，跟她能接受的方式，我覺得這樣子她不是新人，我可能要用她的方式去跟她講，但是我們是一起共事這麼多年，我覺得……（S：劃出的三句話表示 E 有反思，反思將帶來行動和改變。）

C37：妳覺得大家在同一個單位就應該要有相當的默契度，不需要過多的言語去解釋這個繁瑣的流程，妳就知道我要什麼。（S：接續以計畫提問：「以你對她的熟識程度，如果要說得簡化並符合 B 能接受的方式溝通，你會怎麼做？」——引導 E 進入改變的行動。）

E37：對。

========================

（S：以下 C38~C50 以後現代量尺技術應用得很精彩）

C38：依照妳們一起共事18年的時間，妳覺得妳們之間的關係1～10分妳們的關係是幾分？

E38：5分。

C39：在5分的關係裡，妳覺得妳跟她的默契1～10分有幾分？

E39：（倒抽很大一口氣3秒……）我覺得我們應該有8分，但是做出來的不是這樣。（自己開始笑了起來）

C40：（把E講的數字寫在紙上，加強她的視覺化）好，妳說妳跟她的默契度……。（停頓，看著E，讓E自己說出有幾分）

E40：5分。

C41：妳剛剛說8分。（S：很好的面質與挑戰，讓E反思其矛盾之處。）

E41：喔！對，8分。

C42：妳跟她的關係是5分，然後妳說默契度是8分，做出來的結果1～10分，妳覺得有幾分？（把寫好的紙轉正，呈現在當事人面前）（S：很好的面質與挑戰，讓E反思其矛盾之處。）

E42：（再度倒抽一口氣）5分。

C43：（把紙轉回來，寫下5分）那妳覺得妳們有默契嗎？（S：很好的面質與挑戰的提問，讓E反思其矛盾之處。）

E43：（邊笑邊回答）沒有。

C44：那妳覺得妳們的默契有8分嗎？（重述一次）

E44：我覺得她懂啊！她都知道（氣音多，聲音用力但不大聲），她當下可能不會照著我的方式，但是她最後都會默默的………。

C45：上面這些都是妳想的對不對？（提問釐清。）

E45：對。（又開始笑）。

C46：這些是妳自己想的，妳自己想的喔（C故意加強語氣）～妳覺得B都懂，好，妳覺得1～10分，她懂幾分？（S：以量尺技術提問釐清，意味著面質和挑戰E的想法與實際的差距。）

E46：8分～吧～～～（氣音多，托尾音）

C47：妳自己想像的B都懂有8分，所以這個數字……（當事人馬上接話）

E47：B是故意讓它呈現這個結果（自己講到笑出來）。

C48：她的故意，會讓她自己或整個單位有什麼好處？（S：好問題帶來反思）

E48：沒有。

C49：好（再把剛才寫分數的紙，轉正在當事人面前，給當事人看），妳想像B都懂8分，妳跟B的關係是5分，跟B的默契是8分，跟B的溝通結過是5分，妳覺得現在問題在哪裡？（S：以量尺技術反應想法與現實差距的原因，很精彩的提問。）

E49：（無聲地連續竊笑，用手在紙上比「自己想的」）。

C50：妳講出來啊～不要用手比，講出來啊～（以幽默的方式回應）

E50：我自己想像的（笑出聲音6秒）雖然會自己想像，但是我還

是願意去跟她協調。（S：E表示有意願就會有行動力。）

（S：C37之前的回應以同理、提問和讚賞方式晤談，讓C38~C50這一段的面值與挑戰有很好的鋪墊。同時透過量尺技術，以幽默的口吻，及寫在紙上呈現數字的具象化，讓E檢視心中的想像與實際狀況之間的落差，深入反思其矛盾之處。）

C51：我看得出來，我非常強烈地感覺到其實妳是很願意的（S：積極與鼓勵的回饋），現在的卡頓點，就是妳的願意，跟妳自己想的之間，中間有一個東西叫做情緒。因為心情不好的時候，相信在溝通上，不會得到很滿意的結果。可能個性上面也會稍微的⋯⋯（C當下反思並自我提醒，腦袋告訴我不能講得太急躁，所以我要踩煞車，用教練溝通的方式），因為妳想要把事情做好，這中間可能稍微的要求比較快速一點。有沒有可能她沒有辦法跟上妳的原因是「速度」，比如說妳說話的速度（暗示當事人語速過快）。（S：這段話是很精彩的回應。鼓勵並指出可能矛盾的可能原因，讓E自己反思。）

E51：我覺得可以，因為她很聰明。

C52：她很聰明（重述）⋯⋯這個是⋯⋯（請她自己看紙上寫的）

E52：我自己想的。

C53：妳怎麼知道B很聰明？（S：C提問釐清，幫助E反思。）

E53：因為有時候我雖然這麼說，她沒有照做，但是下一次她可能會照著我的我想要的方式去做。比方說：有一次我就說，妳

們單位的那個 C，為什麼她可以擦指甲油？ B 就說我等等跟
C 說，就不了了之了。最後變成那個 C 跑來跟我說，我們主
管（指 B），要我自己來問您說擦指甲油可不可以？我就反問
C 說：「那妳們主管（指 B）覺得可以嗎？」她說她不知道，
她說叫我問您，我說這一看就是不行啊！我就說：「妳們那
個指甲，妳為什麼不去問 E，她業餘在做指甲的那個彩繪。」
我說：「妳去問她，那個顏色是不是真的是有問題……」。

C54：感覺 B 只是把問題丟給妳。（S：接續以計畫提問：「你已經具
　　　備反問的能力，若進一步追問，你會怎麼問？」——引導 E 面對
　　　未來，進一步提升其溝通能力。）

E54：嗯，然後我就不高興了嘛。再等到下一次的時候，C 就說主
　　　管（指 B）說叫我那個指甲顏色要改一下。

（S：若加上：「從頭聽到這裡，突然有個感覺不知道對不對，B 似乎不
習慣跟你之間關係的轉變為上下關係，也許是有情緒在裡面，懷念以前
可以平等和自在說話的默契，或是對你升職的嫉妒等情緒，而對你賭氣
捉弄一下，不想依目前的要求馬上配合。」——說完暫停一下，等待 E
的回應釐清和確認。再說：「如果真是這樣，你覺得現在你可以為你們
現在的關係做點什麼，讓你們現在的互動更順利些？」——以計畫提問
帶出行動。）

C55：不管誰叫誰去問了什麼事情，我覺得妳現在要做跟以往不同
　　　的事，去釐清現在這件事情，妳要去跟當事人釐清，重點是
　　　妳自己要釐清，到底事實是什麼？還是妳自己想的？我覺得

溝通這一件事情是相當重要的。（S：C以強調的語氣來善意提醒E。）

E55：對，在我們這單位，溝通這個問題已經存在很久了。我有時候我時常帶著好的情緒去講，但是有時候人家就說：「厚～。」（搭配翻白眼的表情）我的情緒就被激怒了，我想我現在是好好的跟妳說耶，妳怎麼一副那種表情。……（停頓一下）我個人認為我是帶著好的情緒。（S：被激怒的情緒表示E的情緒與對方掛勾了。情緒掛勾後，有時會產生偏見或先入為主的既定印象，不容易看見客觀的事實。）

C56：我比較好奇的是說，妳今天帶著一個好的情緒去跟對方說話的時候，對方的一個表情或者是動作就會把妳激怒了（當事人馬上接：「嗯」）。（S：接續計畫提問以帶出行動與改變：「你可以做什麼，讓情緒不被挑起？」）

E56：嗯。

C57：表示自己可能還沒有準備好，或者是說妳對她其實有一個先……（當事人搶答）

E57：先……入為主。

C58：先入為主的偏見，有沒有可能是這樣子的情況？（重述確認）

E58：嗯，這個我會再調整。（S：E出現反思並有改變的意願。）

C59：針對我們今天這樣子的剖析下來，妳有什麼樣的想法？（S：先強化E的行動力，接續者說：「你有很好的反思，接下來要如何調整，使溝通順暢圓滿？」C在準備結束晤談前，請E自行反

思。）

E59：我比較有<u>先入為主</u>的想法，跟<u>太急躁了</u>。（S：此回應意味著 E 有深度的反思，看見自己可以改善之處。）

C60：妳自己有覺得？（再次加強 E 的反思）

E60：我的<u>說話方式要再調整一下</u>。我應該只有對 D 講話很慢，對其他的人我講話應該都很快，包括我們家裡的人說的講話都很快。（S：E 有內在的反思）

C61：我覺得今天找到這個重點，其實妳如果願意，妳可以試試看。（S：接續回應：「你能覺察自己的溝通模式非常棒。接下來可以做什麼跨出第一步的調整？」——以讚賞式回饋加上計畫提問，引導 E 展開行動上的改變。）

E61：嗯！（胸腔發聲，表情很專注。）

C62：就一個禮拜就好，妳試著講話慢下來，觀察看看跟別人的關係，跟同事、伴侶或者妳的孩子或母親。試試看會有什麼不一樣的發現？（S：C 引導 E 跨出第一步的小改變，很棒。）

E62：（深呼吸 5 秒，似乎在猶豫要不要說出口什麼）我媽講話更快耶。

C63：這是妳一個很好練習的方式，妳有發現嗎？（S：C 以輕微鼓勵 E 嘗試）

E63：（倒抽一口氣）。

C64：妳試試看喔……（當事人接話）

E64：好。

C65：媽媽講話很快，妳把速度放慢下來，妳現在是因為配合媽媽所以妳講話速度很快。（S：很好的連結與回應。）

E65：嗯。

C66：觀察一下媽媽的反應。

E66：（沉默 4 秒）好。

C67：妳覺得我們這樣子的對話，對妳的幫助是什麼？（S：C 檢核晤談的效果。）

E67：（沉默 7 秒）ㄊ……是我自己想太多，我需要別人給我點明，其實別人可能沒有這樣想，是我自己去預設很多立場。我覺得是我應該要先把我的事向對方好好的說明，而不是一個命令給她。讓她清楚我要用什麼方式做……對，這個是我一直以來，都覺得她應該懂我的。我一直以來……（停住……思考）。（S：這段話反應出晤談讓 E 有深刻的反思，能自我調整與改變。換言之，C 的教練晤談有好的效果。）

C68：這個我覺得妳很棒，因為有時候妳講話的速度很快，所以有時候妳講出來的東西，腦袋裡面可能還沒有同步。比如我們剛才討論的 1～10 分（再次聚焦，並把紙遞向更靠近當事人，加強視覺化），當我們的直覺反應把它寫出來之後，妳就會看到，妳跟她的關係是這樣（5 分），卻覺得妳們的默契應該是這樣（8 分），那默契是這樣（8 分），為什麼配合結果卻是這樣（5 分），我們現在談的，都沒有在講別人怎麼樣，我們講的是自己，我們自己有不對嗎？也沒有啊。我

們就是發現了自己以前沒有察覺到的看待事情的角度（回饋）。（Ｓ：這段話為晤談做很好的摘要。）

E68：（用力回應）嗯！

C69：如果是要跳脫「自己想的」迴圈，有什麼是妳可以嘗試的？（Ｓ：最後的鼓勵與強化行動，很好的結尾。）

E69：多一些耐心，放慢說話速度，先從放慢說話速度開始。（Ｓ：反思中看見 E 的調整與行動。）

C70：期待妳的改變。

E70：好，我回去試試。

　　這段教練晤談時間大約為 43 分鐘，高管應用所學技術進行教練晤談，展現精彩的對話與效果。我們來看看高管教練晤談的應用心得（原文照登）：

　　此次晤談使用恆霖老師自創的「5K 傾聽法」，加上「同理心技術」、「3I 提問」及幽默等方式進行晤談。透過 5K 傾聽法來分辨及「聽懂」當事人真正的需求，專注在當事人身上並同理，很快就能拉近教練與當事人的距離。晤談當下，當事人很容易因為被同理而侃侃而談，利用 3I 提問，協助當事人聚焦議題，避免教練和當事人一起陷入過去事件而失去主軸。

　　非常感謝老師時時刻刻，無論在課堂內外，都在以身

示範人性的溫暖及安全感，那是一種自然流露出的生命態度。我從事服務業多年，深知服務業首重人性的溫度，但是溫度是幾度？ 0°C 是溫度，100°C 也是溫度，什麼樣的溫度才能讓人感覺舒適？直到經過老師溫暖的陪伴教學，覺察自己缺少的是讓情緒在內心自然的流轉。

以往傳統的學習方式，讓理性能量強大到只想快速解決問題，甚至強迫自己同理當事人，我也忍著忍著，雖然肉體是恆溫，但是心裡卻是失溫狀態。恆霖老師用生命影響生命、能量影響能量，讓我接納自己，解凍自己冰封已久的感性能量。

老師大方包容我在課堂中跳躍性的表達方式，鼓勵引導我在晤談過程融入幽默技巧，讓我在這次的晤談裡有機會看見更有力量的自己。從有意識的覺察自己開始，刻意提醒自己要同理，雖然在過程中，還是會有些卡頓，但與此同時，我也學會安撫自己急迫想直接處理問題，堪比紙張還薄的耐性，掙脫企業效率與強迫同理的鐐銬，把抱怨的低頻率情境，帶入一點聲音或肢體的幽默，讓對話之中多一些輕鬆的能量，情緒放鬆之後，專注在當事人身上，投入在當下，循著流轉在當下的能量，把我帶入技法的彈性空間。誠如恆霖老師所說：「心法大於技法，是『應用』技術，而不是『硬用』技術」。用心感受當下，心門開闊了，不但留意到自己內在和周遭先前沒有意識到的事，也

隱隱約約看見那個正在微微發光的自己。

　　各行各業的顛覆性變革已經成為常態，加上隨著嬰兒潮老化，千禧一代和Z世代逐漸成為勞動力市場的主要組成部分，對新世代來說，他們追求渴望的是有意義的工作和成長的空間。

　　當有才能的工作者，被提升到管理或領導位置，若是能透過教練式領導啟發，培養能力和潛力來達到目標，讓人才充分發揮及發展，不僅可以增強團隊成員的成就感，更能讓企業適應不斷變化的環境。

　　面對後疫情時代，隨著物價通膨、企業缺工，加上少子化衝擊、就業市場緊張，培養教練團隊，運用教練式領導，集眾人之力借力使力，傳承經驗，累積人才，企業才能達到永續經營成功的目標。

教練晤談後，高管邀請當事人寫下晤談歷程的回饋（原文照登）：

　　傳統領導與教練領導，個人覺得有不同之處在於，以前總會把遇到的問題向上提出，等候主管指示該怎麼處理，或是主管直接處理後再被告知結果。而教練式領導會讓我反思該如何自己去處理，讓現況更好，同時讓我有機會成長更快。

　　此次晤談後，我回想起這位原本與我同為平行關係

的同事，18 年的共事期間，自從升遷之路不順遂開始，她的應對態度便起了變化，而我與她之間陸續出現溝通問題，源自不滿她對公事上不負責任的態度，或許因為產生隔閡，之後我便容易看到她表現不好的地方。

經過教練式領導晤談，我看到自己警覺性的反射情緒及先入為主的觀念，所以我開始嘗試不要預設對方會回應的態度，以我目前職務階級的管理角度，展現包容力去放大對方的優點，縮小對方的缺點，然後試著放慢語速跟對方溝通，即便對方態度不好，我也會提醒自己的情緒不要受對方影響。

目前調整溝通的方式，我會先將「原因」擺在前面告訴對方，再提我的做法，感覺關係有好轉，不諱言對別人傳達事情，我還是照之前方式，這我還在調整的地方。

這位高管在短短的時間，學以致用將教練技術轉化到公司內部晤談，其表現讓我感動。他在晤談中既能專注面對當事人的議題，又能向內覺知與感知當下的自己，能同時關照當下的教練角色與自我（人），放鬆自在的引導對話，形成個人獨特的專業風貌，是一位理性、幽默，又能展現出溫度的教練，相信會有越來越多的美好，發生在未來的晤談歷程中。

常聽到一些高管說自己夠忙了，哪有多餘時間與部屬慢慢談，還要同理對方。高管與部屬之間的溝通，我想不是沒有時間，而是

缺少溝通的方法與技術。只要應用適切的方法，僅僅花費短短時間，就能產生「事半功倍」的效果，何樂而不為呢。

實例 4. 解決部屬工作績效與家庭照顧的兩難問題

這是一位參加教練領導力的高階主管，培訓後的應用實例。培訓期間同時接受我的逐字稿督導。對話中的 C 代表高管教練，E 代表部屬。在 C 的對話後面以括弧內的文字，呈現我對高管的技術分析與督導回饋（以**粗體字**表示）。我也對 E 的回應同樣以括弧來做說明。這段簡短的晤談非常真實，感人又精彩。只要高管充分應用教練技術，便能發揮「領導不費力，管理有效率、溝通有能力」的教練領導力。

事件起因：高管發現組內工程師有些工作未順利推展，同時注意到部屬最近的臉色似乎表現出很大的壓力，因此高管主動找他面談。

C1：最近 XXX 中某一項鑄件看起來還有許多縮孔，這部分你有沒有找到好方法解決了？（**有具體內容的封閉式提問**）

E1：還沒有。我最近在測試不同的 OO 方案，看有沒有機會改善！（**陳述已執行的工作進度**）

C2：嗯，你從不同 OO 方案著手的做法不錯（**有讚賞意味的行為同理**）。最近我也有個想法，可能改變幅度比較大，也許可以同時進行測試加速改善。我的想法（**「我」訊息**）是從 YYY 鑄件

成功的經驗衍生過來的，對於現在發生縮孔的這件可能也有幫助，我們可以來測試組，試轉一個方向，如同 YYY 的模式，那件可以成功，這一件應該也有機會。（提供意見和經驗。可再加上一句：「你認為呢？」──訊息提問：用意是讓部屬表達想法和意見）

E2：好！（接受意見）

C3：我畫給你看，就是這樣，……，你再去電腦模擬看看。（現場指導）

E3：好！（接受意見）

C4：最近新的研發案，研發紀錄簿發下去讓大家寫了嗎？還有這案子的兩項鑄件已經發工試製了嗎？（封閉式提問／資訊提問：確認事實）

E4：非工令報工的部分已經分配給相關工程師，都在報工了！（回應目前進度）

C5：非工令已經開始報工了（重述），這很重要，很好（輕微鼓勵）。那工令的部分呢？有沒有研發件已經發下去做了？（封閉式提問／資訊提問：確認事實）

E5：還沒有。（回應現況）

C6：這個專案已經被核准了，所以兩項鑄件必須要儘快開始試製，我們可以跟另外一套系統一起進行測試，這樣可以一兼二顧。（說明現況並表達對工作進度的指示與期望。若再加上一句：「預計何時完成呢？」──意圖提問：了解可能的時程進度）

E6：好！（**接受指示與期望**）

C7：接下來我想跟你談另外一個議題（**轉換相關話題，聚焦在關心「人」的部分**）；就是週一的生產進度會議上，我正好看到你有一個表情，眉頭深鎖（**生理專注**），好像壓力非常大的樣子，我嚇了一大跳，所以我昨天問了你的經理，想了解是因為工作或是其他因素讓你有這麼大的壓力，她回答可能是因為你爸爸最近生病了；那你爸爸現在的狀況怎麼樣？（**主動表達關心，了解行為背後的原因**）

E7：他現在呈現失智狀況，整天想要吃藥幫助睡覺，不給他藥吃就會發脾氣打人，健素糖之類的，他知道不是藥不能騙他；然後要幫他洗澡也會打人，原本請外勞照顧他，後來因為他會打人，外勞不願意做離開了，所以現在比較麻煩。（**陳述遭遇困難的事實**）

C8：那現在是誰在照顧你爸爸？（**「是誰」的問法容易將焦點置放在第三者。換一種說法能聚焦在部屬：「工作之餘還要費心照顧有狀況的老人家，似乎蠟燭兩頭燒，精神體力負荷重，很辛苦的。你是怎麼安排照顧的事情？」──行為與情緒的同理，加上訊息提問**）

E8：主要是媽媽，還有妹妹已經嫁出去，有時候也會回來幫忙，只是現在大家都快沒有辦法，所以家人希望我回去。

C9：現在爸爸有失智，甚至會打人，連外勞都受不了跑掉了（**重述**），難怪你家人會希望你回去。即使你回去，爸爸白天還是

會有這些情況，你也照顧不到，你和家人有什麼想法嗎？（訊息提問：關心部屬的生活與處境）

E9：我跟家人討論過想要送他去安養院，現在正在找尋適合的！（說明試圖尋求解決問題的方案）

C10：現在爸爸的情況還沒有穩定下來，甚至家人希望你回去幫忙，確實容易造成你心裡壓力大（認知同理）。我們是一個team，這幾年我們一起克服了很多挑戰，完成許多不容易的任務，我很希望你能留下來一起打拼（高管表達懇切的關心及對團隊合作的期望）；對於工作的部分，我看見你除了幾項重要的研發案件外，還負責兩項研發案的專案管理，我覺得這些事情可能會同時有緊急任務，讓你更喘不過氣，所以你想想看，在工作上曾經遇到什麼困難？我們可以進行怎麼樣的調整，讓你不要陷入家庭和工作兩頭燒？（非常棒的回應。表達預期可能出現的狀況，同時願意一起面對困難，尋求解決方案及提供資源，此舉有助於團隊成員的向心力）

E10：有時候研發案會突然要求緊急提供一些資料，那時候我必須急著處理這些事，造成XXX鑄件的開發可能會暫時放著沒辦法處理。（說明現實狀況）

C11：的確這種緊急事項有時候真的會讓人嘎不過來（行為同理），我想我們可以安排工程師和你配搭協助，這樣當你處理緊急事務時，XXX零件依然能夠往下推展（提供可能的解決方案）。你覺得和誰配搭比較自在，誰比較適合擔任這個角色？

（資訊提問：讓部屬自行找到合作夥伴。很棒的回應）

E11：我覺得WW可以，他知道研發案管理所需要的資料，也知道零件如何推展。（自行提出合作的人選及理由）

C12：沒問題，我會找你經理談這個事情（主動協助解決問題，團隊協調的垂直溝通）；你就安心處理家裡的事，也不要擔心好像請人幫你忙不好意思，因為每個人都可能遇到這些事情，現在只是正好你遇到了，我們大家幫忙你，改天也許我遇到什麼麻煩，可能需要你們幫忙我了！（表達同理與支持，讓部屬無後顧之憂，很棒的回應）

E12：（點頭。眼中含著淚水！）（E感受到高管的關懷態度，感動之情難以口語回應，以肢體語言展露出來）

C13：有時候壓力大時，你有沒有什麼釋放壓力的方法？（高管展現專注的觀察，看到部屬眼眶中的淚水，同時以封閉式提問，了解部屬紓壓的方法，以表達關心。高管教練不只關心工作表現，更關心部屬這個「人」，充分展現教練精神。很棒！）

E13：（搖頭）

C14：我有時感覺壓力太大，會想去吃個炸雞什麼，但這顯然不是好方法；還有我是基督徒，我可以跟上帝禱告（自我揭露），但你可能不是；我記得你以前有去打籃球，還有去打嗎？（以封閉式提問來延續紓壓議題）

E14：有一段時間沒去了！（回應現況）

C15：那我們找一天去打籃球，如何？（提議：表達同在的支持與陪

伴）

E15：好！（**接受提議**）

C16：不過我必須先去買一雙籃球鞋，我大概10年沒打過籃球了！
　　　下禮拜去喔！（**展現陪伴的行動力，讚！**）

E16：好啊！（**終於露出一點點笑容**）

　　看完上面這段晤談，你看見或感受到什麼？我督導完後覺得很受激勵和感動，當高管帶著尊重與理解的態度，以關心部屬的態度和團隊合作為前提，而非緊盯著KPI和工作缺失，共同面對並試著解決部屬的難題，關心的層面不只是工作，還有生活和家庭，這是帶人又帶心的教練領導力。一位接受系統性教練領導力培訓的高管，能展現教練晤談的成果令人佩服。如果你是高管能用教練的方式與部屬晤談，將對部屬和團隊產生什麼正向的影響？

　　我們一起來看看這位高管與部屬晤談後的回饋（原文照登）：

　　　　這次面談過後一定要言而有信，隔天我立刻去找了這位工程師的經理，討論其中一項專案管理的工作是否移轉給另外一位工程師。我把原因告訴經理，經理也非常認同，於是我們就把工作稍作調整，果然這位工程師忙碌情況下降，比較不會感覺忙亂到嘎不過來。那時我看見他臉上的表情感覺舒暢多了，而且我所關心的研發鑄件，也很快獲得相當正面的階段成果。

　　還有另一項待辦事項，晤談隔天晚上我就去買了一雙籃球鞋，約好隔週去打了我十年來第一場籃球，結果我擔心的事情扭到腳還是發生，要好一陣子不能打球了！雖然如此，我還是很開心，一來，這幾項工作推展得比以前更加順利；二來，這位工程師的表情看起來令人感覺舒服多了，甚至發現我和這位工程師的關係更勝以往；第三，我發現Coach 陳老師所教的方法是管用的，經過老師提點後，我更清楚教練領導力的應用，未來我會繼續運用這些技巧，來帶領我的團隊往我想要引導的方向邁進。

實例 5. 一對一績效面談教練技術統合應用

　　我列舉一間企業進行員工績效面談（Performance Interview），擬調整職務和可能裁員的案例。這間企業邀請我為核心團隊的中高階主管，進行兩階段教練領導力培訓，並結合內部案例、實務應用與督導。

　　第一階段培訓接近尾聲時，正好公司內部要進行員工績效面談，這群主管希望能學以致用，請我根據企業內部實際的狀況，並整合晤談技術培訓內容，撰寫一份績效面談技術應用的框架流程，讓他們做為參考去應用，晤談後再回來進行督導與回饋。

　　當時我提醒他們，績效面談過程中，若員工有情緒，記得優先處理其情緒。然而，在社會與文化上，一般人都有在職場上表現出

情緒是不應該的迷思，多數人認為工作中不要情緒化，或不應該有情緒，這是不了解情緒的特性。

當員工或部屬被指正或可能面臨裁員時，可能會有激烈的情緒反應。例如：「我工作都有完成，為什麼績效未達標？」、「我表現又不比別人差，為什麼我要被裁員？」、「主管對我有偏見，考績打得不公平。」此時宜避免以KPI指標及結果企圖說服員工，此舉可能引起員工或部屬更大的情緒激烈反彈，導致晤談不歡而散。

主管宜以「人」為優先，展現關心的態度，同理部屬情緒（情緒同理是有效的技術，能緩和及讓員工有效宣洩情緒，但不表示主管是同意員工對績效結果的看法），待員工情緒明顯緩和後（音調降低、語速減慢、語氣和緩、肢體動作趨小等），再回到晤談的議題上，才能理性面對與討論。這能展現教練領導力關心及重視人才為優先的精神。

表11.6左邊欄位是整合教練技術的應用（同理心、提問、讚賞式回饋、指正三明治、「我」訊息、行動等），中間欄位是主管教練晤談的表達內容，右邊欄位是使用該技術的解析說明。

表內晤談內容看似是一連串的晤談，實則它不是讓主管一口氣從頭到尾說完，可能是主管說了一兩句話或一段對話後，聽聽員工的回應與反應，再接續著說。可以視當時的情境和實際面談的狀況，將晤談內容前後順序調整，或依雙方語詞斟酌使用，千萬不要依樣畫葫蘆，照本宣科（重要的關鍵字詞以**粗體字**呈現）。

表 11.6：整合教練技術的應用與解析

技術	一對一主管教練晤談內容	技術解析
情緒同理認知同理	當你（員工或部屬，以下皆同）聽到績效考核結果時，猜想一定很**失望、驚訝、挫折、不滿、生氣和憤怒**，覺得自己努力付出，辛苦沒被看見和肯定。	以情緒同理方式處理負面的情緒。以認知同理表達對部屬的理解。
正面肯定	在工作的表現上，我看見你有**積極的創造力**。當我主動去徵詢你的意見時，通常你能**很快地回應我**。有些意見很有見地，**例如：**「……」（舉出實例）。似乎是我沒想過的。	指正三明治底層：具體指出**過去正面**的工作行為表現。
反映過去客觀事實	在工作能力和意見反應以外的工作態度，我注意到你很難跟團隊**融合在一起，常是置身事外的。**例如：「……」（舉出實例）。當我去詢問你的時候，你才表達意見，態度略顯消極和被動。	指正三明治中層：以客觀事實指出**目前可以突破或成長之處**。避免以「缺點」看待之。
「我」訊息	「**我**」看在眼裡，心裡有一點生氣和著急，「**我**」的無奈來自於你沒有融入團隊。「**我**」非常肯定你有專業能力，「**我**」猜想以你的能力，你可以很快就有升遷的機會。	以「**我**」訊息表達主管內在的想法和感受。

技術	一對一主管教練晤談內容	技術解析
訊息提問	也許你置身事外的表現有你的原因和苦衷，請說說你的狀況讓我了解一下。	不帶指責、評價、論斷的態度，藉由開放式提問讓部屬有機會陳述狀況，避免先入為主、偏見或刻板印象。
認知同理	「我」猜想你對績效考核結果（或同工不同酬）很不滿意，你可能覺得在同工不同酬的情況之下，你只要做好份內事就好了。	根據前述客觀的事實，試著理解對方對事件的內在想法。
訊息提問	我也在思考，當團隊想要表現得更好時，你沒有跟團隊成員互動溝通和合作，你想這樣對團隊表現及個人績效會有哪些影響？	引發對方思考個人的表現對團隊可能的影響。
表達關心反映制度面	有關薪資與考核結果，我很關心你的反應。也許結果讓你感到不滿意，認為考核不完整，產生不公平的現象。績效考核也許無法面面俱到，這牽涉到績效考核制度面，非一朝一日能改變。	主管帶著關懷的態度，主動反映制度面的現況。
「我」訊息	「我」可以向上級反應，也很願意幫你爭取。現階段「我」一人難以改變，也覺得有些無力感，「我」關心你，即使「我」想幫你調薪，目前「我」也很難做到。	主管不帶指責和批評，以「我」訊息表達個人想法、感受、和立場。

技術	一對一主管教練晤談內容	技術解析
行為同理	我猜想你也很渴望你的工作表現被上面看見和肯定,並反應在績效考核上,或許有機會升遷。	在行為層面上表達對對方的理解,及可能的內在需求。
假設性語氣	「如果」你的工作態度像你的專業能力一樣,能積極參與團隊的討論,主動表達你的創意和想法。	帶著主管的期待與未來發展正向的行為。
假設性語氣 + 尋找可能性	「假設」有一天上級看到你的表現,驚訝地説:「哇!你跟以前不一樣,變得更積極主動,工作效率也增加了,會對你令眼相待!」	預期正向行為表現的可能結果。
認知同理	我猜想你可能不願意待在這個職位這麼久,或很希望升遷晉級。當團隊整體表現和個人績效有所提升,是有機會的。	理解對方可能的期待,激勵往正向行為發展。
新的選擇與行動	如果你選擇調整與改變,而採取融入團隊和主動配合,上面的人會看到你的表現和以往不同,就會對你刮目相看。一旦你展現積極的態度和改變,升遷機會可能就會降臨到你身上,這是你為自己爭取的。	將決定權交給對方,鼓勵對團隊承諾與承擔責任,預期好的結果。
正面讚賞	你已經具備專業能力,在工作態度上又能表現得更主動和積極,兩者相互配合,對於未來的工作發展肯定會帶來更正面的影響。	指正三明治上層:表達對未來正向發展的期許與激勵。

事隔兩週後再回到課程中，我詢問這群主管們應用的情形如何？大部分的主管都感到驚訝，面談過程並沒有引起很大的激烈反應。面談開始，若部屬表達不滿的情緒或肢體語言，主管們願意正視他們的情緒，傾聽他們的不平之鳴和委屈，甚至還釐清了部分的事實。不像以前的績效面談，焦點都在糾正錯誤或爭辯KPI的表現，彼此激烈言語攻防，搞得不歡而散，然後人心惶惶。其中一位中高階主管回饋如下的心得（原文照登）：

　　在進行一對一績效面談時，我發現有一個現象是在不同人身上會重覆出現的，就是情緒問題。最常見的是員工認為自己表現的不差，不應該被評斷為乙等考核，由於這將會實際影響到年終獎金，並且年度考核打乙，很可能讓人出現半年心情都不好的情況，甚至有一種反應，就是一些他們不喜歡的事情，就想叫考績甲等的去做。

　　對於這些情形，過去我常常也被他們弄得非常不愉快，現在我學了 Coach 所教的優先處理情緒，雖然會比過往多花一些時間，但是情緒穩定後，下一步反而比較容易進行。在情緒穩定下運用三明治法則，我可以很清楚敘述他的表現、他這次表現較不如預期的部分，以及未來我希望他努力的方向，讓我覺得面對績效考核不再是一件苦差事。

　　另外，我還遇過兩次比較特別的情形，頗令我印象很

深刻。一次是在未上過課以前，另一次是上過課之後。

　　未上課前，有兩位同仁必須告訴家人他們的年度考核結果，若家人得知是乙等，會對他們酸言酸語。兩位同仁面對家人的言語傷害，那種難過連我都替他們深感難過，雖然他們的情緒反應不是很激烈的那種，卻更悲傷和緊張。第一次遇到時，我真的也不知所措，只能頻頻安慰，再叫他們加油，最後連我自己也是語無倫次地把他們送走。

　　學過 Coach 課程後，我遇到另一個類似情形，我發現還是要先處理情緒，等同仁情緒穩定之後，除了應用三明治法則之外，我又多花了一些時間和他共同訂出了未來的具體計畫。我發現這個具體的計畫，會帶給他安全感，他好像更加相信自己未來真的可以更好。這次面談及後來他的轉變，讓我相信績效面談可以是一項能幫助同仁、幫助組織進步的力量。

　　績效面談之後，有可能面臨裁員，上面我提到的技術應用範例，依然可以應用在裁員或離職面談，避免引起緊張衝突與不歡而散的局面。舉一個實例供讀者參考。

實例 6. 讓部屬有尊嚴地離職

這是一間集團公司的副總和高管，兩人接受我的教練領導力培訓，取得專業教練認證後，將教練領導力應用在公司治理，公司業務蒸蒸日上，也不斷擴充。但在 COVID-19 疫情期間業務大受影響，營收快速遞減，公司面臨財務吃緊，需縮減員額。不得不裁員的情況下，他們兩人共同討論出一個做法，若依過去的經驗，裁員同樣會面臨部屬的反彈。然而，這次的離職面談後，卻出現依依不捨及互相感恩的結果，讓他們感動不已。

以下是他們的作法與分享（原文照登）：

1.向上教練爭取認同新作法：

　　我們兩人思考在裁員前先與總裁溝通，以讓總裁接受我們即將進行離職面談的提議與做法。我們決定採行向上教練方式，與總裁的對話過程中應用同理、認可、讚賞式回饋等教練技術。以往總裁總是用決斷的作法，公告裁員名單後，就直接請員工即刻辦理離職手續。意想不到這次總裁接受我們的意見，讓我們可以安心的放手去進行離職面談。

2.篩選可能裁員名單及擬定辭退部屬的方法：

　　首先，篩選可能被裁員的部屬名單：事前準備員工

績效資料，逐一檢視他們過去在公司的表現，過濾並確認裁員名單。安排面談部屬的優先順序，確認面談的適當時機，決定離職補償的配套方案。

其次，秉持「讓部屬有尊嚴的離職」為最高原則辭退部屬：以柔和態度及原則堅定的方式進行離職面談，同時給予部屬充分表達的機會。在一個月內陸續面談 88 個人，過程中應用專注與聆聽、情緒同理、3I 提問、說明目前公司困境、指正三明治、讚賞式回饋、離職補償條件說明、換位思考的表達（如果是我被裁員，我的感覺是⋯⋯我的擔心是⋯⋯，我的未來在哪裡？）。

最後，若有歧見則再約談。（離職面談流程見下圖）

圖 11.4：離職面談流程

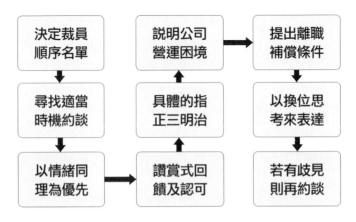

一個月約談88個人，秉持「態度柔和，原則堅定」。

3. 皆大歡喜的圓滿結局：

　　我們以往的離職面談過程，總是出現怒目相向、互相指責、挑剔缺失、言語威脅，最後不歡而散。這次的離職面談，我們在情緒同理及讚賞式回饋和指正三明治交叉應用下，讓部屬有表達的機會，以理解部屬的困境與憂慮，同時坦誠表達公司的真實狀況與困境。最後，我們說明若經商環境改善後願意再回聘。部屬則帶著感激的心，表達願意再回任的心意。離職面談的效應超過我們的想像，過程中氣氛和緩，最後依依不捨道別離讓人感動。學習教練後改變我們的觀念與做法，真是值得。

　　績效面談是人力資源管理常用的方式，旨在評估和討論員工的工作表現和目標達成的情況。績效面談的功能是幫助員工了解其強項和可改進的領域，並為組織提供討論工作進展與目標的機會、發展需求和績效期望。通常採取定期或不定期進行，了解員工在特定期間內的工作表現，並給予回饋和指導。

結語與叮嚀

教練技術在信任的關係、包容與尊重之下，是一種安全且強而有力的方法，明白不同技巧的功用與適切的使用時機，彈性且審慎地善用教練領導力，將使你的領導成效事倍功半。

有不少人曾問我一些下列的問題：「企業界對教練專業有概念嗎？」、「教練專業導入企業容易嗎？」「有多少企業認同教練專業的價值？」、「教練領導力對組織真的有效嗎？」、「教練對中高階主管的領導力有用嗎？」與你分享一則我在企業的真實經歷，來回答這些問題。

約莫十五年前，一家外商公司為內部的中高階主管們，引進教練專案培訓課程，人資部門主管與我交換意見，了解他們的需求後，我決定為這家公司量身訂做系列課程。在準備課程的過程中，人資主管不斷地詢問我，準備的課程內容為何？似乎有很多的擔心，我詢問他們有哪些擔心？他們告訴我，他們的壓力很大，一是擔心課程能否符合他們的需要？二是內部主管們有很強烈的反彈，因為他們以前就上過教練或導師的課程，為什麼還要上？三是人資部門擔心辦理課程的績效能否讓高層滿意？當下我同理他們的擔憂與焦慮，也告訴他們，我一定讓他們清楚了解教練的概念，及正確

的實務作法，請他們拭目以待。

　　第一堂課程開始，我先檢核這些主管們過去的經驗與背景，有些主管說：「以前上過了，還需要上嗎？」、或說：「我已經應用教練的技術帶領部屬，沒有什麼困難。」、有些主管問：「教練與導師有什麼不同？」、或問：「教練與諮商的差異是什麼？」總之，一開始有很多的質疑和情緒。我對他們的質疑一一提出看法與解答，也處理他們的內在情緒，同時鼓勵他們暫時擺下一切，專注在課程中，待課程上完後再回來一一檢視他們的疑問。

　　四天課程期間，廠長帶著質疑的眼光，不時來晃一晃，看看中高階主管們的學習情況。在課程結束前，我們一起進行了回饋與分享，廠長也參與其中，你猜這一段分享會有什麼結果？我整理現場回饋與課後效果評量的內容如下（原文照登）：

　　「我以為部屬做錯了，叫來罵一罵就是教練，原來我做錯了！」
　　「雖然以前上過課，沒想到還有很多觀念與做法是不夠的！」
　　「上課前對 coach 一知半解；上完課後深刻體會，覺得 coach 對每個人的重要性」
　　「我要向我的同仁道歉，以前我以為我是在使用教練，沒想到我誤用了方法，我要向在場的幾位同仁道歉。」

「當 team member 有問題或情緒困擾時即可應用。」

「當 Coach 是要有理論與 skill 的，不只是憑藉經驗。」

「多聽少作（出意見），be a mirror，可以解決工作上的問題。」

「放下自己的框框，重新思考身為主管的輔導角色。」

「在傾聽方面已 OK，但是如何引導 employee 到內心層面，還需練習。」

「同理心，能快速抓住 Coachee 的問題點。」

「不斷練習，或可請老師來對我的 Coaching skill 作觀察回饋。」

「若老師就是我的 coah，相信會對我有很大助力。」

「處理人的問題很困難，需要的不只是技術，更要用心，老師在溝通技巧上，的確展現出專業與能力。」

「希望大家能一起 buy in，一起讓組織成長，不要光學不練。」

「得到或能深刻了解『教練』之角色與目的，以及如何去扮演這個角色或責任。」

「感同身受，和工作面對的狀況產生共鳴。」

「生動活潑、剖析明確易懂。請開進階班。」

　　讓我詫異的是副廠長的回饋：「我一開始很不以為然，質疑教練的功效。但是，現在我能接受教練的觀念，我覺得自己還有成長

的空間。」聽完所有主管們分享後，廠長也主動說要回饋，他說：「我看到公司的希望了！我們要繼續擴大辦理。……」我被他們的分享所感動，當他們真誠地分享學習心得，同時勇敢地面對內在的真實，我不僅感受到他們的熱忱，也看到他們的改變。你呢？

真正的學習，會變成行動！

當你帶著期待與行動，走完本書這趟知性與感性之旅後，我的心眼似乎看見你的耐心與勇氣。我的耳朵彷彿聽見你心中的「啊哈」聲！試著問問自己學到什麼？對領導者與領導力、管理者與管理方式，所扮演的角色、責任，有進一步的釐清嗎？教練領導力能否成為你的領導方式之一？你心中的疑惑是否也都一一解惑呢？哪些是你已經具備的能力？哪些是值得你花時間再精進的？

理論概念是一個基礎與指導原則，明白教練的理論概念，好比在你的腦中擁有一張心智地圖，它讓你知道你現在所處的位置，可以指引你前進的方向，讓你有彈性地選擇不同的道路，但仍然可以安然抵達目標。了解人的改變機制與關鍵，運用正向的思維與影響力，讓你的領導與管理輕鬆不費力。

教練技術在信任的關係、包容與尊重之下，是一種安全且強而有力的方法，明白不同技巧的功用與適切的使用時機，彈性且審慎地善用教練領導力，將使你的領導成效事倍功半。

對與你共事的人，不管職位高低，他們都值得你的尊重與信

任。他們都擁有潛在的能力，有待你獨具慧眼來發現。他們是蒙塵的珍珠，有待你擦拭發光。你要成為一位「伯樂相馬」的領導者，以高瞻遠矚的氣度，成為你部屬的伯樂。擺脫一切只講求速率與績效的迷思，去除對別人過度簡化的觀點、不經思考所下的刻板印象，或是對人或團體不合理態度的偏見。將眼光注視在每一個人的獨特性上，有句話說：「即便是灰塵，在陽光照射之下，仍然閃閃發亮！」你怎麼看待他們，他們就怎麼回應你。

蘇東坡與佛印禪師間有段故事，可以解釋人是多麼容易投射自己主觀的刻板印象或偏見。話說蘇東坡常到山上見老友佛印禪師，某日蘇東坡好奇地問：「禪師，我們認識這麼久了，你怎麼看我這個老朋友。」佛印微笑曰：「我看你像佛。」蘇東坡聽了暗自竊喜，再問：「那你認為我怎麼看你？」佛印笑而未答。蘇東坡曰：「我看你像一坨大便。」佛印面帶微笑不語。蘇東坡大樂，心想好不容易損了老友一番，便高興的返家去了。

蘇東坡回家後，將這段對話的過程告訴妹妹。妹妹聽聞後，反譏笑蘇東坡曰：「虧您是宋朝大文豪，佛印心中有佛，看你像佛；你心中有大便，看人像大便。佛印的道行，大過你的才氣，你還大樂，有損你的名氣。」也許蘇東坡只想開開老友的玩笑，但心中存在的刻板印象或偏見，便投射在佛印的身上。

我們不也如此嗎？這是每一位領導者需要自我省思的。自己心中對他人存有成見，處處看人不順眼，其實是自己的成見，阻礙了

自己以真實來看待別人。組織中存有許多誤會與溝通不良的情況，不就是這樣發生的嗎？古老的智慧書可供我們借鏡：「為什麼看見你弟兄眼中有刺，卻不想自己眼中有樑木呢？你自己眼中有樑木，怎能對你弟兄說：容我去掉你眼中的刺呢？你這假冒偽善的人！先去掉自己眼中的樑木，然後才能看得清楚，去掉你弟兄眼中的刺。」

　　最重要的莫過於回過頭來，省思你自己的人生價值、信念、願景、態度、理念、想法、特質。其中有哪些影響你的領導風格或管理型態？這些形塑你的領導風格或管理型態，對組織有那些正面、負面的影響？你的熱誠、關懷與愛，才是你能持續走下去的動力來源，更是讓教練領導力發光發熱的重要元素，沒有這些，你很容易在遇到不順或挫折就放棄了。能知書達禮、可親又可敬的領導者才是受人景仰的。

　　想要撰寫一本有關教練專業書籍的念頭，持續在我心中縈繞多年，有幾個激起我動筆的關鍵因素：

　　首先，三十餘年前我在攻讀碩士學位期間，跟著教授進入公民營企業，進行企業輔導與人員培訓，開始學習並累積實務經驗，二十餘年前應企業及顧問公司邀請，進入企業實施員工協助方案（Employee Assistant Program, EAP）、心理講座、訓練課程與員工諮商，這段期間進出不同的科學園區、不同類型的公司，卻發現存在共同的問題：超過90％的員工問題都與組織內部的領導風格、管理制度、人事問題，溝通協調等有關，組織內部的問題一日不解決，

員工的問題就層出不窮。

第二，當我拿到組織教練認證後，就投入企業高階主管培訓，從源頭解決組織的問題，我發現中高階主管習得教練式領導力後，就能進行組織內部結構性的改變，中低階層員工的問題就能獲得改善，教練式領導所帶來的影響力，大過於實施 EAP 等方式。

第三，2010年我應邀在EMBA開設組織教練課程，當時有學員請我開有關教練的書單給他們閱讀，檢視現有書籍幾乎都是原文書，我實在開不出來什麼中文書單給他們，我認為華人世界或企業急需一本有理論又有實務的書籍，協助領導人學習與建立教練領導力。

第四，企業界曾上過我的課或接受過我教練的主管們，希望能持續精進在教練領導力，要我提供一些專業資源或資料給他們，或能有系統的學習教練領導力，我隨手拈來就有不少的案例與實務經驗，何不寫出來與大家分享。

第五，一些專業同好們的鼓勵與支持，期盼我撰寫一本具有專業深度，又能淺顯易懂的書，不僅提供案例，更提供實務操作的技巧，讓他們在專業上能繼續的深耕與學習。

也許時候到了吧！當我上完 EMBA 課程後，隨即構思整本書的架構。在大學研究、授課、服務已佔據我大部分的時間，課餘有空時，協助一些企業導入教練領導力的培訓。坦白講，我實在沒有多少時間寫書，這是一大挑戰，只能利用零碎的時間奮筆疾書，何況

要將專業知識轉化為通俗易懂的內容，對我而言，是另外一個挑戰。

　　若非我對教練實務的工作，具有高度的熱誠，在實務中累積了不少的經驗，豈敢斗膽撰寫本書。撰寫本書期間，像是一段對專業的再次整理、融會貫通，加以細細品嘗的過程；更多的是一段內在自我對話與省思的自我教練旅程。有些個人的創見，常是在安靜休息、或開車、或飲啜一杯咖啡、或臨睡前、或清晨起床前、或省思時，突然靈光乍現，趕緊錄音或記下筆記，最後透過文字與圖示，將它呈現出來。希望各位喜歡！

後記

　　深切期盼本書，對企業領導者與主管們，或目前從事教練專業的實務工作者，或者只是對教練領導力有興趣學習，但不一定要取得專業認證的人，都有所助益。若你想與我一同學習或交換意見，歡迎加入我以本書的書名在 facebook 上開闢的社團：「《Coach 領導學》&《晤談的力量》書友園地」，讓我們一起在教練領導力專業上共同學習，進行雙向交流、問題討論、實務分享、教練書籍分享與介紹、答客問等，期待與你相遇。

　　從「知道」到「做到」仍有一段成長的空間，盼望你持續的學習，並繼續運用教練領導力在你的職務上，將它發揚光大，這是一個可以「帶著走」的能力，能讓你的領導散發出不一樣的魅力，輕鬆管理不費力，永遠不要放棄！學習是永無止境的。

　　空有知識是不夠的，還需要有智慧。教練領導力正是一種新思維與方法，運用你的智慧在教練領導力上，將使你安然度過混沌的環境與速變的趨勢。

　　「生命所需的不僅是知識而已，還得有熱烈的感情和源源不絕、持續不斷的能量。……生命必須採取正確的行動，才能讓知識活過來；擴大覺察力，引導專注力，最終臣服於意識之光。……凡事都有意義，此事也不例外，你得靠

自己找出來，戰士不會放棄自己熱愛的事務，他在自己所作所為中找到愛。……生命並非私人事務，唯有透過與他人分享和故事的教訓，才具有意義。」

——引自電影《深夜加油站遇見蘇格拉底》（Peaceful Warrior）的經典對白

更多資源與迴響：

　　不論你是企業領導人、中高階主管、人力資源主管、專業教練、或對教練領導力有興趣的讀者們，你可以加入臉書社團「《Coach領導學》&《晤談的力量》書友園地」。這是聚焦在教練領導力和晤談力的交流園地，也是展現「生命影響生命」的教練價值觀與實踐的園地。你有任何想法或問題，也可以透過e-mail與我直接聯繫：coachleader999@gmail.com。若是你想付諸行動學習「教練領導力」，我在「培英國際教練領導力學院」開設工作坊或專業教練認證課程，請隨時留意相關訊息。

附錄：教練評估工具

　　若你對專業教練的發展有興趣，我提供「教練觀念自我檢測」、「教練技能和素養自我評估」、及「教練技術能力評估」三份工具，協處你釐清教練的基本觀念、技能和素養的瞭解程度，及評估你具備教練的基礎能力達到何種水準。

　　施測前，請勿預先假定自己對教練的觀念與能力，放鬆你的心情來進行檢測。三份評估工具的解答與說明分別檢附在後面，作答完畢後自行核對。在作答之前，請先不要翻閱答案。你回答得愈真實並貼近自己的現況，就愈能幫助你發展教練專業和生涯。

　　當你完成所有評估後，不管結果如何，你已經了解自己的專業基礎與學習起點，知道自己的優勢及哪些面向是需要努力和成長的空間，這都值得慶幸。

　　接下來，讓我們一同向前邁進一步，成為一位優質且專業的教練。

一、教練觀念自我檢測 [01]

　　「教練觀念自我檢測」原有 10 題，我刪除 1 題，再增加 6 題，合計 15 題。請在以下 15 個題目中進行自我檢測，以確認你在教練觀念和知識的基礎。

1. 以下有關「教練」的描述，何者不正確？

（　）a. 教練是指導別人朝向他的目標邁進。

（　）b. 教練是一種學習和發展的工具。

（　）c. 教練是矯正別人行為或行動的機會。

2. 教練是建立在雙方同意的基礎上，但不見得適用所有情況。下列何種情境需要直接的介入，而不是教練？

（　）a. 你的員工在會議上報告時，似乎對傳達壞消息感到緊張不安。

（　）b. 有位老顧客告訴你，你的員工無法回答一些有關產品的問題。

（　）c. 你無意中聽到有個員工隨意答應客戶一個不適當的要求。

01　Harvard Business School（2006）. *Coaching people: expert solutions to everyday challenges.* pp.57~61. Harvard Business School Publishing Corporation.

3. 何時是適合的時機來安排進行教練？

（　）a. 視實際狀況，在有需要時安排教練。

（　）b. 安排每年一次正式教練，每季度一次非正式教練。

（　）c. 每季度至少進行一次教練。

4. 以下何種情境使用「開放式提問」比「封閉式提問」更合適？

（　）a. 當你聚焦在當事人的回應或想確認他所說的內容時。

（　）b. 當你正在探索不同選擇時，或了解當事人的態度或需求時。

（　）c. 當你想要澄清當事人的情感，引導他思考問題的原因。

5. 當你正在進行教練時，下列哪個教練的指導方針並不適用？

（　）a. 產生選擇方案時，教練的重點至少要有三個不同的主題。

（　）b. 聚焦在行為，而不是性格、特質、態度或人格。

（　）c. 表達要清楚具體，且避免一概而論的回應。

6. 在沒有傾聽或同理下，教練過度依賴「問問題」或「探問」技術時，會發生什麼狀況？

（　）a. 被教練者可能會隱瞞重要的資訊或觀點。

（　）b. 教練可能沒有機會充分表達自己的想法。

（　）c. 在討論不同的選擇方案時，教練可能無法充分說明。

7. 教練過程中，教練何時要提供「回饋」給受教練者？

（　　）a. 只有在所有的觀點都進行討論之後。

（　　）b. 在每次教練晤談結束時。

（　　）c. 適時且經常性的給予回饋。

8. 下列對教練的倫理議題敘述何者不適用？

（　　）a. 需要遵守相關的倫理準則。

（　　）b. 不須經過「知後同意」即可開始晤談。

（　　）c. 教練遇有需要諮商的當事人，需要進行轉介。

9. 支持型的教練風格對團隊中哪一種人特別重要？

（　　）a. 績效未達目標的人，及他對目前的績效狀況感到焦慮不安。

（　　）b. 績效已達目前標準的人，且需要準備承擔新的或更大的責任。

（　　）c. 面對以往從未嘗試過任務的人，需要指導才能進入情況。

10. 有效能的教練最重要的核心基礎是什麼？

（　　）a. 建立信任的教練關係。

（　　）b. 解決問題的技巧。

（　　）c. 選擇最適當的教練風格。

11. 下列教練晤談的「建議」技術，何者敘述不正確？

（　）a. 教練不能給當事人建議。

（　）b. 當事人有意願嘗試新行為時可給予建議。

（　）c. 提出建議後，尊重當事人不想改變的意願。

12. 下列對「同理心」技術的敘述何者不正確？

（　）a. 同理心是觸發當事人改變的力量。

（　）b. 同理心不等於同情心。

（　）c. 同理心是同意當事人所說和所做。

13. 下列對企業教練的敘述何者不正確？

（　）a. 教練關注績效與福祉之間的平衡。

（　）b. 只要參加培訓就可以成為教練。

（　）c. 教練多為引導，顧問多為指導。

14. 使用 GROW 或 WDEP 等不同模式時，要注意什麼？

（　）a. 模式是 SOP 不能隨意更動。

（　）b. 視議題和當事人的需要彈性調整。

（　）c. 只能單獨挑選一種喜好的模式。

15. 下列對教練與心理師的敘述何者正確？

（　）a. 心理師必需有執照，教練只需接受認證。

（　）b. 教練可以對當事人進行心理諮商。

（　）c. 教練只關注目標實現和職涯發展，心理師只處理心理健康
　　　和情感問題。

【 教練觀念自我檢測 ‧ 解答與說明 】

1.（c）「教練」不是矯正某人行為或行動的機會。這是一種雙向夥
　　　伴關係，是雙方學習和成長的一種方式。

2.（c）當某人明顯違反公司政策或價值觀時，直接介入是適當的。

3.（a）有效的教練是持續進行的，有時教練會針對特定的情況來進
　　　行。教練有時是非正式的管道，並且是與你的部屬或同儕透
　　　過面對面、電話或電子郵件來進行的。

4.（b）開放式的問題可促使對方參與和分享想法。當你想要了解對
　　　方的動機和感受時，提出開放式的問題，藉此了解對方真正
　　　的觀點。當你使用封閉式的問題時，對方只會回答「對」或
　　　「不對」。情感層面需要以傾聽同理為優先，而非提問。

5.（a）有效的教練應該針對一、兩個主題即可。

6.（a）能專注傾聽並同理，適當的提問是最有效的引導策略，太多
　　　提問有可能變成質問或難以聚焦，導致受教練者有所保留。

7.（c）在討論過程中不時提出回饋，會比在晤談結束時才回饋要來
　　　得有效。

8.（b）知後同意權是當事人的五大權益之一，未經同意進行晤談是
　　　不適切的。

9.（b）焦慮不安的人先情緒同理。需要為迎接新職務或為更大的責

任做準備的人，最需要支持性的教練方式，同時記得要肯定他們的表現。

10.（a）研究顯示教練和受教練者之間的信賴，攸關教練關係的成敗。

11.（a）建議是一種技術，若當事人的確需要給建議以跨越困境時，教練可以提供不同的建議，讓當事人反思何種建議適合當下的狀況和未來的需要，或請當事人從建議中修正為適合自己的情境與需要，不是一昧地主觀給建議。

12.（c）同理心意味著對當事人所說和所做的一種理解和尊重，是促發當事人改變的力量。同理心不等於贊同或認可對方的想法和行為。

13.（b）成為教練要接受專業訓練或跨領域的學習，不是參加一天的工作坊或聽一場演講就可以成為教練。

14.（b）教練模式是一種參考架構，不是硬梆梆的套用。可以學習並整合不同的模式來處理當下的議題。

15.（a）心理師有嚴格的學術和臨床培訓，嚴謹的法規和資格要求，教練如果不具心理師資格，不能進行心理諮商。心理師也關注目標實現和職涯發展。

二、教練技能和素養自我評估 [02]

　　以下題目是有關成為一名教練所需的技能和素養，以此工具來評估你身為教練的效能。部分題目的內容略有修正，簡單易懂以符合現實狀況。

是　否

□　□　1. 你是否展現出對教練生涯的興趣，而不僅僅是短期的表現？

□　□　2. 你是否提供當事人支持和自主權益？

□　□　3. 你是否設定了很高，但可以實現的目標？

□　□　4. 教練過程中你是否以身作則？

□　□　5. 你是否將商業策略和預期行為，作為制定目標的基礎來進行溝通？

□　□　6. 你是否與受教練者共同討論替代方法或解決方案？

□　□　7. 在提供回饋之前，你是否仔細且不帶偏見地觀察受教練者？

□　□　8. 你是否將觀察結果與判斷或假設分開？

02　Harvard Business Essentials.（2004）. *Coaching and Mentoring: How to Develop Top Talent and Achieve Stronger Performance.* Harvard Business School.

是　否

□　□　9. 對一個人的行為採取行動前，你是否會檢視你對該行為的理論觀點？

□　□　10. 你是否小心避免用自己的表現作為衡量他人的標準？

□　□　11. 當有人與你交談時，你是否會集中注意力並避免分心嗎？

□　□　12. 你是否會解釋或使用其他方法來澄清討論的內容？

□　□　13. 在晤談過程中，你是否使用輕鬆的肢體語言和言語暗示來鼓勵受教練者？

□　□　14. 你是否使用開放式問題來促進想法和訊息的共享？

□　□　15. 你是否會給出具體的回饋嗎？

□　□　16. 晤談過程中，你是否在需要時給予及時反饋？

□　□　17. 你提供的回饋，是否聚焦於行為及其後果，而不是模糊的判斷？

□　□　18. 你是否會在適當時間給予回饋？

□　□　19. 你是否嘗試將期望的目標和結果達成一致，而不是簡單地下指令或給指導？

□　□　20. 你是否嘗試提前準備教練的討論議題嗎？

□　□　21. 你是否總是會跟進教練晤談的討論議題，以確保進展按計劃進行？

【教練技能和素養自我評估 · 說明】

當你具有這些技能和素養並用來做為策略時，會贏得別人對你的專業技能力和素養的信任。如果你對大多數題目的回答為「是」，那麼你可能是一名高效能且優質的教練。如果你對其中一些或許多題目的回答為「否」，你要思考如何提升並發展自己的技能和素養。

三、教練技術能力評估 [03]

　　請根據下列問題誠實地回答，並選擇最接近你的經驗的答案，以評估你身為教練的展現程度。如果你的答案是「從來沒有」，請選①；如果你的答案是「偶爾」，請選②；如果你的答案是「常常」，請選③；如果你的答案是「總是如此」，請選④。

	從來沒有	偶爾	常常	總是如此
1. 我假設我的當事人們都能做好他們份內的工作。	①	②	③	④
2. 當我進行教練時，焦點在現在及未來潛在的成就。	①	②	③	④
3. 我比較喜歡傾聽別人的意見，勝於一直說話。	①	②	③	④
4. 我準備好接受來自團隊成員對我的負面回饋。	①	②	③	④
5. 在溝通時我能覺察到自己的限制。	①	②	③	④
6. 受教練者對我的第一印象是開放和好奇的。	①	②	③	④
7. 我尋求讓當事人參與專案的重要決策。	①	②	③	④
8. 我把當事人視為合作夥伴而非部屬。	①	②	③	④
9. 我在進行教練會談時，不會受到干擾或中斷。	①	②	③	④

03　John Eaton & Roy Johnson（2001）. *Coaching successfully.* pp.66~69, Dorling Kindersley.

	從來沒有	偶爾	常常	總是如此
10. 在討論目標和探索問題兩者之間，我能彈性地切換。	①	②	③	④
11. 我相信當我賦權予當事人時，他們會履行其責任。	①	②	③	④
12. 我在部屬的激勵需求和他們的目標之間進行連結。	①	②	③	④
13. 我力求並確認當事人心理所關注的核心問題。	①	②	③	④
14. 我會敏銳覺察溝通時出現微小的肢體語言線索。	①	②	③	④
15. 我預設每個人都有未充分利用的優勢和才能。	①	②	③	④
16. 我會摘要和反思所說過的內容，以檢核互相的理解。	①	②	③	④
17. 我假設積極的改變是容易達成的。	①	②	③	④
18. 我喜歡詢問開放式問題勝於封閉式問題。	①	②	③	④
19. 我不害怕去教練我的上司、同事和部屬。	①	②	③	④
20. 我相信好的溝通是建立在認同於看見多元的觀點。	①	②	③	④
21. 進行教練時，我假設當事人能找到自己的解決方法。	①	②	③	④
22. 我相信最佳的教練晤談結果，來自於創造性的洞察。	①	②	③	④

	從來沒有	偶爾	常常	總是如此
23. 面對員工績效表現不彰時，我會給出建設性和具體的回饋。	①	②	③	④
24. 當事人對某項任務作出具體承諾，我才結束教練晤談。	①	②	③	④
25. 我會連結當事人所說的內容和目標，來掌握教練的晤談。	①	②	③	④
26. 我會經由當事人陳述自己的進展，來追蹤教練晤談的成效。	①	②	③	④
27. 我能提供員工問題或進度彙報的溝通保障，讓員工心裡有安全感且承擔責任，最後結果共同承擔。	①	②	③	④
28. 我假設當當事人能承擔責任時，教練晤談就會成功。	①	②	③	④
29. 我藉由探索隱藏在當事人背後的需求，來處理負面情緒。	①	②	③	④
30. 我認為重要的教練方式是以身作則的榜樣。	①	②	③	④
31. 當事人要求我給予建議，我會提供可能的選擇而非指示。	①	②	③	④
32. 採用電話或線上教練時，我會盡可能地直接和簡短。	①	②	③	④

【計分方式】：

上述題目中選①得 1 分；選②得 2 分；選③得 3 分；選④得 4 分。將 32 個題目的分數加總起來，即為總分＝ _____ 分。

【得分說明】：

請根據你的分數和下面的解釋，來檢核你的教練表現。分析你的得分所代表的意義及內涵，找出你可以加強的地方，或需要改善的領域，並參照得分解釋來發展你的教練技術能力。

32 分～ 64 分：如果你想成為一位成功的教練，你需要多練習教練技巧。致力於你個人的態度、價值觀及特定技能的努力。

65 分～ 96 分：你具有適當的教練技巧，但在某些地方需要加強。在檢核項目中，得分低的是你要改善的重點。

97 分～ 128 分：你是一位成功的教練，持續以謙卑的態度，不斷的努力發揮最佳水準，同時在其他人或團隊身上發展教練的價值。

Coach 領導學（全新增訂版）
帶人才超越「現在職位」的企業教練

陳恆霖 ■ 著

繁體中文版 © 大寫出版 Briefing Press, 2023

書系｜使用的書In Action!　書號｜HA0029R

著　　　者	陳恆霖
美術設計	郭嘉敏
行銷企畫	廖倚萱
業務發行	王綬晨、邱紹溢、劉文雅
總 編 輯	鄭俊平
發 行 人	蘇拾平

出　　版　大寫出版
發　　行　大雁出版基地 www.andbooks.com.tw
　　　　　地址：新北市新店區北新路三段207-3號5樓
　　　　　電話：(02)8913-1005 傳真：(02)8913-1056
　　　　　劃撥帳號：19983379
　　　　　戶名：大雁文化事業股份有限公司

二版一刷 2023年12月
二版二刷 2024年 6 月
定　　價 800元
版權所有‧翻印必究
ISBN 978-626-7293-28-7
Printed in Taiwan‧All Rights Reserved
本書如遇缺頁、購買時即破損等瑕疵，請寄回本社更換

國家圖書館出版品預行編目（CIP）資料

Coach領導學：帶人才超越「現在職位」的企業教練心理&對話技術／陳恆霖著
二版｜新北市：大寫出版：大雁出版基地發行，2023.12
536面；16*22公分（使用的書 In Action!；HA0029R）
ISBN 978-626-7293-28-7（平裝）

1.CST：在職教育　2.CST：教練　3.CST：企業領導
494.386　　　　　　　　　　　　　　112017584